本书得到国家自然科学基金委员会出版基金资助，
作者深表谢忱。

《现代化学基础丛书》编委会

主　编　朱清时
副主编　（以姓氏拼音为序）
　　　　　江元生　林国强　佟振合　汪尔康
编　委　（以姓氏拼音为序）
　　　　　包信和　陈凯先　冯守华　郭庆祥
　　　　　韩布兴　黄乃正　黎乐民　吴新涛
　　　　　习　复　杨芃原　赵新生　郑兰荪
　　　　　卓仁禧

现代化学基础丛书·典藏版 6

超分子光化学导论
——基础与应用

吴世康 编著

科学出版社

北京

内 容 简 介

自 1978 年法国化学家 Jean-Marie Lehn 提出超分子化学以来,超分子的概念迅速地被人们所广泛接受。与此同时,超分子的概念也被引入到其他的科学研究领域,包括光化学,于是超分子光化学作为一门新的科学门类也就应运而生。本书作者在其国家自然科学基金重点项目研究的基础上,结合国外有关专著,介绍了超分子光化学作为一门新的学科门类其重要的科学内涵和广阔的应用前景。全书共分 8 章,分别是序论——超分子光化学的研究对象和有关领域;分子光化学和光物理基础;超分子的光化学和光物理问题;超分子激发态性质的调节和控制;共价联结超分子光化学体系概述;具有荧光发射能力有机化合物的光物理和光化学问题;分子识别与荧光化学敏感器研究;有机及高分子电致发光材料及器件。

本书可供从事超分子与光化学交叉学科研究的科研技术人员和对此方向有兴趣的读者阅读。

图书在版编目(CIP)数据

超分子光化学导论:基础与应用/吴世康编著.—北京:科学出版社,2005
(现代化学基础丛书·典藏版 6/朱清时主编)
ISBN 978-7-03-015873-4

Ⅰ.超… Ⅱ.吴… Ⅲ.超分子结构-光化学 Ⅳ.O644.1

中国版本图书馆 CIP 数据核字(2005)第 075419 号

责任编辑:杨 震 袁 琦/责任校对:张 琪
责任印制:吴兆东/封面设计:王 浩

科 学 出 版 社 出版
北京东黄城根北街 16 号
邮政编码:100717
http://www.sciencep.com

北京厚诚则铭印刷科技有限公司 印刷
科学出版社发行 各地新华书店经销
*
2005 年 8 月第 一 版　开本:720×1000 B5
2024 年 2 月第五次印刷　印张:18
字数:338 000
定价:98.00元
(如有印装质量问题,我社负责调换)

《现代化学基础丛书》序

如果把牛顿发表"自然哲学的数学原理"的1687年作为近代科学的诞生日,仅300多年中,知识以正反馈效应快速增长:知识产生更多的知识,力量导致更大的力量。特别是20世纪的科学技术对自然界的改造特别强劲,发展的速度空前迅速。

在科学技术的各个领域中,化学与人类的日常生活关系最为密切,对人类社会的发展产生的影响也特别巨大。从合成DDT开始的化学农药和从合成氨开始的化学肥料,把农业生产推到了前所未有的高度,以致人们把20世纪称为"化学农业时代"。不断发明出的种类繁多的化学材料极大地改善了人类的生活,使材料科学成为了20世纪的一个主流科技领域。化学家们对在分子层次上的物质结构和"态-态化学"、单分子化学等基元化学过程的认识也随着可利用的技术工具的迅速增多而快速深入。

也应看到,化学虽然创造了大量人类需要的新物质,但是在许多场合中却未有效地利用资源,而且产生了大量排放物造成严重的环境污染。以至于目前有不少人把化学化工与环境污染联系在一起。

在21世纪开始之时,化学正在两个方向上迅速发展。一是在20世纪迅速发展的惯性驱动下继续沿各个有强大生命力的方向发展;二是全方位的"绿色化",即使整个化学从"粗放型"向"集约型"转变,既满足人们的需求,又维持生态平衡和保护环境。

为了在一定程度上帮助读者熟悉现代化学一些重要领域的现状,科学出版社组织编辑出版了这套《现代化学基础丛书》。丛书以无机化学、分析化学、物理化学、有机化学和高分子化学五个二级学科为主,介绍这些学科领域目前发展的重点和热点,并兼顾学科覆盖的全面性。丛书计划为有关的科技人员、教育工作者和高等院校研究生、高年级学生提供一套较高水平的读物,希望能为化学在新世纪的发展起积极的推动作用。

2005年2月

序　言

在《超分子光化学导论——基础与应用》一书即将完稿之际,有必要对一些与本书写作相关的问题作适当的回顾。自 1978 年法国化学家 Jean-Marie Lehn 提出超分子化学以来,超分子的概念迅速地被人们所广泛接受。同时,有关的研究工作风起云涌,新的成果层出不穷,有力地推动了学科的系统化及其进步与完善。与此同时,超分子的概念也被引入到其他的科学研究领域,包括光化学,于是超分子光化学作为一门新的科学门类也就应运而生。我们知道,光化学在经过了约半个世纪的发展,已处于一个前进的十字路口:向生物科学的方向发展;或向光电子材料或器件科学方向发展,是许多光化学家所面临的重大抉择。而值得注意的是,上述的两个重要方向都和超分子体系密切相关,于是这就给超分子光化学的出现和崭露头角创造了有利的条件。超分子光化学作为一门新的学科门类,由于其重要的科学内涵和广阔的应用前景,受到人们广泛的关注,目前已经成为众多科学工作者共同关注的科学研究领域。值得注意的是,在超分子光化学发展的过程中,一系列重要的科学问题,诸如光诱导电子转移,人工模拟光合作用的研究,以及不同光功能材料和分子器件的应用等,几乎同步得到迅猛发展。它们之间相互促进、相互影响,有力地推动了超分子光化学的发展,同时使相关学科也得到长足的进步。如通过采用 A-L-B 型的超分子化合物为模型,圆满地解决了由 Marcus 等发展的电子转移理论中,长期未能解决的有关反转区存在的问题。我国的超分子光化学研究也是在这一阶段内,结合对太阳能利用——光电转换问题的研究、分子识别与荧光化学敏感器的研究,以及在微小环境内的光化学反应等问题研究的基础上发展起来的。这里要特别对国家自然科学基金委员会化学科学部对于超分子光化学研究所给予的持续不断的大力资助表示衷心的感谢[自 1992 年起,作者所在的实验室就获得过两个重点基金的资助:"超分子体系中光诱导电子转移反应的研究"(1992～1996 年)和"用于光诱导过程超分子体系的设计及超快过程的研究"(1998～2001 年)]。在此,我们必须明确指出:正是有了这样的大力支持,才有可能对这一重要领域开展相应的科学研究,并为我们今天撰写本书创造了基本条件。

全书共分 8 章,第 1 章扼要地介绍超分子光化学有关的概念和基本定义,以及它和其他学科间的关系和重要意义。同时也对目前几个颇受关注的方面作了适当的介绍。第 2、3 章所讨论的主要是有关光化学和光物理的基础问题。具体的说,前者是一般性的光化学基础;而后者则结合与超分子体系(包括界面组装超分子体系)特征相关的光化学基础问题的讨论,如分子内的光诱导电子转移和能量转移等。由于超分子体系强烈的应用特征，于是对这类体系在性质和功能上的控制和调节问题，受到人们的强烈关注，因此就有了第 4 章的内容。而后面四章所涉及的都是具体的超分子体系。其中与基础问题关系密切的，如第 5 章主要讨论的是用于研究光诱导电子转移和能量转移方面的具体超分子体系，而第 6 章则重点讨论了关于发光化合物的结构和性能关系问题。虽说它并非严格的超分子体系，但它在超分子体系中起到了难以估量的作用。至于最后两章，十分明确，是和一些具体应用体系相关联的问题。

由于超分子光化学涉及广泛的科学问题，同时经分子构筑而得到的超分子体系又具有十分庞大的内容，因此要在一本篇幅不大的导论性书籍中把所有相关内容涵盖，显然是不现实的。因此对某些方面只得忍痛割爱，尚希读者见谅。

在本书的写作中作者参阅了大量有关的文献和专著，特别是 Balzani 和 Scandola 等撰写的《超分子光化学》一书给予了作者很多的帮助。10 年前我曾去意大利 Bolonia 大学的 Balzani 实验室工作 3 个月。虽说是短短的相处，但 Balzani 对工作的热情和对朋友的推心置腹给我留下深刻的印象。在此祝他身体健康，在科学上做出更大的贡献。

我还要感谢我的同事和学生姜永才、杨国强、汪鹏飞、闫正林、李泽敏、刘天军、朱爱平、陈懿、解宏智、史向阳、梅明华、李华平、戴兆华等，正是由于他们的努力工作和所提供的大量数据，为本书的写作增添了重要内容。

在序言结束之际，我要再次感谢国家自然科学基金委员会对本书出版的热情关心和所给予的出版基金帮助。我还要感谢科学出版社杨震等同志的鼓励和支持。没有上述多方面的关心和帮助，本书的顺利出版是难以想像的。

由于本书所讨论的主题涉及广泛的科学领域和庞大的内容，加之作者水平有限，书中错误和遗漏之处在所难免，尚希读者不吝指正，是以为感。

吴世康

2005 年 5 月

目 录

第1章 序论——超分子光化学的研究对象和有关领域 ……………… (1)
  1.0 引言 ……………………………………………………………… (1)
  1.1 超分子光化学是光化学和光生物学研究中的一个桥梁 ……… (5)
  1.2 从超分子的基本定义来看超分子光化学 ……………………… (6)
  1.3 超分子化合物作为科学研究平台和其在各方面的应用 ……… (8)
  1.4 超分子光化学在学科上的多样性和它强烈的应用特点 ……… (11)
  1.5 电子转移在超分子体系中的重要性 …………………………… (13)
  1.6 金属配合物在超分子光化学体系中扮演着重要的角色 ……… (14)
  1.7 界面超分子组装体系的光化学问题 …………………………… (16)
  1.8 在有组织和受限制体系中的光化学研究 ……………………… (18)
  1.9 结语 ……………………………………………………………… (22)
  建议参考的文献 ……………………………………………………… (23)

第2章 分子光化学和光物理基础 ……………………………………… (24)
  2.0 引言 ……………………………………………………………… (24)
  2.1 势能面 …………………………………………………………… (25)
  2.2 激发态的生成 …………………………………………………… (28)
  2.3 量子产率 ………………………………………………………… (31)
  2.4 激发态的衰变和态-态间的跃迁 ………………………………… (31)
    2.4.1 辐射衰变 ………………………………………………… (32)
    2.4.2 非辐射衰变和态-态间的跃迁 …………………………… (35)
  2.5 能量转移与光谱增感 …………………………………………… (37)
    2.5.1 辐射能量转移 …………………………………………… (37)
    2.5.2 非辐射能量转移 ………………………………………… (37)
    2.5.3 三重态能量转移和光谱敏化问题 ……………………… (39)
  2.6 光诱导电子转移反应 …………………………………………… (41)
  2.7 激基缔合物(excimer)和激基复合物(exciplex) ……………… (44)
  2.8 光化学稳态反应动力学——荧光猝灭和Stern-Volmer公式 … (46)
  2.9 光化学瞬态反应动力学——闪光光解 ………………………… (47)
    2.9.1 闪光光解技术的基本设备及对所得信号的解析 ……… (48)
    2.9.2 闪光光解法测定光化学基元反应的速度常数 ………… (50)

2.10　一些基本的光化学和光物理实验技术 ……………………… (52)
　　2.10.1　发射光谱仪及发光光谱的测定 ………………… (52)
　　2.10.2　荧光去偏振技术 ………………………………… (53)
　　2.10.3　单光子记数技术测定荧光寿命 ………………… (55)
　建议参考的文献 ………………………………………………… (56)

第3章　超分子的光化学和光物理问题 …………………………… (57)
　3.0　引言 …………………………………………………………… (57)
　3.1　超分子的激发态及其衰变过程 ……………………………… (59)
　3.2　光诱导电子转移和有关理论 ………………………………… (62)
　　3.2.1　均相电子转移 ………………………………………… (62)
　　3.2.2　异相的电子转移 ……………………………………… (73)
　　3.2.3　光诱导的界面电子转移 ……………………………… (77)
　3.3　光诱导的能量转移及有关理论 ……………………………… (81)
　　3.3.1　能量转移的距离依赖性 ……………………………… (82)
　　3.3.2　能量转移和电子转移间的区别 ……………………… (83)
　3.4　光诱导分子重排 ……………………………………………… (84)
　　3.4.1　光诱导质子转移 ……………………………………… (84)
　　3.4.2　光异构化反应 ………………………………………… (87)
　3.5　结语 …………………………………………………………… (89)
　建议参考的文献 ………………………………………………… (91)

第4章　超分子激发态性质的调节和控制 ………………………… (92)
　4.0　引言 …………………………………………………………… (92)
　4.1　光谱水平上的扰动 …………………………………………… (99)
　4.2　新能级的引入 ………………………………………………… (102)
　4.3　通过对核运动的抑制，来实现调节和控制 ………………… (105)
　4.4　界面超分子组装体系性能调节的特点 ……………………… (108)
　4.5　结语 …………………………………………………………… (108)
　参考文献 ………………………………………………………… (109)

第5章　共价联结超分子光化学体系概述 ………………………… (110)
　5.0　引言 …………………………………………………………… (110)
　5.1　共价联结的电子转移超分子体系 …………………………… (111)
　　5.1.1　以卟啉类化合物为活性组分的体系 ………………… (119)
　　5.1.2　以金属配合物为活性组分的体系 …………………… (122)
　5.2　共价联结的能量转移超分子体系 …………………………… (130)
　5.3　有关光致结构变化的超分子体系 …………………………… (132)

5.4 结语 …………………………………………………………… (135)
参考文献 ………………………………………………………………… (136)

第6章 具有荧光发射能力有机化合物的光物理和光化学问题 ………… (139)
6.0 引言 …………………………………………………………… (139)
6.1 基本概念 ……………………………………………………… (140)
6.2 有机化合物光致发光过程的讨论 …………………………… (141)
6.3 典型化合物——芪(stilbene)激发态的衰变问题 ………… (144)
6.4 具有反式苯乙烯类结构的发光化合物 ……………………… (150)
    6.4.1 化合物分子内电荷转移和发光的关系 ……………… (150)
    6.4.2 分子结构的受阻和桥键的引入 ……………………… (151)
6.5 扭曲的分子内电荷转移问题 ………………………………… (156)
6.6 环境因素对有机化合物发光行为的影响 …………………… (162)
    6.6.1 溶致变色效应 ………………………………………… (162)
    6.6.2 溶剂极性大小的标尺 ………………………………… (165)
6.7 有机化合物发光行为和溶剂极性的关系 …………………… (170)
6.8 发光化合物的分子构象和发光行为的关系 ………………… (174)
    6.8.1 吡唑啉(pyrazolin)化合物 …………………………… (174)
    6.8.2 苯乙烯基吡嗪化合物结构受阻与其发光行为的研究 … (176)
    6.8.3 氧镓盐化合物的发光问题 …………………………… (179)
6.9 结语 …………………………………………………………… (181)
参考文献 ………………………………………………………………… (181)

第7章 分子识别与荧光化学敏感器研究 ………………………………… (185)
7.0 引言 …………………………………………………………… (185)
7.1 分子接受体的原理和设计 …………………………………… (186)
    7.1.1 阳离子接受体 ………………………………………… (186)
    7.1.2 阴离子接受体 ………………………………………… (191)
    7.1.3 中性分子接受体 ……………………………………… (201)
7.2 中继传递的机制和设计 ……………………………………… (206)
    7.2.1 光诱导的电子转移机制 ……………………………… (207)
    7.2.2 光诱导的能量转移机制 ……………………………… (212)
    7.2.3 因构型转变而引起发光变化的机制 ………………… (215)
    7.2.4 其他的作用机制 ……………………………………… (217)
7.3 信息输出用的报告器 ………………………………………… (221)
    7.3.1 稠环类芳香化合物 …………………………………… (222)
    7.3.2 分子内共轭的电荷转移化合物 ……………………… (223)

7.3.3 金属-中心激发态为发光光源的体系 …………………………………… (226)
7.4 敏感器的一些新进展 ………………………………………………………… (227)
7.5 结语 …………………………………………………………………………… (230)
参考文献 ……………………………………………………………………………… (231)

第8章 有机及高分子电致发光材料及器件（OLED 及 PLED）…………… (235)
8.0 引言 …………………………………………………………………………… (235)
8.1 有机电致发光器件的基本原理 ……………………………………………… (237)
    8.1.1 载流子的注入 ……………………………………………………… (238)
    8.1.2 电荷或载流子的传输 ……………………………………………… (243)
8.2 OLED 材料的聚集态结构及对器件功能的影响 …………………………… (245)
8.3 用于 OLED 的不同有机化合物材料 ………………………………………… (248)
    8.3.1 空穴传输材料 ……………………………………………………… (249)
    8.3.2 电子传输材料 ……………………………………………………… (252)
    8.3.3 OLED 用的发光材料 ……………………………………………… (251)
8.4 高分子电致发光材料 ………………………………………………………… (260)
8.5 三重态发光问题 ……………………………………………………………… (264)
8.6 结语 …………………………………………………………………………… (273)
参考文献 ……………………………………………………………………………… (273)

第1章 序论——超分子光化学的研究对象和有关领域

1.0 引　言

分子光化学研究,经过约半个世纪的发展,今天已处于一个需决定走向何处的十字路口。当前光化学研究的基本状态是:一方面,千百万种不同的有机化合物,配位化合物以及有机金属化合物的光化学和光物理过程已得到详细的阐述。同时,现有的理论方法已能对某些重要分子体系的激发态结构、能量以及其动态学问题做出合理的估计。而另一方面则是对呈现于自然界生命组织中的光化学过程,虽对其复杂性已有了更多的揭露和认识,但对它们真实的状况,还处于未充分了解的阶段。可以看出:在分子光化学和生物光化学间还有一个尚未深入研究的巨大空间,值得进一步开拓和发展。事实上,这一空间,可以明确地说,应当由超分子光化学的研究来加以填补。

对于光化学今后发展的另一种看法是:光化学除了应向生物和环境化学方面发展外,还应当向光/电子器件和光子/电子学的方向发展,准确地说应向有机的光子/电子学方向发展。对于这一看法,我们可简单的从近20年来有机光/电子材料科学的迅速发展中得出结论。有机光/电子材料科学的兴起,显然和社会的需要(如能源和信息行业)密切相关,但科学理论的发展,如光诱导的电子转移和电荷转移以及超分子化学和光化学的进步,在推动有机光/电子材料发展中的作用也是有目共睹的。从上述的两个发展方向中可以看出,无论是前者对生物光化学的研究,或是后者对光/电子材料和器件的研究,它们涉及的多是复杂体系的问题,都是属于有组织的,或由简单物质构筑而形成的复杂体系或器件实体中的问题。显然,其中讨论的光化学问题离不开超分子研究的范畴,或明确地说所涉及的问题应归属于超分子光化学。

超分子化学这一名词是在1978年由法国化学家Jean-Marie Lehn所提出的。超分子化学的定义,按当时Lehn的说法是"chemistry beyond the molecule"。具体地说:超分子化学的研究,相对于研究以共价键联结的分子化学,是以研究分子(或组分)间非共价键联结的分子聚集体的化学。其内容包括它们的制备、组成、构成的机制和驱动力以及它们在各方面的应用。事实上,在超分子的基本定义中已暗含着超分子化学研究的是分子间的相互作用和其聚集问题,因此,超分子化学的中心概念应是分子的组织化(organization)问题。在生物体系中,分子的聚集和组织，可使它们构成适当的体系，并呈现出特殊的功能。例如，自然界光合作用功能的出现并不是所含各组分的简单集合，而是这些组分通过适当而有规律的组织，使之能实现诸如电子转移和电荷分离的功能，更为重要的是组织起来的体系内组分的排列和相对取向，以及所形成的不同活性组分间的隔离等。因此在超分子化学中人们所着重注意研究的就是体系中组分的组织以及彼此间的相互作用，以及由此而使体系表现出来的种种不同功能特征。根据上述看法，超分子光化学就应是以研究上述超分子体系中的光化学为其宗旨和主要目的。

物质的结构与性能关系问题是化学科学中一个永恒的研究题目。显然，超分子的性质是与构成超分子诸组分的性质相关，同时也和各组分是通过何种组织形式而构筑形成相关。因此，超分子光化学所研究的，应是如何来构筑一种具有特定组织结构形式的超分子体系，同时所构筑的体系还应具备人们所期望的、特定的性质或功能。

光与超分子体系间的相互作用首先表现在：光作为一种能量，可以被体系中某一特定组分所吸收，形成了该组分的激发态，以及随之而来的后继过程，包括体系内激发组分与其他组分间的相互作用及其过程等。因此，超分子光化学所研究的应是上述诸过程的细节，特别是反应过程的热力学驱动力，以及各种过程的动态学等问题。

超分子化学的发生与发展，是与人类研究自然现象获得的启示密切相关，因此在超分子光化学的研究中也继承了这一优良传统，向自然界学习和模拟以不断深化对问题的认识，于是超分子的设计问题就展现在我们面前。由于超分子体系有它本身在组织、结构上的特殊性，以及功能上的要求，因此，在研究设计中就出现了所谓的对驱动力的考虑，多种功能的协同，以及作用能力的调节和控制等一系列的研究课题，使光化学研究在更加广泛和深入的范围内得以展开。

下面可以进一步对以共价键联结的超分子体系问题作较详细的说明。一种最简单的分子内光诱导电子转移体系可通过以"共价键联结的电子给体与受体"超分子化合物（简写为 A-L-B）来加以表示。式中的 A、B 为活性组分，而 L 则为以共价联结的"桥"键结构，用以隔离活性组分。虽说它们具有共价的结构，但由于 L 并非是共轭的，因而所构成的体系在 A、B 之间也只是弱的相互作用（或弱扰动）。因此，这类(A-L-B)化合物在其性质上应和以弱相互作用而使 A、B 聚集构成的超分子体系(A⋯B)基本相同。至于其间的差异，可以注意到，前者比后者有着好得多的组织状况，如 A-L-B 中的联结体 L 有着明确的结构特征，包括其性质和尺寸长度等；而后者，虽也存在着彼此间的聚集或靠拢，但不同体系的匹配程度有所不同。因此这种以共价键联结的诸活性组分（如电子给体与受体组分）所形成的超分子化合物在超分子光化学中占有十分重要的位置。它可发展成为一种研究平台，通过它可以对一些重要的科学问题，包括诸如人工模拟光合作用，电子转移理论的研究等方面进行深入的工作。这里可以看出,超分子光化学是一个较宽的科学研究领域,它可在不同方面,包括基础科学问题的研究以及在应用方面,特别在先进材料、光/电子材料和器件等方面发挥重要作用。

在讨论超分子光化学以前,可根据超分子的定义将超分子体系从结构与组织上,大体区分为如表1-1所示的几种情况。

表1-1 从结构与组织上对不同超分子体系的简单分类

序号	结构	组织	说明
1	组分A—组分B—组分C	分子体系	以σ键联结组织的多组分超分子化合物
2	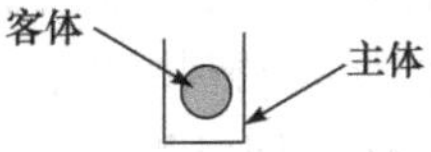 客体 主体	分子体系	以弱作用力构成的主/客体超分子体系
3	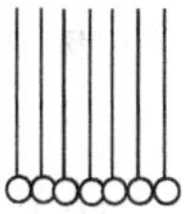 (示意图)	分子聚集体系	以弱作用力构成的分子聚集体系
4	组分A / 组分B / 组分C	不同组分薄膜的组合或界面超分子体系	以弱的或其他作用力构成的界面组合体系

表1-1中将超分子体系粗略地分为四类:

(1) 通过共价结构形成的多组分超分子化合物

它是由多个独立的分子组分,经共价键相互联结而形成。可以看出,这类化合物虽不是由弱的相互作用联结而成,但由于组分间是由非共轭的共价联结,分子各组分间仍保持其相对的独立性,而不受或受到很轻微的相邻组分的扰动,因此这类化合物的各个组分在原则上仍保持组分所原有的光谱特征。但是,它在整体上则具有超分子体系的特征和功能。

(2) 典型的、分子聚集型的超分子体系

它是由不同的组分通过弱相互作用而构成的,如表1-1中列出的所谓"主/客"的超分子体系就是一例。这类超分子体系内容极其丰富,有关这方面的材料已有许多专著给予详细的叙述。以分子识别为例,其中讨论的主要就是通过弱相互作用实现主体和客体分子间的专一性结合。这一问题的内容丰富,仅以"主/客"体系为例,得到广泛应用的主体化合物就不胜枚举,如冠醚、环糊精、杯芳烃等。

(3) 分子聚集体系

这里讨论的分子聚集体系是以相同分子通过弱相互作用而聚集形成的体系。研究得最为清楚的是表面活性化合物分子在不同溶剂中的胶束形成。具有两亲性质的(亲水,亲油)表面活性化合物分子可以自发的,或通过自组装(self assembly)过程形成胶束。它们可以由同一种分子(表面活性剂)所组成,也可以由多种不同分子构成具有特定结构和功能特征的聚集体,包括胶束、囊泡、脂质体、LB膜及双层膜(BLM)等。在这类聚集体系(或膜)中嵌入不同结构和功能特征的其他分子,可以构成具有功能性的囊泡或薄膜,这是生物科学中极其重要的问题。这类分子聚集体系具有相对稳定的聚集结构,它可构成某种具有一定尺寸的微小环境,或具有限制性的组织。正因如此,它可实现和完成在某些分子溶液中所不能完成的特殊化学过程。

(4) 薄膜或界面组装的超分子组合体系

它是由化合物分子在不同基体上的吸附,或沉积构成单层或多层的薄膜体系或器件。体系中各层之间可有不同的联结方式(如化学联结或物理化学联结等),受制于各层材料的分子结构,所带基团及分子构型等,从而构成相对稳定的薄膜或界面组装体系。将这类体系看作一种具有超分子结构性质的体系应认为是合理的,因为它们不仅在结构和组织上和上述的几种超分子体系近似,而且在功能以及研究方法上也有类似之处。当然,由于凝聚体系的特殊性,它和分子体系间存在一定的差别。在对这类体系的研究中,层/层界面(interfacil)以及各层间的相互作用和影响(包括能量转移和电子转移,以及层/层界面上存在的势垒对器件内载流子运动的影响等)应成为这类体系研究的主要方面。

从上列不同超分子体系的组织特征出发,可对超分子光化学和一般分子光化学间的差异,特别是超分子光化学应着重的研究方面,提出一些看法。

考察上列的四种体系,应该认为:只有第一类体系属于超分子化合物,而其他几种则或为两个组分构成的复合物(complex)(如主/客体系),或为聚集体或凝聚态体系。因此,在超分子光化学中,对于第一类体系(A-L-B)主要讨论的是活性组分A或B在受光激发后所引起的种种物理与化学问题。包括不同组分间的相互作用、作用过程的性质和机制以及体系内各组分激发态的调节和控制等。对于第二类体系,其中的主体组分往往是惰性的,因此对于这类体系的讨论,常侧重于客体组分因空间的限制而引起在特殊环境条件下的光物理和光化学行为的变化,这是近年来颇受关注的一个研究项目。另外,从超分子聚集体系及其功能特征的研究看,双层膜(BLM)中不同嵌入组分间的光诱导反应和相互作用,以及在界面组装和薄膜组合体系内各层间光/电化学过程的发生和控制及其对功能的影响等,都是近年来在光化学研究中出现的特殊问题,也是超分子光化学研究中应当注意的新方向。应当指出,超分子化学中所出现的问题,给光化学研究的进一步发展提供了新的契机和内涵,同时也给超分子光化学这一领域的发展和完善提供了机会和内容。

下面将从几个方面对超分子光化学研究的特征和特点,一些重要的研究体系和问题以及与超分子光化学相关的学科领域等作扼要的介绍,希望能给读者提供一个对超分子光化学研究轮廓性的认识。

1.1 超分子光化学是光化学和光生物学研究中的一个桥梁

由于生物化学,特别是生物物理学研究的进展,或是说将物理科学的研究手段引入到生命科学研究之中,使人们对发生于生物机体内的化学和物理问题,特别是有关结构与功能以及体系与反应活性等的关系问题有了新的认识上的飞跃。这就不仅为生物学家提供了新的研究工作视野和认识深度,同时也为化学家和物理学家们提出了一大批新的科学问题,使人们对在复杂和特殊环境中的化学反应,有了新的认识和体会。所有这些为超分子化学的出现,提供了重要的物质基础。

由于"光"作为自然界的基本能源,以及它在自然界生物体系发展和进化过程中的重要作用,因此光对于自然界的影响很早就为人们所了解。而"光"对于植物生长的关系——光合作用问题,也很早被人们所关注,于是就有了"光生物学"的出现。随着光化学研究的进展,特别是人们对于自然界复杂的光化学过程有了越来越多的揭示和认识,对人工合成光合作用的研究也提到日程上来。显然,这一研究不仅为开发新能源具有重要意义,而且对于揭示某些自然界的奥秘也起到重要的作用。当然,要真正完全的了解它们尚有一段艰苦的路程,还需人们做出很大的努力。

在对光化学和光生物学的研究中,特别重要的是认识到在光化学和光生物学间,存在一个巨大而还未深入探索的领域。这一领域可看作是深入研究光生物学的一个重要的门坎和途径,也可看作是人类模拟和利用自然界复杂生物功能的一个合理切入点。这就是我们在这里要讨论的超分子光化学。

超分子光化学的产生是在光化学知识的长期积累,以及人们对于生物体系和其功能的认识不断深化的基础上而发展起来的。因此也可以说,超分子与超分子光化学是人们在研究自然并向自然界学习的结果。超分子研究有它自己的重点,人们常说超分子体系的三大科学问题是:分子识别、分子输运和化学反应。实际上,这三点就是人们长期在对生物体内某些过程研究的基础上而提出的。其中的"分子识别"和"化学反应"应当说是人们从对酶系统的研究和认识基础上发展起来的。"酶"对于底物分子的特征和专一性识别,使人们对这种以不同弱相互作用力为机制的"识别"形式,有了深刻的认识。而"酶"对于底物分子的高效反应特征,使人们认识到当化合物分子处在超分子的条件下时,因各种不同力的存在和作用,可导致出现分子键的弱化和易于发生分解反应等重要的结果。这里可以看出,在超分子化学概念形成中,生物科学所起到的重要作用。从生物科学的观点看,最重要的反应类型是天然产物的选择性聚集,进而形成分子配合物、膜以至细胞。可以这样说,生物体内细胞的生成,酶-辅酶-底物配合物的形成及其催化反应,以及药物和生物受体间的相互作用等均是生物体内不同物种间选择性的作用结果,而其间的驱动力就是它们间存在的各种不同的弱相互作用。生物反应的另一特点是反应的环境效应,它包括环境的极性及其形态和尺寸。经过长期演化而构成的生物体环境内的结构和极性,决定了体内存在的各种不同物种的分布和运转。亲水环境以及由细胞与生物大分子所构成的弱极性空腔,是使生物反应之所以具备定域选择和立体选择效应的关键所在。在生命科学研究的发展过程中存在着一个有趣的现象,这就是人们对研究和考察的对象,逐步的从大变小,而近年来则出现由小变大的趋向。研究考察对象由宏观发展到微观,从细胞水平发展到分子水平应认为是科学研究工作的进步,而研究对象或研究的着眼点则由小变大,如由分子水平发展到超分子水平,也是因为科学的进步。这说明人们已认识到,在生命体内由弱的相互作用所引起的分子聚集问题具有十分重要的作用。

因此,将超分子光化学的研究说成是在光化学和光生物学研究间的一个桥梁,应认为是非常合适的。正是通过了这一桥梁使我们不仅加深了对自然界所存在体系的结构、功能以及作用机制的认识,并且还向自然界学习到许多重要而值得借鉴的思想和方法,使我们的实际工作得到很大的提高。

1.2 从超分子的基本定义来看超分子光化学

上面已经提到,以 σ 共价键联结的、由多个组分所构成的超分子化合物,其每个组分所固有的特征在超分子体系中依然保持着。这是由于超分子内的各个组分是通过共价键联结而组合起来,因而组分与组分间仅存在着轻微的相互扰动。但由于它们是组织起来的,因此从多组分的超分子化合物整体来看,其性质不应是各个组分性质的简单加和。在这里,重要的应是与超分子体系内几个组分间所发生的一些与过程相关联的问题。例如,组分间的转移过程,如电子转移或能量转移等;几个组分间的合作或协同效应,如超分子可通过合作效应来完成某项高级的功能等。正是因为存在着上述的这些过程,因此就导致了体系内独立组分原有特征和性质的弱化或消失,而出现一些完全新的超分子整体性质。严格地说,这种转移和协同过程不仅存在于以 σ 共价键联结而构成的超分子化合物中,它同样可在诸如上述的主/客超分子体系,以及其他以聚集体形式构成的超分子凝聚态结构等场合中出现。当然从对化合物研究的角度看,上述第一类体系的超分子光化学研究,应当说是最典型的。因此可以说,通过对这些不同超分子结构体系内、组分与组分间的光化学和光物理问题的研究,构成了超分子光化学的基本内容。

从光化学研究的角度来看超分子可立刻想到:超分子光化学和分子光化学究竟有哪些异同?显然,分子光化学主要是研究化合物分子在光照激发后,随之而产生的光物理和光化学问题,其中包括激发分子的单分子光物理和光化学问题,当然也包括激发分子和体系中其他基态分子间发生的双分子反应和某些过程(如荧光猝灭)等。对于具有多组分的超分子体系,因其组分间相互隔离,其间仅有微小的扰动,这表明各个组分有着自己独立定域的电子构型。因此,它们在光的照射下各组分间的作用似乎应和不同分子处于混合溶液中的情况相似。然而实际情况是,由于在超分子体系中分子间存在着一定的组织或合理的序列排布,因此组分间的相互作用就和混合溶液中的情况不同,它强烈地表现出因组织起来而出现的超分子特征。这表明,由独立组分构成并具有合理排布而组织起来的超分子体系,有着其特殊的研究价值。

上面的讨论还表明:对于超分子体系的光化学问题,其研究重点应放在体系内激发组分和不同基态组分间的双分子反应上。在这类双分子反应的研究中,特别对 A-L-B 超分子化合物中的 A 与 B 间相互作用研究,必须认真注意组分间联结体 L 的性质和长度。在长链的情况下,要注意联结链的刚性程度不同而分别加以处理。对于以柔顺链联结的体系,因柔顺性而易于导致链的构象变化,从而可引起活性组分间距离的改变,因此,对这类体系的转移过程应按所谓的"through space"方式考虑。相反,对于以刚性链联结的体系则应以"through bond"的方式加以考虑。另外,还应注意,如这种转移过程的动力学常数不能和激发态的单分子衰变过程相竞争,则发生的将是超分子中激发组分的单分子衰变。由此可以看出,这种由若干个独立的分子组分经共价键或以其他弱分子作用力构成,并保持各组分固有性质不变的超分子体系的光化学过程和反应,将是十分复杂的。而对于这类体系的光化学和光物理问题研究,就是所谓的超分子光化学。从上面的讨论可大体看出,超分子的性质既和分子中存在的组分性质相关,也与分子中组分间可发生的某些过程相联系。因此,超分子光化学研究的一个主要内容,将是研究在"光"的照射下而引起的,超分子体系内不同组分间所发生的反应,和相关过程中出现的种种问题。

这里还有必要对另一类和上述 σ 共价键联结的超分子化合物相似但并不相同的化合物体系作一简要说明。比较下列的两类化合物可以看出,二者十分相似,但却是完全不同的两类化合物。

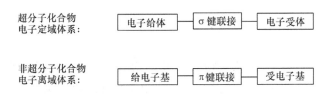

第一种化合物是以σ键联结的两组分间不共轭的超分子化合物,而另一个则是共轭的非超分子化合物。前者的两个组分各自定域,相互间仅有微小扰动。而后者的两侧基团系通过π键联结而相互共轭,形成一个彼此间有甚大扰动或整个分子电子离域的大共轭体系。由于两个化合物的两侧分别为电子给体、电子受体以及给电子基团和受电子基团,因此它们可分别称为光诱导的电子转移(electron transfer)化合物,以及共轭的光诱导电荷转移(charge transfer)化合物。对于前一个体系,在光照下可因发生光诱导的电子转移而使激发组分的荧光猝灭,并进而发生电荷分离,形成阴离子自由基和阳离子自由基,成为光/电转换研究中的重要模型体系。而后者则因是共轭结构,仅能发生光诱导的电荷转移,或部分的电子转移,从而成为一类重要的发光化合物(图1-1)。这后一类化合物虽说并非超分子化合物,但它在超分子光化学中仍占有重要的位置,我们将在以后的章节中对它作专门的介绍。

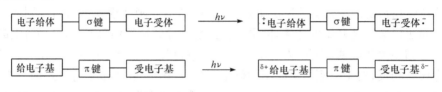

图1-1 两种体系在光照下所发生的变化

可以指出,超分子光化学的主要内容之一就是对这类特殊化合物或体系在受光照激发后所引起组分间的各种变化,包括光物理和光化学变化以及相关的后继反应等。诸如光诱导的电子转移、能量转移、质子转移以及异构化等问题的研究。

要特别指出的是,由于超分子化合物在结构上的特殊性——它既有"组织"性又有"独立"性,因此超分子化合物体系在一定意义上可作为一种特殊的"研究平台",例如在研究光诱导电子转移问题上,为证实Marcus的电子转移理论,避免因分子扩散而难以得到理论上预示的反转区存在的实验证据,科学家们就采用了超分子化合物这一平台,顺利地解决了这一问题。从而使超分子化学在解决某些基础理论问题上崭露头角,起到很好的作用。有关这类超分子化合物在许多场合中所起的重要作用,将在本书的以后章节中提供更多的例证。

1.3 超分子化合物作为科学研究平台和其在各方面的应用

前面已提到,当超分子化合物 A-L-B 内的活性组分之一受光照激发,可以引起组分间某些过程的发生。包括组分间的转移过程(如能量转移,电子转移等)以及使某种合作或协同效应发生。对于一种功能材料来说,特别当它在完成一项复杂的功能时,往往需要多种部件的合作或协同。以人工模拟光合作用体系为例：就是需用多种不同的功能部件并经适当的组装而形成的。对于自然界光合作用复杂过程的认识是不同学科门类科学家经过长期不懈努力的结果。几年前人们对细菌光合作用反应中心结构和功能的报道，充分说明人类有着强大的学习和模拟自然界的能力。并使人们认识到经过长期进化过程而构成的非常规特征的超分子组织可以成功地处理好"前进"与"后退"电子转移的竞争，从而使生物体系实现有效的电荷分离。人们通过对自然界光合作用的研究认识到，光合作用的核心问题是光能转换。它通过叶绿素（作为天线和电子给体）接受光能形成激发态，然后与不同受体发生多步的电子转移，最后将电子转移给醌，使光能转化为化学能。此外，系统中的胡萝卜素可以起到提供和补充电子的功能。因此，美国科学家 Gust 等在此基础上合成出如下的超分子化合物，来模拟天然光合作用的过程（图 1-2）。

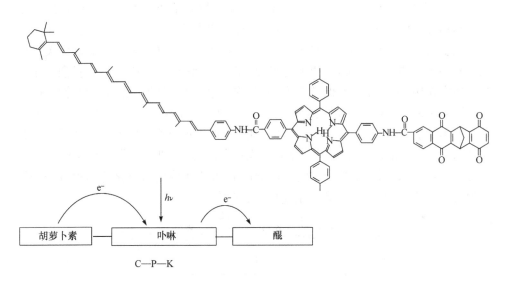

图 1-2 Gust 等提出的三组分光合作用超分子模拟体系

在 Gust 等的工作发表以后，类似的体系不断出现，包括在光照下经电子转移、电荷分离而实现光解水制氢的三组分（triad）以及四组分（tetrad）体系。体系包括天线和电子给体部件、中继体部件、催化分解部件以及牺牲体部件等独立组分，经过适当组织，通过组分间的合作和协同而实现光解水。显然，它们是一种超分子化合物。刚才例子可以看出，这种体系有着和 A-L-B 超分子化合物十分相似的结构形式或结构平台。人们正是通过这一平台，将具有不同功能的分子部件，进行合理的组织，从而构筑出各种不同的、具有解决复杂任务能力的功能性器件。

还可以举出高分子-有机光折变材料的例子来说明利用超分子平台构筑复杂功能材料的重要意义。光折变效应指的是在光照下可引起材料折射系数发生变化的效应。对于这一效应的机制,已认识到存在着如下的四个环节:①光生载流子的产生;②载流子的输运;③空间电荷场的建立;④折射系数的电光调节。因此,在组织和制备这种材料时必须在体系中同时存在上述不同的功能部件,包括载流子生成体(photo-charge generator)、载流子输运剂(charge transportation agent)、陷阱中心(trapping center)、电光分子或非线性光学分子(non-linear optical chromophore)部件等,以及满足器件操作所必须的合理排布。根据材料的工作机制,体系内空间电荷场的建立对体系实现电光调制将起到重要的作用,因此从材料的整体来说,决定体系内部件间的联系和隔离的各种安排,对材料功能的发挥具有重要的意义。而这些安排正是通过上述的超分子平台 A-L-B 搞清 A 和 B 间的光诱导电子转移和电子跳跃(hopping),能量转移和迁移(energy transfer and migration)等基本步骤后而得以完成的。

此外,需要着重指出的是,这种 A-L-B 型的超分子化合物体系,还在 Marcus 电子转移理论中关于电子转移驱动力与转移速度常数关系间存在反转区的理论预示证实上,起到了重要作用。Marcus 电子转移理论有关转移速度和驱动力关系的预示长期来未能得到证实,其原因是当转移驱动力增大到一定程度时,扩散因子将起到决定作用,于是使常数保持不变;而只有当发生电子转移的活性组分处于 A-L-B 的条件时,即 A 与 B 间距离保持不变,如由 Closs 和 Miller 以及 Wasielewski 等合成出类似于图 1-3 结构的系列化合物,并详细地研究了它们的光诱导电子转移,Marcus 的理论预测才得到最终的证实(图 1-3)。列出的化合物实例是以联苯为电子给体 A,以雄甾烷为中间的联结体 L,并以不同的醌类化合物和芳香烃等作为电子受体(即另一端基 B),得到了很好的结果。

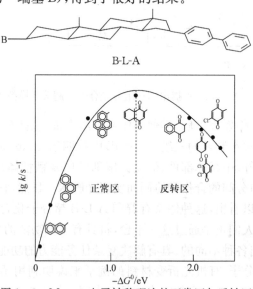

图 1-3 Marcus 电子转移理论的正常区与反转区

可以看出,在图中的正常区域,随着 B-L-A 体系中 B 处化合物接受电子能力的加强(使驱动力不断增强),电子转移的速度常数也不断增大,使曲线上升。但当驱动力超过一定程度到达反转区后,速度常数反而减小,曲线出现下降的趋势,呈现出明显的钟罩式形状,很好地证实了 Marcus 的理论。充分说明这种 A-L-B 类型的超分子体系作为一个研究平台,无论在基础研究或应用开发上都有其重要的用途。

1.4 超分子光化学在学科上的多样性和它强烈的应用特点

超分子和超分子光化学研究领域涉及多种不同的化学分支学科和其他的科学门类,如常见的主/客体(host/guest system)化学研究应属于有机化学范畴;而金属配合物的超分子体系则可属于无机化学范围;通过分子识别对不同的化学物种进行检测则应归诸分析化学;对于超分子体系内激发组分的单分子、双分子光物理和光化学过程的研究,以及用超快速的闪光光解方法来研究瞬态反应动力学和分子动态学问题,则属于物理化学或化学物理的研究领域。然而,必须指出,在诸多与超分子化学相关的学科中,超分子化学与生物科学的关系应认为是最重要的一种。因为它将在方向"路线"上给超分子研究以重要的影响。

在超分子体系的研究中,经常会碰到与各种生物大分子如酶、蛋白质、DNA以及特殊的生物微环境,如细胞、膜、脂质体(lipsome)和不同的囊胞与微乳液等相关的问题,及其光化学研究。显然,通过这些工作可以达到对自然现象的深入认识和理解,而更为重要的是可达到向自然界学习的目的,并为超分子和超分子光化学研究,提供可用以进行模拟的重要思路。通过超分子的手段对复杂的自然体系作简化的模拟,从而达到搞清复杂体系的工作机制是一件十分重要的事情。这是因为自然体系往往是过于复杂的,为此,要在化学合成上完全准确无误地复制出自然界存在的某种体系,不仅难度很大,而且甚至可考虑是否有此必要。因为在向自然界的学习中,最主要的是要搞清自然体系在完成其光化学功能时所遵循的主要机制和途径,即它们是如何(通过超分子的方法)将各种单一功能部件适当的组织起来,以实现一个有价值的复杂的工作过程,并表达出它们的功能特征。如果我们确已充分掌握和了解该功能实现的过程和机制,实际上已把握住问题的关键,达到了向自然界学习的目的。应当说这就是超分子和超分子光化学研究重大意义所在。

在对超分子光化学体系的应用问题上,最富挑战性的是有关以光为驱动力的分子器件研究。作为一种器件,实质上就是一种"工作机器",它是由多种不同的机械和电器零件构成的。例如一台风扇,就是由开关、马达、叶片以及若干机械零件所构成。通过开关可使马达运转,而叶片则让气流运动,其他的机械部件,有的则属锦上添花,比如可使吹风方向改变以达到更好的工作效果等。可见,作为一台完整的机器,就是将各种单一功能的机械部件,经合理的组织而构成的。分子机器和常规的机器一样,也是通过将不同分子部件经适当的组合而形成,即其不同部件可单独地完成某种简单的动作,而经合理设计组装得到的分子器件,则可在外力驱动下表现出复杂的功能。在分子光化学中,单一分子所能表现的光化学行为有:分子内或分子间的光诱导电子转移、能量转移、断键反应以及发光等。这些简单的动作可以推动一些简单的过程,然而要完成一种较复杂的光诱导功能,如指向性的电子转移、电子能量的迁移、对物种接受能力的控制以及开/关功能等,都不是由某一单独分子组分所能完成的,必须有几个不同组分的协同工作方能得以完成。这种将不同的分子组分经合理装配而构成的具特定光功能的组合体(assembly),就可称之为光化学分子器件(photochemical molecular devices,PMD)。这是近年来受到人们广泛关注的一个重要的研究方向。

必须指出,光化学分子器件确有可能通过设计得到某种能进行机械动作的分子机器,如分子马达和分子往复泵等。但目前最具有实际应用前景的光化学器件可能还是能源的利用,如太阳能的转换和储存,以及某些对不同物种进行专一性检测的器件研究等。

有关太阳能的转换和储存问题在前文已有所说明,这里不再赘述。下面仅对有关不同物种进行专一性检测的器件研究问题做适当介绍。

荧光化学敏感器(fluorescence chemical sensor)是近年来得到迅速发展,用于对不同化学物种进行专一性检测的分子器件。它的出现可以说是超分子和光化学、光物理的完美结合。也可以说是超分子光化学实际应用上的一个极好的范例。一个典型荧光化学敏感器是由接受器(receptor)、中继体(relay)和荧光报告器(reporter)等三个部分组成(图1-4)。

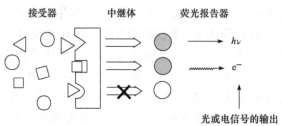

图1-4 3R荧光化学敏感器的图示

可以看出,图中的接受体(receptor),作为专一识别被检物种的关键部位,它的设计原则主要来自超分子化学。接受体对检测物种专一性识别的根据,除了彼此间有相似的尺寸大小和空间外型外,另一个主要的识别因素是,二者间在相互作用力上的匹配。以静电相互作用为例,当被检物种带有正电荷时,则接受体中就必须引入带有负电的部位,才能使二者能很好的相互结合,这对于提高敏感器的选择性和分辨能力是十分重要的。至于敏感器中的中继体和报告器,主要是根据光化学和光物理的原则来进行设计和改进的,它所起到的是提高敏感器的灵敏度作用,即当敏感器的接收器部分捕获了很小量的被检物种而给予荧光报告器以影响时,报告器就能灵敏地向外通报被检物种已被敏感器捕获的信息。从上面的讨论中可以看出,荧光化学敏感器的研究涉及了多方面的科学问题,如:不同的相互作用力、光诱导的电子或能量转移以及分析化学中的有关问题等。它很好地结合了超分子化学中有关分子识别原理和光化学中电子与能量转移可对报告器分子发光强度产生影响这两方面的特点,而构筑起来的新颖分子检测器件,是超分子光化学实际应用上的一个极好的范例。更为详细的内容将在后续的章节中讨论。

1.5 电子转移在超分子体系中的重要性

要使一个超分子体系实现有效的光诱导电子转移和电荷分离,必须在结构和能量上满足某些基本的要求。首先,电子转移过程应在热力学上是可行的,即它必须是一个释能的(exergonic)体系。电子转移过程的自由能变化 ΔG^0 可按式(1-1)计算:

$$\Delta G^0 = [E^0(A/A^{+}\cdot)] - [E^0(B/B^{-}\cdot)] - \Delta E_{0,0} - (e^2/\varepsilon r_{DA}) \quad (1-1)$$

式中,e 为电荷;ε 为溶剂的介电常数;r 为电子给体与受体间的中心距离;式中的最后一项是代表电荷分离态的库仑稳定能。在极性溶剂中,上述的库仑稳定能一般小于 0.1 eV,因此常可忽略。其次,电子转移还必须在动力学上是可行的,同时激发态还必须有充分长的寿命,以允许电子转移的发生。在转移过程成功的完成后,还须注意其量子产率的大小和电荷分离态的寿命长短。体系应尽可能地有较长的寿命,以便于提供适当的布居和具备进一步发生化学反应的时间。在对超分子电子给体/受体络合物的研究中,一个典型的工作目的是为促进体系光诱导电子转移过程的发生。在为其提供充分驱动力的同时,也须注意所形成电荷分离产物生存期的优化,从而达到进一步氧化还原反应的目的。由于电荷重合过程的发生(即电子从受体的 LUMO 转移回到给体的 HOMO)会导致能量的耗失,因此一般说来,这是一个不希望发生的过程。为此,在战略上如何减慢或避免这种"逆相反应"是人们关注的问题。例如,拉开电子给体与受体的距离就是方法之一,同样也可采用热力学的方法,如使电子回传过程成为一个吸能反应(endergonic)的过程等。最后,在电子转移过程中有适当的轨道重叠是很重要的,它一方面可促进电子转移过程的顺利进行,同时也有可能防止有害逆相反应的发生。

光诱导电子转移问题在超分子光化学研究中有着特别的重要意义。在上面讨论过的不论是太阳能的转换与利用，或是荧光化学传感器的应用等，其作用机制，可以说都和光诱导电子转移过程密切相关。不同化学组分间电子转移过程的难易是它们间能否顺利发生化学反应的关键问题之一。在光的帮助或诱导下可以有力地促进组分间电子转移过程的发生，从而使一个反应体系的进程发生根本性的变化。一个两组分的电子转移体系，总是由电子给体和电子受体二者所组成。按照热力学的原则，二者间能否发生电子转移应取决于上列的 Rehm-Weller 公式。只要式(1-1)中的 ΔG^0，电子转移过程的自由能变化，为负值，则过程可自发进行，反之则不能。式中的 $E_{Ox.}$ 及 $E_{Red.}$ 分别为电子给体与受体的氧化电位和还原电位，而 $\Delta E_{0,0}$ 则为体系中被激发物种（可以是电子给体或受体）的激发跃迁能。可以看出，式(1-1)中的 $\Delta E_{0,0}$ 是代表光照对电子转移过程所提供的能量帮助。一个通过光诱导而发生电子转移的体系，表明除了体系中电子给体和电子受体组分有自身的氧化还原能力外，还存在着光的帮助。对于某些体系而言，在无光照射的情况下，也有可能发生组分间的电子转移（即形成了基态的 CTC）。但对于多数体系来说，常需要有光的诱导方能实现组分间的电子转移。在超分子体系中，特别是超分子化合物 A-L-B，它们是由多个组分所构成的。对于激发了的超分子化合物 A*-L-B 或 A-L-B* 实际上它们均已获得了光的帮助，因此它们在组分间发生电子转移应该说是比较容易的。在双分子或双组分体系中，激发组分的衰变过程和行为是光化学研究的重要内容。而这种衰变过程不仅和激发组分自身固有的结构、性能特征相关联，同时也和周围是否存在其他基态物种以及该物种的性质等有关。这是因其间可能存在有不同的转移过程，即它们的存在、将增加过程的竞争性。因此可以将该另一非激发组分看作是激发组分在衰变过程中的调节剂，当其引入和存在于体系中时，就可以达到调节和控制激发组分的衰变过程，包括衰变速度的大小，甚至改变反应的方向等。这就可以看出，对于这类 A-L-B 超分子体系内光诱导电子转移的研究，将对理解不同功能性超分子体系的控制和调节问题起到十分重要的作用。为此我们有理由强调：光诱导电子转移在超分子光化学体系研究中的重要性和特殊意义。

在本书中，我们将有专门的一节较详细地对电子转移在超分子体系激发态的性质和功能的调节和控制问题上，作更多的介绍。

1.6 金属配合物在超分子光化学体系中扮演着重要的角色

以金属配合物为代表的无机光化学发展，有如下几个阶段。在对由重铬酸盐/明胶（或聚乙烯醇）等构成的全息照相材料的研究中，六价 Cr(VI)经光照还原为三价 Cr(III)而呈现出和明胶或聚乙烯醇等发生络合交联的成像反应，这应该是金属配合物研究中的最早实例。在20世纪70年代开始的光电化学电池研究,实现了光分解水制氢而出现的"太阳能光化学"研究热潮中,利用金属配合物的激发态为"电子转移"试剂的研究也随之得到发展,于是联吡啶钌 $Ru(bpy)_3^{2+}$ 就成为最早的金属配合物研究对象。随着对这类体系研究的发展,其他的金属离子也不断地得到应用,如 Os(II)、Re(II)、Cu(I)、Rh(III)、Ir(III)、Pt(II)以及 Pd(II)等,它们的配合物及其光化学研究也日趋发展,形成了一股颇有规模的潮流。

金属配合物是由金属离子(metal ion)和配体(ligand)通过配位键的作用而形成的。由于配位键一般较强,因此从严格意义上说,金属配合物不应属于由弱键作用而构成的超分子体系。但在某些情况下,由于金属和配体间的"离域性"(delocalization)甚小,以至它们可发生独立的氧化还原过程,使人们将配合物中的亚单位看作是各自定域的。从这一点讲,它们和上面列出的以 σ 共价键联结的超分子化合物相类似。特别是它们有着丰富的激发态,因此在超分子光化学体系的研究中,把它们也看作是研究对象之一,并非毫无道理。金属配合物的激发态可以分为如:金属为中心的激发(metal-centred)、配体为中心的激发(ligand-centred)、金属到配体的电荷转移激发(MLCT)、配体到金属的电荷转移激发(LMCT)以及金属-金属到配体(MMLCT)的电荷转移激发等。可以看出金属配合物有着非常丰富的激发态,因此,如何通过分子设计来调节、控制和利用它们就成为配合物光化学研究中重要的研究课题。

现对已充分研究过的三(联吡啶)钌(II)[$Ru(bpy)_3^{2+}$]的性质作一简要讨论(图1-5)。

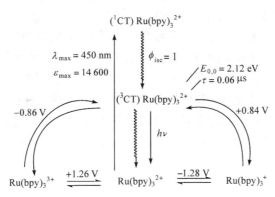

图 1-5 $Ru(bpy)_3^{2+}$ 的光谱、光物理和氧化还原性质

在对 $Ru(bpy)_3^{2+}$ 配合物的电化学研究中确定,氧化反应是和金属离子相关联的,而还原则与配体相关。要注意的是在还原态中,配体并非是集体的还原,而是将获得的电子以振动形式附着于其中的一个配体上。于是,在发生"一个电子"的氧化还原反应中,氧化态可写成[Ru(III)(bpy)$_3$]$^{3+}$,而还原态则为[Ru(II)(bpy)$_2$

(bpy$^-$)]$^{2+}$。于是就可以在近红外光谱区内观察到配体-配体间的光学电子转移(optical electron transfer)。并可用此估计在极性溶剂中,配体与配体间电子跳跃(hopping)的活化能(约为 1000 cm^{-1} 量级)。这种氧化和还原位点的局域性,决定了配合物激发态(MLCT 型)的长寿命性质;并且其吸收和发射能量也可从其电化学电位予以方便的预示。从上面的讨论可以看出,多联吡啶钌配合物是一种较特殊的分子单元。它集合了几种分子的性质,并可显示出如金属到配体以及配体到配体的跃迁特性。这就和超分子体系的情况十分相似。正是由于金属配合物存在着相对独立的金属和配体亚单位,以及可发生如彼此间的电子转移和电子激发等过程,使金属配合物具有某种类似超分子体系那样的组合特性。同时,一些在组合超分子体系中存在的对亚单位的调节和控制问题,也能在配合物中得到实施。所有这些都说明在超分子光化学的讨论中,将配合物问题包括在内,不仅合适,也是必要的。

此外金属配合物也可作为超分子体系的组分之一,用它和其他组分相结合,构筑起新的超分子体系。如在光电转换或太阳能利用中,联吡啶钌配合物可以通过不同的相互作用(包括共价键的作用)和其他组分相联结,构成新的有特殊应用目的的功能器件。同时因这类配合物存在多种可利用的不同氧化还原部位,因此可以期望它们在和不同组分相结合时,可利用它们的多变性,来达到最佳相互匹配的目的。

近年来由于有机电致发光二极管(OLED)的迅速发展,以及注意到开发与应用发光材料中的三重态发光部分可以大大提高 OLED 的发光效率,这就使人们对以贵金属如 Pt(II)、Ir(III)等为中心金属离子的金属配合物研究予以重视,并对这一问题的深入研究起到重要的促进作用。同时应指出,虽说在 OLED 器件的研究中,主要涉及的是多层不同功能性薄膜凝聚态体系内载流子的运动、相互作用、激子的生成与衰变,以及有关的电子转移和能量转移及层间能垒的关系等对器件发光问题的影响,而且它和在超分子水平上研究体系内组分间的相互作用也有较大的区别;但从器件内各独立聚集体的合理组合,从而构成一种有合作和协同功能的光电子器件的角度看,其间存在着十分相似的地方。事实上这里涉及的问题应属于界面的超分子组装体系。应当说,这还是一个正在兴起和不断发展中的科学研究领域,值得密切的关注和进一步的深入研究。

1.7 界面超分子组装体系的光化学问题

上面讨论过的超分子体系都是以不同分子为超分子的建筑基块。通过设计,合成得到超分子化合物如 A-L-B。它们或是可用做功能性的材料或分子器件,或是作为模型体系用于对某种基本问题的探讨和研究。但我们也可将一种表面,如金属或半导体表面,看作是一种活性部件(或组分),而将沉积或涂布于其表面的有机涂层看作为另一活性组分,于是就构成了一种与 A-L-B 相类似的超分子体系。固体表面与有机物间的界面层也就起到类似于联结体的作用。这一问题的出现是源于实际的需要。一个得到广泛关注的问题是半导体光电化学电池的研究。以二氧化钛半导体为电极的光电化学电池的研究已成为世界范围的热门课题。由于它较宽的禁带宽度,因此必须在其表面引入增感染料,使之能在较宽波长范围吸收太阳光能,达到充分利用太阳能的目的。可以看出,这里已经出现了如上述的光诱导的表面电子转移问题。

实际上开展表面或界面超分子光化学问题的另一重要动力,是和发展纳米尺寸 TiO_2 光-电化学电池的研究有关。要使这类器件能真正地付诸实用,有一系列问题需要加以解决。这些问题包括:如何组织和装配电池;如何实现对体系的操作和处理;以及在光驱动下,如何实现长寿命的电荷分离等。这些问题,在溶液中,仅能在一定程度上得到解决,同时还引出如下的认识:即在这类超分子组合中,固体与活性组分间的结合问题十分重要。良好的结合有利于促进电子的注入和电荷的分离,因此人们就有兴趣来研究分子组分如何连接到活性固体支持体上的问题。有关光生伏打电池的研究,在经一系列仔细的工作后,Gratzel 等以及别的研究组指出:有效的太阳能器件可以通过对表面采用联吡啶钌配合物修饰过的纳晶 TiO_2 组装而得到。在结合了这些组分后,体系总的发光效率在较低光强下已超过 10%。一个惊奇的发现是,在这些器件中电子注入到纳晶 TiO_2 表面的速度是非常快的(在亚皮秒范围内),而电子和空穴重合的时间则要慢几个数量级,因此可以看出这里的电荷分离有着相当长的寿命。

由 Gratzel 等所发展的太阳能电池是基于染料的光敏化和光诱导将电子从染料分子转移或注入到 TiO_2 的结果。由 TiO_2 纳米粒子所联结构成的网络可形成大面积的,对光的吸收和电子转移都十分活跃的体系。联吡啶钌配合物 $[Ru(II)L_2(SCN)_2]$ 中的 L 是 $4,4'$-二羧基-$2,2'$-联吡啶,该配合物很适合用作为敏化剂,因为羧基有着良好的与 TiO_2 表面结合的能力。当染料分子被激发后,电子就能注入到 TiO_2 的导带,而在表面上留下三价钌的物种,如式(1-2):

$$Ru(II)L_2(SCN)_2^* \longrightarrow Ru(III)L_2(SCN)_2^+ + e^-(TiO_2) \qquad (1-2)$$

然后,电子可以从 F-搀杂的 SnO_2 电极收集,通过闭路电路,再经金电极和中介物(mediator)将电荷回传到染料,使之还原(即电子从金电极回到染料的 LUMO)。原初的电池所用的中介物,氧化-还原对,为 I_2/I_3^- 的液体电解质,但由于封装上的问题,易于因产生的缝隙而发生漏液,以及溶剂挥发等带来的麻烦。因此电池的固态化,用可进行空穴传输的小分子玻璃体材料以代替液体电解质是一个重要的发展方向。如 Bach 等用螺-TAD 的四甲氧基衍生物就是一例。有关二氧化钛半导体为电极的光电化学电池的基本结构图 1-6 所示。

另一个与界面超分子组装体系有关的光电子器件就是上面提到的,以有机或

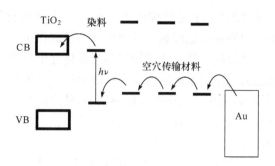

图 1-6　二氧化钛半导体为电极的光电化学电池

高分子材料与金属表面组装而成的有机电致发光体系——OLED。这一重要的光电子平面显示器件，仅通过十几年的发展，就开始稳步地推向工业化。由此可以看出这类材料和体系发展的生命力。它是继有机光导材料在静电复印中的应用和液晶显示材料应用后，第三种得到大规模应用的有机光电子材料。从 OLED 的结构和生产技艺上可知，OLED 不是简单的体系，而是通过由不同功能薄层组成的多层体系，其中包括电极、电流注入层、电荷输运层、电荷位垒层以及发光层等。在这类多层器件的制备中，各层都有其自己的用途和结构特征，在不考虑各层为实现器件的电致发光过程在光/电功能上是如何进行合作和协同，以及如何实现最优化的材料和工艺的选择等，仅从其作为器件的结构完整性上看，也存在大量值得注意的问题。例如，OLED 作为多层的有机复合材料就存在诸如各有机层间的互黏（adhesion）和各层自黏（cohesion）间的协调问题，和如何防止有机玻璃体的结晶化和老化等问题，以及各层材料的折射率状况和可见光的透过问题等都必须认真加以解决。由此可以看出，在这类光/电子器件的研究和开发中，问题的多样性和复杂性。

为保证器件中电流的顺利注入和流动，合理的配置具不同氧化还原电位各种薄层和不同功函数的电极至关重要，而为了保证电荷能在指定位置形成激子，准确地测定电子与空穴的流动速度和严格制得具确定厚度的不同层次，将对发光效率的提高起到关键的作用。对于这些重要参数的测定，以及在不同界面层处电子和空穴运动情况的研究，搞清楚发光规律将是这类界面超分子组装体系的重要研究课题。

1.8　在有组织和受限制体系中的光化学研究

在表 1-1 对超分子体系的简单分类中，第二类所谓的"主/客"体系在超分子化学中占有重要位置。如上面提到，这类体系在分子识别或促进化学反应发生等方面都有重要作用。这里我们想强调的是后一方面，即近年来引起广泛注意的在所谓"有组织和受限制"体系中的光化学和光物理研究。显然这同样应属于"主/客"体系,它是超分子光化学中一个极为活跃的研究方向。对于这种在"受限制"体系内的光化学反应研究,是一种特殊的反应体系。所研究的是底物分子在这类特殊主体环境内的光化学反应。化合物分子在一个受抑制环境中所发生的反应和在非受抑环境中的反应情况大不相同。在受阻抑的环境中,某些反应可以受到抑制,而十分有趣的是在另一些情况下又可能对某些反应有所促进。因此,对这类特殊体系的光化学研究,其重点应是搞清主体特征或环境效应对于底物分子(客体)反应的影响。近年来,一系列具有不同尺寸、不同几何形状、不同机械力学性能(刚性和柔性材料)以及具有不同物理化学性质(如不同的极性和黏度等)的微环境体系不断出现,包括有机和无机化合物以至矿物(如黏土矿物)体系和凝胶化(gel)产物等。它们或来自自然界,如沸石、黏土等;或合成于实验室,其例子不胜枚举。它们可通过自组装方式得以形成(如胶束),也可通过在外力的帮助下获得。这样丰富的内容给这类体系的研究提供了广泛的研究材料和研究空间。

图 1-7 是对一个有效的"化学反应腔"所涉及有关时间和空间因子给化学反应带来的影响予以说明。

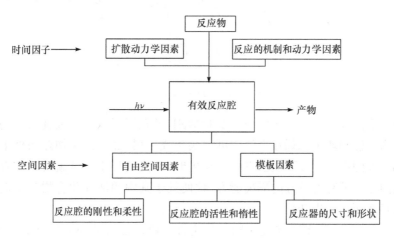

图 1-7 有关时间和空间因子给化学反应的影响

图中可以看出,在反应过程中主体和客体可分别从空间和时间因子的角度上,给反应带来影响,并在光能的驱动下生成在该环境条件下所能生成特定结构的产物。这里所涉及的各种微反应器不仅具有特殊的尺寸和形状,如有一定直径的球型空腔和管式通道结构的分子筛材料,或具有层状结构的黏土材料,而且在材料的性质上可以是具刚性结构,不易于变形的硅酸盐体系,或柔性的以长链磷酸酯化合物组成的双层分子膜或囊胞体系等;同时,它们也可是经过表面处理(surface modification)带有不同作用基团的活性表面,或未经任何处理的惰性表面材料。

而所有上述一切,都将给处在环境内底物的化学反应带来影响。

底物分子在一些特殊环境内和在常规环境下的反应,常可出现巨大的差异。诺贝尔奖获得者 Cram 曾提出在一些"囚笼"式大分子中反应的特殊例子,如在 Hemicarcerand 分子内(图 1-8),一些禁闭分子(incarcerated molecule)的特殊反应。

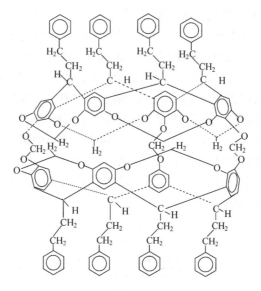

图 1-8　Hemicarcerand 分子结构式

在上述的"囚笼"式分子内引入 2-吡喃酮,经光照可以得到极其活泼的环丁二烯化合物。已知环丁二烯在大气中可很快生成丁烯二醛,或在加热条件下生成环辛四烯。如图 1-9 所示,但当它处于笼内时,活泼的环丁二烯就可稳定存在。可见这类囚笼分子有着良好的隔离能力,致使处于其中的活性化合物分子能保持其原有的状态而不发生变化。

另一例子是 Co(Ⅲ)-氨配合物的稳定性问题。也可从环境影响的角度出发,来观察体系的稳定问题。已知 Co(Ⅲ)的配合物在动力学上是惰性的,而 Co(Ⅱ)则因在反键轨道 $\sigma_M^*(e_g)$ 上存在电子,而显得不太稳定。其结果是在水溶液中,当 Co(Ⅲ)-氨配合物被还原后,就可引起配合物的快速和完全分解。如式(1-3)和式(1-4)所示:

$$Co(NH_3)_6^{3+} + e_{aq}^- \longrightarrow Co(NH_3)_6^{2+} \tag{1-3}$$

$$Co(NH_3)_6^{2+} \xrightarrow{H_3O^+} Co_{aq}^{2+} + 6NH_4^+ \quad k > 10^3 \text{ s}^{-1} \tag{1-4}$$

即配合物 $Co(NH_3)_6^{3+}$ 受到脉冲幅照后,可以很快地发生分解。但如果将上述配合物的配体改用乙二胺,形成了 $Co(en)_3^{3+}$ 配合物(其中 en 为乙二胺),则在脉冲

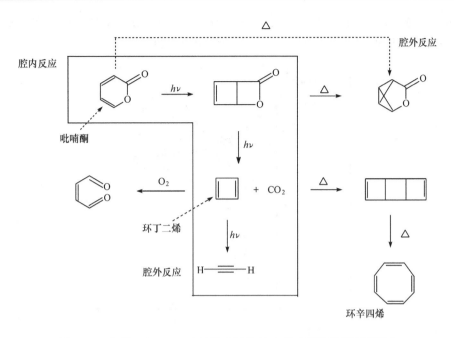

图 1-9 在 Hemicarcerand 的腔内及腔外 2-吡喃酮分子的不同反应

幅照后,上述还原反应的速率常数下降为 $k>25\ s^{-1}$,表明分解速率常数已大为减小。其原因是,原来 $Co(NH_3)_6^{3+}$ 的分解机制是通过光照可同时发生配合物的"LMCT"和"离子对电子转移"(IPCT)等双重激发的影响,因此出现了很大的光解量子产率。但对于 $Co(en)_3^{3+}$,则因 en 的引入,使第二步的去氨过程不易进行,因此可在一定程度上减缓分解速度。只有当体系中引入了氨和甲醛,并发生"加帽"(capping reaction)反应[式(1-5)],才使新的配合物 $Co(sep)^{3+}$ 体系表现出良好的稳定性,以至在幅照或光照下,体系基本保持不变。即不发生第二步丢失配体的反应,从而使 Co 离子的 Co(Ⅲ) 和 Co(Ⅱ) 间的氧化还原反应能稳定的进行。

$$\text{Co(en)}_3^{3+} \xrightarrow{NH_3, CH_2O} \text{Co(sep)}^{3+} \tag{1-5}$$

可以看出,从 $Co(NH_3)_6^{3+}$ 到 $Co(en)_3^{3+}$ 再经加帽反应形成 $Co(sep)^{3+}$ 体系的稳定性逐步增大。还应指出的是上述三种钴的配合物虽有不同的光化学行为,但它们的吸收光谱却十分相似。所以这些笼状化和未笼状化的六氨配合物,在性质上出现的"相似"和"不同"可用如图1-10的势能图来加以解释。

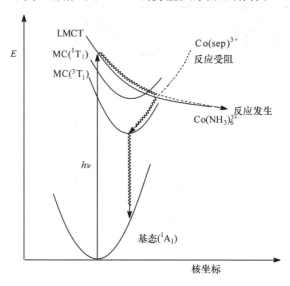

图1-10 笼状化和未笼状化的 Co^{3+} 配合物基态和激发态势能曲线的比较

上述结果表明:钴离子配合物笼状结构的逐步强化,或最后实现钴离子的"封装化"(encapsulation)并未对配合物组成和其第一配位圈的对称性等造成很大的变化,因此在势能图中几种不同络合物势能曲线的光谱区域几乎完全相同。这就可以解释为什么它们的吸收光谱十分相似。有关配合物 $Co(NH_3)_6^{3+}$ 在 LMCT 和 IPCT 激发态的光解反应,因分解过程是沿 LMCT 的势能曲线发生,因而和无辐射衰变回到基态的过程相互竞争;但当配合物实现笼状化后,核的大振幅运动以及配位单元的离去作用均受到限制,因此在势能图上可以看到由 LMCT 激发导致分解的长线被另一向上发展的虚线所代替,于是配体丢失的途径就不能和无辐射衰变过程相竞争,而仅能沿着后一通道而发生无辐射衰变。

从列出的例子可清楚地看到,当某些化合物分子处于受抑制的特殊环境中时,可表现出一些十分奇特的行为。

1.9 结　　语

在本章内,我们对超分子光化学的由来、在不同学科中的位置、基本定义、研究范畴和一些重要的研究内容等,作了扼要的说明。特别对超分子体系和超分子化合物作为一种重要的科学研究平台,和它在理论研究和实际应用中所表现出来的巨大价值,都给予了适当的说明。此外,我们还从几个方面对超分子光化学的一些基本问题做了原则性的介绍。显然,要用它们来概括超分子光化学的全貌是远远不够的。对近年来得到迅速发展的纳米材料和在界面上超分子组装体系的光化学问题等,不仅存在着大量的科学理论问题,同时它也和许多具有重大应用价值的实际问题如:敏化的半导体光电化学电池,以及有机电致发光器件(OLED)等有着密切关系。虽然文中对于这些问题也予以适当的讨论,但应该说是远远不够的。对于这些内容,我们还将在下面一些具体的章节中予以介绍。另外有关超分子光化学的前景和发展趋向等也未作专门的讨论,显然,这是一个比较复杂和见仁见智的问题,要提出恰当的看法并不容易。讨论中曾对超分子光化学研究的重要意义,和它在科学研究中的地位等提出了一些初步的看法,但要较全面对超分子光化学的发展前景作出恰当的评述,难度较大。可能的话我们将在具体的章节中对具体问题的发展趋向作一些适当的讨论。

建议参考的文献

[1] Lehn J-M. Supramolecular chemistry, concept and perspectives. Weinheim: VCH, 1995
[2] Balzani V, Scandola F. Supramolecular photochemistry. New York: Ellis Horwood, 1991
[3] Ramamurthy V. Photochemistry in organized and constrained media. New York: VCH, 1991
[4] Vos J G, Forster R J. Interfacial Supramolecular Assenblies. Chichester: John Wiley & Sons, Ltd., 2003
[5] Cram D J. Anger. Chem. Int. Ed. Engl., 1988, 27: 1009
[6] Czarnik A W. Fluorescent chemosensors for ion and molecule recognition. ACS Symposium Series 538. Washington D. C., American Chemical Society. 1993
[7] Bianchi A, Bowman-James K, Garcia-Espana E. Supramolecular chemistry of anions. New York: Wiley-VCH, 1997
[8] Ramamurthy V, Schanze K S. Optical sensors and switchs. New York: Marcel Dekker, Inc. 2001

第2章 分子光化学和光物理基础

2.0 引　言

在对超分子光化学问题进行专门的讨论前,对有机小分子的光物理和光化学基本概念作适当的回顾,是十分必要的。事实上,在我们进入超分子光化学研究领域后,就可发现,研究中所接触到的对象和问题,和在小分子光化学中所遇到的有较大的不同。研究对象上不仅包括有机化合物、无机化合物乃至金属配合物等,同时在研究体系的结构上,因超分子体系牵涉的面较广,因此,研究的体系不仅有均相的,同时还涉及异相的体系,如薄膜、胶束和不同的聚集体等。此外超分子体系的设计和合成以及对其光化学研究所具有明确的应用目的,这将使情况变得格外复杂。情况虽有如此大的不同,但必须指出:在对光化学的研究中,一些带有基本问题的讨论,仍离不开光化学研究中的某些基本概念,因此这里对小分子光化学和光物理基本概念作一些适当的回顾,无疑将会给我们在超分子光化学的研究中带来益处。

光化学是研究光和物质分子间相互作用的问题。包括不同类型辐射的电磁波,可从 γ 射线直至无线电波。可以通过它们不同的波长(或频率,波数等)来加以区分如:紫外、可见光、红外等。在光化学中我们所关注的电磁波波长范围只是在 $100 \sim 1000$ nm 范围内 $(3 \times 10^{15} \sim 3 \times 10^{14}$ Hz 或 $10^5 \sim 10^4$ cm$^{-1})$。

从量子模型出发,一束光或辐射可看作为一束光子流(或光量子流)。光子是无质量的,但有其特征能量 E,通过式(2-1),可将能量和辐射的频率相联系:

$$E = h\nu \tag{2-1}$$

式中,h 为普朗克常数$(6.63 \times 10^{-34}$ J·s$)$。由此可以算出波长为 100 nm 及 1000 nm 光的光子能量分别为 1.99×10^{-18} J 及 1.99×10^{-19} J。将光看作是由光子所组成的光子流,在光化学的研究和认识上是颇为重要的。

光和分子体系相作用时,通常是一个分子和一个光子间的相互作用。可由如式(2-2)的一般形式表示:

$$A + h\nu \longrightarrow A^* \tag{2-2}$$

式中,A 为基态分子;$h\nu$ 为光子能量(或光子);A* 为处于电子激发态的分子,即具有高能量的化合物分子。要正确评价光子的能量,应从光子能量与分子化学键能量的大小比较着眼。化学键的能量常用 kJ/mol 或 kcal/mol[①] 来表示。如果光子的能量也用摩尔单位来表示时,则是在定义 1 mol 光子为 1 einstein 光子的基础上提出的。当 1 mol 的化合物分子吸收 1 einstein 光子,即相当于一个分子吸收了一个光子。当波长为 100 nm 的 1 einstein 光子的能量为 1198 kJ(286 kcal),而波长为 1000 nm 的 1 einstein 光子的能量则为 119.8 kJ(28.6 kcal)。值得注意的是,这些能量的值和切断一个化学键所须的能量,基本处于同一个数量级上。如 Br_2 的 Br—Br 键能为 190 kJ/mol,CH_4 的 C—H 键断裂能则为 416 kJ/mol。一个分子吸收光子而得到的能量是否会使化学键发生断裂,还依赖于激发态分子所有失活过程间的竞争。激发分子可看作是一个新的化学物种,它有自己的化学和物理性质,而且常和其原有基态物种间存在着很大的差别。

2.1 势能面

在对光化学问题的了解中,最重要的是要建立起分子体系所具有的确定电子态。通常在(热)化学中所研究的是基态下的电子态化学。而光化学所研究的则是电子激发态的化学。一个必须牢记的重要观点是,要在概念中对分子内的"电子"和"核"运动予以分别处理。这就是所谓的 Born-Oppenheimer (BO) 近似处理法。它是光化学中一个重要的内涵。

分子的总能量可用 Hamiltonian(H) 来表示。H 中包括有电子和核两者的势能和动能。可表述如式(2-3):

$$H = V_e + V_N + V_{eN} + T_e + T_N \quad (2-3)$$

式中,V_e 为电子间相互的势能;V_N 为核间相互的势能;V_{eN} 为电子和有关核间的势能;T_e,T_N 分别为电子及核的动能。对于分子体系的薛定谔(Schröedinger)方程可以写成式(2-4):

$$H\Psi(q,Q) = E\Psi(q,Q) \quad (2-4)$$

式中,$\Psi(q,Q)$ 为体系在稳态条件下的波函数,它和电子(q)及核(Q)两者的坐标相关。由于在质量上,电子和核存在着巨大的差别,因而分子体系可看作为由快速运动的电子(亚)体系(subsystem)和一个慢的核体系所构成。这两种在时间尺度上有很大不同的运动类型就成为 Born-Oppenheimer 近似概念的基础。可将式(2-4)中的 T_N 项略去,来定义电子的 Hamiltonian,如式(2-5):

$$H = V_e + V_N + V_{eN} + T_e \quad (2-5)$$

而电子波函数 $\Psi_k(q,Q)$ 即为式(2-6)的解。

$$H_e\Psi_k(q,Q) = E_k\Psi_k(q,Q) \quad (2-6)$$

[①] cal 为非法定单位,1cal=4.186 J,下同。

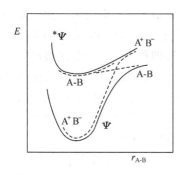

图 2-1 对于异核的双原子分子基态和第一激发态的绝热势能曲线(实线),图中的虚线代表纯的离子键和共价结构的能量

这里的下标 k 为电子的量子数。从概念上说,把 T_N 从 Hamiltonian 中略去,即等于在固定的核坐标中求解电子的问题。在一种核的几何构型(Q)下,可得到一组电子的波函数和能量(不同的 k)。而对每一个 k,则在不同核的构型下所得的能量组可以定义一个面,称之为第 k 电子态的"绝热的势能面"。如图 2-1 列出了异核双原子分子(如 HCl)的单重激发态和基态的绝热势能曲线。这种因核的几何构型改变而引起电子波函数的变化(纯的离子键或共价键波函数),可从对曲线(图中的虚线)的观察中注意到,即从一个平衡的几何构型向另一个拉伸的几何构型转变时,对于基态来说,是从高度的离子键变至共价键,而对于激发态,则恰恰相反,是从共价键变至离子键。

关于核的运动问题,可以通过定义一个有效的 Hamiltonian 而加以解决。

$$H_N = E_k(Q) + T_N \qquad (2-7)$$

而核的本征函数(eigenfunction)$X(Q)$,则可有如下的解。

$$H_N X_{k,\nu}(Q) = E_{k,\nu} X_{k,\nu}(Q) \qquad (2-8)$$

式中,ν 为核的(振动)量子数。从概念上讲,这相当于慢速的核在一个由快速电子运动所决定的势能场内移动。而电子的波函数也可认为在瞬间上,会随着核坐标的变化而有所改变。因而可以容易地看出,倘若 $(\delta\Psi/\delta Q)(\delta X/\delta Q)$ 及 $\delta^2\Psi/\delta Q^2$ 很小时,则波函数[式(2-9)]应成为体系 $E = E_{k,\nu}$ 完整薛定谔(Schröedinger)方程的良好求解。这一点对于评价"BO 近似"的准确性十分重要。

$$\Psi = \Psi_k(q,Q)\Psi_{k,\nu}(Q) \qquad (2-9)$$

上面提到处于某一电子状态分子的"核",存在着不同的空间构型并具有一定的势能。因此所谓的势能面就是对某一特定的电子状态,它们的势能与核构型间的关系图。势能面可以提供一种定性和形象化的方式,来描述分子能学、分子动态学及与其结构间的一般性关系。在势能面图上,可看到不同电子态能量的高低,可以看到不同电子态势能面之间的跃迁,也可看到不同势能面的交叉和临界的核几何构型等。因此在分子动态学的研究中势能面是十分有用的。通过量子力学从理论上来计算势能面,必须引入某些简化的假设,其中最重要的是排除电子运动而只根据核的运动来阐述问题。这就是所谓的绝热近似(或 Born-Oppenheimer 近似)。在这种假定下产生的势能面就称为绝热面。此外在势能面上也可用"代表点"的运动来处理核运动的动态学。可以用下面的例子对势能面的方法进行讨论和说明。列出的势能图(图 2-2)是对 C═C 双键化合物被激发后激发态构型的变化,及由此而引起的光化学反应以及能量耗失的途径等。

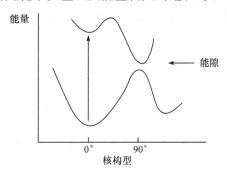

图 2-2 C═C 双键被激发后激发态构型变化的势能面图

图中可以看到,在基态条件下,碳-碳双键如被扭曲到 90°时,双键的能量增至极大,然而在激发态的条件下,因双键打开形成了碳-碳单键双自由基,此时如扭转 90°,则有着最低的能量。因而在图中横坐标的 90°处可以看到基态和激发态间存在着最小的能隙(energy gap)或称为能量漏斗(funnel),即激发态的能量可从此处迅速地耗失,而使激发态回到其原始基态,或形成另一异构体(化学变化)。例子说明,通过势能图的方法可清晰地将复杂的态-态间的变化和动态学问题表述无遗。

一个有 N 个原子的非线性的分子,它可有 $(3N-6)$ 个内核的自由度,而每个电子状态则可通过 $(3N-5)$ 维的空间势能面加以描述。基态的势能面通常有一个深的,相应于分子处于稳定几何状态下的极小值。然而当分子存在有几个异构体时,则在势能面上也可有两个或多个由不同势垒分开的极小值出现。可以从基态的势能面来区别两种类型的核运动,一是围绕着极小值的小振幅运动;二是导致分子形态发生高度扭曲的大振幅运动。通常对这类围绕极小值的小振幅核运动可用振动模式的叠加来加以描述。它是通过键长和键角变化的适当对称结合,而引起的一种谐振。然而大振幅核运动则发生于势能面相对平坦的区域,它可以看作是一些十分接近的能级间强烈的非谐振动。大振幅的核运动常可引起化学反应发生,即可引起化学键的断裂,或形成另一种异构体。经典的核运动模式已被广泛应用于化学动力学领域。应当注意的是,用势能面来描述化学反应时并不限于单分子反应。对于双分子反应,这种"超分子"的势能面,即包括有两种反应物分子的核体系也可加以考虑,在这类面上,同样可以出现相应于反应分子和产物分子的极小值位置。

对于激发态,也可用那些曾用于描述基态的论据来加以描述。一般说来,分子的电子激发可以导致某些键的弱化。有两点应当加以强调:首先,激发态的极小值在其深度上要比相应化合物在基态时的深度为浅,因而激发态的小振幅振动,一般比相应化合物基态的振动具有低的频率和较小的能量间隔;其次,对于大振幅的运动,即沿着相对平坦途径导致分子发生高度扭曲的几何构型,这对激发态言,要比在基态条件下会更经常的出现。上述的这些差异被期望当化合物形成激发态,或形成更高的激发态时变得更加明显。

2.2 激发态的生成

激发态的形成可通过多种不同途径来实现,如采用电激励、化学激励等。但在光化学研究中我们重点讨论的显然是光激励的方法。即化合物分子在吸收一个光子获得能量后使分子内的电子发生跃迁,从而导致分子的电子占据轨道模式发生改变,使分子从原来的基态转变为激发态。有关分子内电子跃迁的性质可以简单的从分子跃迁轨道的角度来加以讨论。如电子从基态的 π 轨道跃迁至 π^* 轨道可称之为 $\pi \rightarrow \pi^*$ 跃迁,如电子是从基态的 n 轨道跃迁至 π^* 轨道则称之为 $n \rightarrow \pi^*$ 跃迁。另一种值得注意的跃迁方式是所谓的电荷转移(charge transfer)跃迁,这是分子内存在较强的基团间的电荷转移作用而导致吸收红移所引起的。电子激发态包括有两个未配对的电子,分别处于不同的轨道。它们可以是相互平行的(即所谓的三重激发态)或是相互反平行(成对)的(即单重激发态)。前者的能量通常低于后者,其能差大小则取决于所涉轨道空间相互作用的程度而异。如电子所占基态与激发态的轨道空间基本不同(如羰基化合物的 $n \rightarrow \pi^*$ 跃迁),轨道重叠很小,其单重态与三重态的能差也就很小。反之,如电子所占基态与激发态的轨道具有相同空间时(如共轭体系的 π, π^* 激发)则轨道的重叠较大,能差也就较大。不同多重激发态能级间存在差异,是一种十分重要的现象,它是三重态敏化的基础,即可通过它来扩展吸收光谱的波长范围,以实现对较高能量体系的激发。可以附带指出,这种电子能态间能差的不同和对它的利用,在电致发光器件研究中也有着重要的意义。分子处于激发态时,分子的一系列性质,如分子的能量、分子内电荷密度的分布、分子的构型以至其化学活性等都会发生变化。激发态相对于基态而言,能量的增大是十分显然的,不必多加讨论。而激发态构型的变化则会对激发态的弛豫过程产生巨大的影响,如在辐射跃迁中,电子跃迁通常在 $10^{-16} \sim 10^{-14}$ s 数量级的范围内发生,而引起核构型变化的核运动(可看作是电子过程中电子能量转变为与核运动相关的动能所致)则在 $10^{-13} \sim 10^{-12}$ s 范围内发生,因此跃迁速率的决定步骤应为后者。于是就有 Franck-Condon 原理,可叙述如下:"因电子运动比核运动的速度要快,所以当基态与激发态的核结构最为相似时,电子跃迁的发生最为顺利",也就是当具有不相同核几何构型的各态间发生电子跃迁时,电子能量转化为振动能量的过程应是该跃迁的决定步骤。所谓的 Franck-Condon 态指的是当分子吸收光子引起电子跃迁的瞬间,其核构型尚未发生改变时的激发状态。激发态和基态间在化学性质上也有很大的差别,如激发后分子偶极矩的变化就是化合物分子在与光(电磁波)的作用下,光波的电场 ε 使物种原有的正负电中心发生分离,诱导生成的瞬时偶极矩所致。与此同时,也就会导致化合物分子化学反应能力的变化,如引起酸碱性质的改变等。上述种种可清晰地表明,为何激发分子和未激发分子的化学反应间存在着如此巨大差异的原因。

上面已谈到,有关激发态的形成涉及分子内不同轨道间的电子跃迁,而电子跃迁存在着所谓的跃迁的选择规则,即物质通过跃迁发生吸收和发射时所应遵守的规则。选择定则是对确定的两个状态间,在辐射的影响下能否相互"沟通"的根据。已知分子在吸收光或发射光时,两个态间的跃迁速率是与其跃迁矩的平方成正比。如式(2-10)所示:

$$跃迁速率(s^{-1}) = 2\pi\rho/h\langle H'\rangle^2 \qquad (2-10)$$

式中,ρ 为与起始态相耦合的终止态的密度或数目;$\langle H'\rangle$ 为使起始态与终止态发生耦合的微扰跃迁矩。通过 Born-Oppenheimer 的近似处理,可将$\langle H'\rangle$写成式(2-11):

$$\langle H'\rangle = \int \theta_i \theta_f d\tau_n \int s_i s_f d\tau_s \int \varphi_i \cdot \mu \cdot \varphi_f d\tau_e \qquad (2-11)$$

式中,第一项为核振动波函数的重叠积分;第二项为自旋重叠积分;第三项为电子跃迁矩。它们分别与跃迁过程中的核几何构型、自旋定位以及电子组态,即与其初始与终止状态的轨道对称性及重叠程度等相关。从式(2-11)中可以看出,这一近似形式是由三个单独积分的乘积所组成,其中任一个积分为零,则其总的乘积就等于零。出现这种情况时,跃迁矩的概率为零,即发生了跃迁的禁阻。因此,对决定跃迁能否发生的选择定则,就可从式(2-11)出发进行讨论。但要着重提到的是,选择定则是由对称性理论所导出,因此对判别某一特定跃迁两个分子轨道本征函数的对称性质至关重要。波函数可分为对称(g)和不对称(u)两类,如波函数通过对称中心反演,函数改变符号可称之为"奇"或反对称,相反,如不改变符号则称之为"偶"或对称。按选择定则可以指出,在辐射跃迁中只有 u→g 和 g→u 的跃迁是允许的,而 u→u 和 g→g 的跃迁将被禁阻,这称为 Laporte 定则。

式(2-11)的第一项涉及始态和终态的核几何构型和核运动对跃迁概率的影响。如果双原子分子在受光激发时,分子中的电子从一个轨道跃迁到另一轨道,如该分子始态和终态两核间的平衡距离不变,则所发生的电子跃迁不受核运动的制约,但如其始态终态两原子核间的距离并不相同时,则为了要将起始的核间距改变至终止态的核间距,就必须发生某种形式的核运动。在这种情况下,其跃迁速率将依赖于那种用于改变核运动的能力。上面已提到,由于电子跃迁通常是以 10^{-16}~10^{-14} s 的时间范围内发生,而核运动则在 10^{-13}~10^{-12} s 内发生,因此在具有不同核几何构型的各态间发生电子跃迁时,将电子能量转化为振动能量将是决定速率的步骤。而一般说来,始态和终态有着最为相似的核结构时,电子跃迁将不受核运动的制约。所以这第一项涉及的跃迁概率是与双原子分子的始态和终态核振动波函数的重叠积分的平方直接相关。它也被称为 Frank-Condon 积分,而重叠积分的平方则被称为 Franck-Condon 因子。在吸收和发射光谱中,振动态的相对强度由 Franck-Condon 因子所决定。如果分子在被激发的过程中,其始态和终态的振动量子数差值越大,则始态和终态的形状和动量间互不相同的可能性也越显著,其间的跃迁也越困难,即重叠不佳,意味着相互作用较弱,因而跃迁概率也低。有关振动波函数的计算中,可用简谐振子模型加以处理,但由于实际分子都是非简谐振子,因此如能通过对无介质微扰光谱精细结构的研究,将有可能提供有关受激分子形状及其振动模式的重要信息。

电子自旋对跃迁强度的影响可从跃迁矩公式中的第二项——自旋重叠积分项给出。常见的情况有:

(1) 单重态与单重态间的跃迁。物种的电子自旋状态可有单重态和三重态之分。当电子的跃迁是从其单重态跳跃到另一单重态时,即物种虽被激发但电子的自旋状态不变,这种跃迁就不存在自旋限制,因此是允许的,也是最常见的。在这种情况下第二项的重叠积分 $\int s_i s_f d\tau_s = 1$。许多不同物种对光的吸收和后继的荧光发射都属这一类型的跃迁。

(2) 三重态与三重态间的跃迁。十分显然,这种跃迁同样不改变其多重性,因此其自旋重叠积分仍然为1,跃迁是允许的。这种现象特别在激光闪光光解的T-T吸收研究中常可观察到。

(3) 单重态与三重态间的跃迁。在这类跃迁中电子将发生自旋状态的改变,对于这种情况,由于始态与终态的波函数相互正交,因此自旋重叠积分为0,即 $\int s_i s_f d\tau_s = 0$。因此,这种跃迁应是强烈禁阻的。但由于可能存在着自旋和轨道的耦合现象,即电子在自旋中不仅有自旋角动量,而且还有磁矩。在单重态与三重态的跃迁中,要使电子改变其自旋方向,需要有另一个磁作用力的存在,这种作用力既来自电子在轨道运动中所产生的磁场,也来自自旋电子的磁矩和轨道磁场间的耦合作用,就是所谓自旋-轨道的耦合或"旋轨耦合"。这种"旋轨耦合"常数的大小,随着核电荷的增加而迅速增大。值得注意的是这种耦合会导致总的角动量(应是守恒的)在自旋模式和轨道模式间不断变换,使自旋角动量和轨道角动量都不保持恒定。这就意味着不能将自旋状态看作是纯粹的单重态或三重态,而必须考虑存在着一种中间的状况,即一个实际的三重态可看作是一个纯粹三重态和纯粹单重态的加和。因此由于自旋轨道耦合的存在,使原来 S→T 跃迁的禁阻,变成局部的可能,并随体系中重原子的引入使跃迁概率变得更大(跃迁概率与体系中组分原子序的四次方有关)。有关在体系中引入重原子而引起 S→T 或 T→S 跃迁易于发生的实验事实已有大量的文献报道,这里不再赘述。最后要说明的是,正是由于存在着"旋轨耦合"和重原子效应,因此可以通过这一途径来获得较强的磷光发射。

2.3 量子产率

从上面的讨论可知,一个化合物分子在吸收光被激发后,可通过光物理过程发生衰变或继而发生光化学反应,生成新的化学物种。在考察该激发分子的能量利用效率问题上可采用量子产率这一概念。这是光化学研究中一个十分基本的问题。一个化合物分子被激发后的衰变过程可描述如式(2-12):

$$M + h\nu \xrightarrow{\text{激发}} {}^1M^* \begin{cases} \rightarrow M + h\nu' \text{(光物理过程)} \\ \rightarrow {}^3M^* \rightarrow M + h\nu'' \text{(光物理过程)} \\ \rightarrow \text{新产物(光化学过程)} \end{cases} \quad (2\text{-}12)$$

当分子被激发生成了激发单重态 $^1M^*$ 后,可分别从其单重激发态或经系间窜越(inter system crossing, ISC)从其三重激发态 $^3M^*$ 分别发生衰变。即通过它们的辐射衰变发出荧光或磷光或通过无辐射衰变的光物理过程,通过释出热量等回到基态,或通过光化学反应生成新的反应产物。无论是前者或后者都可按公式(2-13)和式(2-14)算出它们的量子产率,如前者为发光(荧光或磷光)量子产率,后者则为反应量子产率等。

在定量的光化学中,量子产率(Φ)是一个十分有用的参量。它既是光子利用效率的一个量度,如在光物理过程中测定发光的量子产率或测定光化学反应产物生成的量子产率等,也可在上述两个过程同时存在时,用以比较各个过程的相对速度常数,而了解在整个光反应过程中何者占有优势。量子产率的定义如下:

$$\Phi_{\text{发光}} = \text{发射的光子数} / \text{吸收的辐射光子数} \quad (2\text{-}13)$$
$$\Phi_{\text{产物}} = \text{生成产物的分子数} / \text{吸收的辐射光子数} \quad (2\text{-}14)$$

下面将进一步对激发态的衰变问题进行讨论。

2.4 激发态的衰变和态-态间的跃迁

由于激发态处于较高的能态,因而它是一种亚稳状态,就不可避免会发生衰变。激发态的衰变存在着不同的过程,可简单地被分为辐射衰变和非辐射衰变两大类。辐射衰变是体系的能量以辐射形式发出,它们可以是荧光或磷光。而非辐射衰变则是以除辐射衰变以外的任何方式进行衰变的总称。它可以通过热的释出而耗失能量,也可通过化学反应而耗失能量等。为此激发态衰变的过程可按体系的辐射衰变(发光)或非辐射衰变(不发光)来分别加以讨论。

2.4.1 辐射衰变

辐射衰变是激发态通过光的发射形式来耗失其吸收能量的过程。这一过程与物质分子的吸光过程恰恰相反,因此将二者结合起来讨论是适宜的。物质分子对光的吸收可以看作是光的振动和分子能级发生电子跃迁时对能量要求相互耦合,即达到它们间的共振条件,并严格满足如式(2-15)的能量定律:

$$\Delta E = h\nu \tag{2-15}$$

式中,ΔE 为分子中两个电子能态的差值;h 为普朗克常数;ν 为光波振动的频率。

以最简单的单原子分子,如氢原子为例,当其吸收光时,光的振荡电场与其电子云相作用,并使氢的电子组态从原有的 1s 变为 2p 态,即改变了其原有电子的分布状态(这里的 2p 态常以时间平均化了的振动态表示)。由于 s 轨道和 p 轨道在形状上有所不同(s 无节面,而 p 有一个节面),表明氢原子被激发后,其电子轨道的节面数增多。相反,在发射光时所发生的辐射跃迁必将导致电子云节面的消失。这种情况可以推广至双原子以至多原子分子并得出:分子在吸收光子的过程中,电子轨道的节面数增多;在发光过程中会引起电子轨道节面数的减少,甚至消失。这是一般性的原则。

在辐射跃迁中可以观察到的现象主要有:荧光发射、磷光发射以及延迟荧光(delay fluorescence)等三种。荧光发射由相同多重性,不同能态间的跃迁所引起。对于有机化合物分子,主要是 $S_1 \rightarrow S_0$ 的跃迁。荧光发射的速度很快,k_f 可达 $10^8 \sim 10^9$ s^{-1},因此作为 $1/k_f$ 的荧光寿命也就很短。磷光发射则是不同的多重态间的跃迁,如 $T_1 \rightarrow S_0$,由于这一过程是自旋禁阻的,因此和荧光相比其速度常数要小得多,k_p 约为 $10^2 \sim 10^{-4}$ s^{-1},因此磷光寿命也就较长。延迟荧光则是一种长寿命的荧光发射。其所以发生是因存在着一个较长时间的衰变过程,其中可包括三重激发态的生成,然后经 T-T 湮没(T-T annihilation)形成激发单重态后而发出荧光。另外它也可通过如热的活化过程,使三重激发态热激励到单重激发态,而发出热延迟荧光。这两种不同的延迟荧光和普通荧光进行比较有着如下的结果:

(1)延迟荧光和普通荧光的发射光谱完全相同。

(2)它们间有着不同的发光寿命,延迟荧光寿命长于普通荧光。

(3)热活化延迟荧光的发光强度正比于吸收光强,而 T-T 湮没延迟荧光则并不如此。

(4)热活化延迟荧光与磷光的强度比(I_{DF}/I_P)与单重态及三重态的能级差以及绝对温度的倒数成指数衰变关系$(I_{DF}/I_P) \propto \exp[-(E_S - E_T)/RT]$,这是因为只有在能级差较小和较高温度的条件下,才能使热活化过程有效地发生。

在热活化延迟荧光研究中,值得注意的是并非所有能发射磷光的化合物都能观察到延迟荧光的发生,最常见的几种发射热延迟荧光化合物是:曙红、荧光素、吖啶黄和前黄素等,因为这类化合物的单重态和三重态间的能差较小(约 20~40 kJ/mol),这样才有可能在热的作用下使三重激发态通过热激励而到达单重态,发出热活化的延迟荧光。

1. 荧光发射

荧光发射是分子单重激发态可能发生的几种(一级或准一级)失活过程之一。根据激发态的生成和衰变稳态处理的原则,以及荧光量子产率的定义,可有式(2-16)~式(2-18):

$$I = [S_1]\sum k, \tag{2-16}$$

$$\sum k = k_f + k_{ic} + k_{isc} \tag{2-17}$$

$$\varPhi_f = k_f / \sum k \tag{2-18}$$

式(2-16)中,I 为吸收光子的速度;$[S_1]$ 为单重激发态浓度;k_f、k_{ic} 和 k_{isc} 分别为荧光发射、内转换以及系间窜越等过程的速度常数。从公式可以看出,激发物种荧光量子产率的大小是和整个衰变过程中其他衰变途径有关,如 $k_f \gg k_{ic} + k_{isc}$ 则荧光量子产率大,反之则小。荧光寿命有所谓辐射寿命 τ_0 和实际寿命 τ_f 之分。前者是当不存在有其他衰变过程时的激发态辐射衰变,而后者则是存在着其他衰变过程时的辐射衰变。

可用式(2-19)和式(2-20)表示:

$$辐射寿命: \tau_0 = 1/k_f \tag{2-19}$$

$$实际寿命: \tau_f = 1/\sum k \tag{2-20}$$

结合上列公式可以得到如下关系:

$$k_f = \varPhi_f / \tau_f \tag{2-21}$$

$$\varPhi_f = \tau_f / \tau_0 \tag{2-22}$$

辐射寿命和实际寿命的物理意义可说明如下,辐射寿命 τ_0 值是电子激发态严格通过辐射衰变回到基态所需的时间。它等于受激物种数量衰变至其起始浓度 $1/e$ 所需的时间。从上面的公式还可看到,当我们测得了 $\varPhi_f$ 和 τ_f 值后,可以算出 τ_0 值。

在对电子光谱的研究中可观察到所谓荧光光谱和吸收光谱间存在着反映对称关系的状况。这种现象特别在凝聚态,以及在对刚性结构分子的荧光光谱测定中最易于观察到。这种现象的出现是和化合物分子的基态与激发态有着确定的起始吸收和起始发射的振动能级,以及有着相近级差的振动能级排布等条件有关。同时也和分子激发态的几何构型不发生较大变化这一个基本条件相关联,而这正是被激刚性分子构型变化的特点。可进一步将产生这种反映对称现象的条件讨论如下:

(1) 激发分子的发光必须从激发态的零振动能级($v'=0$)发出。这一条件在凝聚相中可以得到满足,因为只有此时才有足够快的振动弛豫,从而实现在零振动能级下的发光。

(2) 激发分子的几何构型必须变化不大,以保证相似的振动能级结构。

(3) 在存在多波段吸收的体系中,上述关系仅发生于最长的吸收波长带。如用短波长激发时,分子往往可激发至高阶激发态,虽经内转换可很快回到 S_1 态而释出荧光,但光谱间的反映对称关系将不能保持。

2. 磷光发射

磷光发射属于自旋禁阻的辐射跃迁,因此可以预期下列过程:

$$S_0(\pi) \longleftrightarrow T_1(\pi,\pi^*)$$

其振子强度很小(约为 $10^{-7} \sim 10^{-9}$),而实际的 $S_0 \to T_1$ 吸收系数 ε_{max} 约为 $10^{-5} \sim 10^{-6}$。磷光的发射速率 k_p^0 约为 $1 \sim 10^{-1} s^{-1}$,属于有机分子多种不同的 0 跃迁中速度最低的一些结果。T_1 的组态也有 $T_1(\pi,\pi^*)$ 和 $T_1(n,\pi^*)$ 之分,二者的 ε_{max} 和 k_p^0 也存在明显的不同。

对于"纯"的 $T_1(\pi,\pi^*)$ 组态,在无重原子存在时,它们的 $\varepsilon_{max}(S_0 \to T_1)$ 如上述为 $10^{-5} \sim 10^{-6}$,$k_p^0(S_0 \to T_1)$ 则为 $1 \sim 10^{-1} s^{-1}$;而对"纯"的 $T_1(n,\pi^*)$ 组态,在无重原子存在时,$\varepsilon_{max}(S_0 \to T_1)$ 为 $10^{-1} \sim 10^{-2}$,$k_p^0(S_0 \to T_1)$ 则为 $10^2 \sim 10 \ s^{-1}$。二种组态在数值间的巨大差别,为我们判断不同分子的 T_1 的轨道组态状况、提供了方便。对于上述的两种 T_1 组态,"纯"的 $T_1(n,\pi^*)$ 组态的典型例子是丙酮,其 $k_p^0 = 60 \ s^{-1}$,而"纯"的 $T_1(\pi,\pi^*)$ 组态典型例子是萘,其 $k_p^0 = 0.1 \ s^{-1}$。因此,发射磷光的三重态化合物可分为"类丙酮"的(k_p^0 在 $60 \ s^{-1}$ 的数量级内)和"类萘"的(k_p^0 在 $0.1 \ s^{-1}$ 的数量级内)两大类。此外,当然还存在着某些"非纯"的,即具有杂化 T_1 组态的体系,就不一一介绍了。还应指出的是,上面提到这些数据都是在无重原子存在时测得的,是未受到扰动的结果。这表明在有微扰的情况下,就可因旋-轨耦合的强化,而引起跃迁能力的变化。一个明显的例子是,在化合物分子的内部或外部引入重原子,即引入微扰,可使"纯"的 $T_1(\pi,\pi^*)$ 组态(芳烃)的 k_p^0 值增大至 $10 \sim 10^2 \ s^{-1}$。如果所引入的重原子或其化合物本身并非三重态猝灭剂,则即使对芳烃化合物也能看到磷光的发射。磷光量子产率(φ_p)可按式(2-23)给出:

$$\varphi_p = \varphi_{isc} k_p^0 / (k_p^0 + \sum k_d + \sum k_q[Q]) \qquad (2-23)$$

式中，Φ_{isc} 为系间窜越的量子产率；k_p^0 为磷光发射的速度常数；$\sum k_d$ 项为 T_1 态所有单分子无辐射衰变途径的速度常数之和；$\sum k_q[Q]$ 为 T_1 态所有双分子（猝灭）作用的速度常数之和。按定义 T_1 态的寿命：

$$\tau_T = 1/(k_p^0 + \sum k_d + \sum k_q[Q]) \tag{2-24}$$

从式(2-24)可以看出，磷光量子产率的大小和对其测定中存在着许多相关的因子。至于在式(2-24)中还列入双分子的猝灭项，则是因为在磷光测定中，杂质的影响常会严重的存在，不注意此，就易于对测定结果作出不正确的评价。

2.4.2 非辐射衰变和态-态间的跃迁

分子激发态可通过态-态跃迁[包括窜越（如系间窜越）与转换（如内转换）等]耗失能量回到基态，以及通过化学反应，形成新的物种等均可归属于非辐射的衰变过程。这里包括激发分子能量的弛豫以及激发分子的化学变化。前者为光物理的非辐射衰变，而后者则为光化学的非辐射衰变。这里将重点讨论光物理的非辐射衰变中的"态-态"跃迁问题。它可分为自旋多重性不变的态-态跃迁（内转换：$S_n \to S_1, S_1 \to S_0, T_n \to T_1$ 等）以及自旋多重性改变的态-态跃迁（系间窜越：$S_1 \to T_1$ 和 $T_1 \to S_0$）两种。在激发分子的非辐射衰变过程中，电子能量是通过分子内的振动和分子间的碰撞而耗失。一般说来，不同电子态势能面间的电子跳跃发生于某一临界核构型 r_c 处，而该特征构型如没有因振动（作为一种微扰）引起核构型的变化，是不可能实现跃迁的。以外，影响跃迁的因子还有电子组态与自旋多重性等问题。当两个电子态（发生跃迁的始态与终态）具有不同的电子组态与自旋位形时，则和该两态具有不同核构型的情况相同，电子态间的跃迁是禁阻的。要变禁阻为允许，也和上述通过振动微扰来改变核的构型一样，就需要有另一种"微扰"的存在。事实上所以会发生这种跃迁，就是因为激发分子发生了由振动微扰、电子微扰以及自旋微扰等所引起的，使之可以通过某些途径来耗失能量的结果。当然，这种现象的产生是和分子固有的结构特征相关。而对这些跃迁过程机制的详细了解，将对我们更好地控制这些过程有所帮助。可进一步地讨论如下。

在跃迁选择定则的一节中，已提到跃迁过程存在着几种不同的禁阻方式。它们是由因跃迁的始态与终态间存在不同的电子组态因子、Franck-Condon 因子以及自旋因子等引起的。其中的电子组态因子还可区分为：① 因电子跃迁所涉及的轨道空间的重叠程度不同而引起的禁阻；② 虽轨道空间重叠，但因轨道波函数的对称性差异而造成的禁阻。这些定则在这里所讨论的跃迁过程中仍然有效，将在后文分别讨论。

1. 内转换过程

对有机分子来说三个最常见的内转换类型是：

(1) 从高阶的激发单重态、到最低激发单重态的非辐射跃迁,即 $S_n \to S_1$ 的跃迁;

(2) 从高阶的激发三重态、到最低激发三重态的非辐射跃迁,即 $T_n \to T_1$ 的跃迁;

(3) 从能量最低的激发单重态、到单重态基态的非辐射跃迁,即 $S_1 \to S_0$ 的跃迁。

从对内转换的研究中发现,上述第(1)、(2)两种过程发生的速度十分迅速,而第(3)种过程甚慢。由于多数分子是从 S_1 态发出荧光,因此在发生 $S_1 \to S_0$ 的内转换过程时,存在着它与 S_1 态其他失活过程间的竞争。根据大量的实验结果得出,典型的 $S_n \to S_1$ 内转换速率是典型的 $S_1 \to S_0$ 内转换速率的 10^6 倍。由于内转换过程主要受控于 Franck-Condon 禁阻机制,因此要使跃迁成为可能,通过振动来增大态/态间的重叠将是促进内转换发生的重要方式。可以清楚的看出,如 S_1 与 S_0 二态间存在着较大的能差,则将不利于两态的重叠,也就对 $S_1 \to S_0$ 的内转换过程不利。因此有如式(2-25)的内转换能差公式:

$$k_{ic} \approx 10^{13} \alpha \exp(-\Delta E) \qquad (2-25)$$

即两态间的能差 ΔE 越大,则内转换的速度常数 k_{ic} 就越小。一般说来,当 ΔE ($S_1 \to S_0$)大于 50 kcal/mol 时,与荧光发射及系间窜越的速度常数相比,内转换过程可以忽略。

2. 系间窜越过程

另一个非辐射跃迁过程是系间窜越(inter system crossing, ISC)。能够对系间窜越速率常数 k_{ST}(或 k_{isc})产生影响的因子有:(1) 从 S_1 态到 T_1 态(或其他高级三重态)、二态间的能差大小 ΔE_{st};(2) 以及与发生系间窜越过程有关能态的电子组态。系间窜越的完成可有下列两种途径:一是 S_1 态与 T_1 态的高振动能级间发生直接的旋轨耦合,而实现系间窜越。另一种则是 S_1 态与高阶三重态间的旋轨耦合,实现系间窜越,然后再经 $T_n \to T_1$ 的内转换而完成。可以看出:在实现系间窜越过程时,旋轨耦合起到很大的作用。有关"旋轨耦合"问题可简单讨论如下。在玻尔轨道上的电子存在着两种运动方式:一种是电子的自旋;另一种则是围绕着核的旋转。已知运动着的荷电粒子会产生磁场,而其中电子的轨道运动和自旋运动都将产生磁矩。如电子在玻尔 s 轨道上作绕核运动,这时电子角动量的变化为零,在这种情况下发生的将是无效的旋轨耦合,它不能引起自旋的翻转(spin flip)。要实现有效的"旋轨耦合"必须发生角动量的交换,当电子绕核作"8"字形轨道运动时,情况就有所不同。这可以用谐振子模型来加以说明,当电子绕核作周期性轨道运动而处于轨道的顶部时,此时电子与核相距最远,由核对电子的吸引而引起回复的力最小,电子运动速度最慢;但当电子运动接近于核时,回复力变得最大,电子向核作加速运动以避免电子被吸入核内,此时电子速度接近于光速(相对论速度),因此由电子加速所产生的磁场 H_e 趋于极大,当它作用于电子的自旋磁矩,则可产生出能使电子磁矩矢量发生翻转的磁转矩,实现自旋翻转。要指出的是,仅此一种条件尚不够充分,还必须满足体系总角动量守恒的条件,但这是可以实现的。即在自旋翻转过程中,自旋的动量发生变化,而轨道动量也随之而变,电子可从一个 p 轨道转移至另一个 p 轨道,如从 $p_y \rightarrow p_x$ 从而导致体系总角动量保持不变。

除了 $S_1 \rightarrow T_1$ 的系间窜越外,另一种系间窜越则是 $T_1 \rightarrow S_0$ 的窜越。由于 $T_1 \rightarrow S_0$ 间发生窜越时,并无其他电子态位处于其间,因此由 T_1 态发出的磷光就应和系间窜越在 $T_1 \rightarrow S_0$ 的跃迁直接相关。如果说 $T_1 \rightarrow S_0$ 间的跃迁并非因两态的重叠和通过临界点而发生。则两个几何形状相似能级间的跃迁概率应根据能差定律来加以估计。显然它们间的"旋轨耦合"因子,Franck-Condon 因子等在最终决定 $T_1 \rightarrow S_0$ 间无辐射跃迁过程 k_{TS} 值的大小,都将起到作用。然而,在这一跃迁过程中外来的扰动究竟有利于无辐射跃迁或是有利于磷光发射,仍需作进一步的分析来加以估测。

2.5 能量转移与光谱增感

能量转移是光化学研究中一种十分重要的现象。其定义是:一个激发分子可将其获得的能量通过能量转移的方式传递给另一分子使之激发起来而使自己回到基态。这一过程如式(2-26):

$$D^* + A \longrightarrow D + A^* \qquad (2-26)$$

被称为能量转移或电子能量转移。

2.5.1 辐射能量转移

辐射能量转移是通过激发的能量给体分子发光和基态的能量受体分子吸收而实现的能量转移过程。这是最一般化的一种能量转移现象,也称为"寻常的"电子能量转移(trivial energy transfer)。它可以写成式(2-27)和式(2-28):

$$D^* \longrightarrow D + h\nu \qquad (2-27)$$
$$h\nu + A \longrightarrow A^* \qquad (2-28)$$

可以看出要顺利的完成上述能量转移过程应满足下列条件:①能量给体的能位应高于能量受体的能位;②能量给体的发射光谱应与受体的吸收光谱相重叠,以保证后者能充分的吸收前者的辐射能量;③能量给体有较高的荧光量子产率和受体应有较高的克分子吸收系数,以保证能量转移有高的效率。

2.5.2 非辐射能量转移

对于非辐射的电子能量转移过程存在着两种不同的作用机制。它们分别是共振能量转移和电子交换能量转移。

1. 共振能量转移

共振能量转移也称 Forster 长程能量转移。它是因带电粒子间的库仑作用而引起的。在这一机制中,激发分子可看作为一振动偶极子,它可引起另一基态分子的电子振动。当二者处于适合于发生共振耦合的条件下,就能发生能量给体和受体间的共振能量转移。对于这种能量转移的共振条件是:

$$\Delta E(D^* \rightarrow D) = \Delta E(A \rightarrow A^*) \quad (2-29)$$

在$(D^* \rightarrow D)$的能级差大于或等于$(A \rightarrow A^*)$激发能的条件下,要使能量转移能够发生,二者间必须实现相互耦合,因此必须考察它们间库仑作用力的大小。按经典理论,这一作用力——即两个电偶极子间的相互作用,应和偶极子的偶极矩大小(μ_D 和 μ_A)以及它们间的距离有关,如式(2-30):

$$E(偶极间的作用能) \propto \mu_D \mu_A / r_{DA}^3 \quad (2-30)$$

Forster 指出,由于偶极-偶极机制的能量转移速率 k_{ET} 与 E^2 有关,因此可得到式(2-31):

$$k_{ET} \rightarrow E^2 \propto \mu_D^2 \mu_A^2 / r_{DA}^6 \quad (2-31)$$

即 k_{ET} 值将正比于:① 偶极矩 μ_D 的平方;② 偶极矩 μ_A 的平方;③ D^* 与 A 间距离 6 次方的倒数。

由于能量转移有一定的速率常数,而激发的能量给体也存在着在此环境下固有的寿命 τ_D 值和有关的失活速度常数。因此就可计算出一个特征的临界能量转移距离 r_0,即在此临界距离时,能量转移速率与 D^* 固有的失活速率相等。

2. 电子交换能量转移

这种能量转移的方式是通过能量给体和受体分子在空间发生碰撞而实现二者电子云的相互重叠,于是可在重叠区域通过电子交换来实现能量转移。这种机制由 Dexter 提出。他认为,以该机制进行能量转移的速度常数与能量给体及受体间的距离有关,即速率常数将随二者间距离(r_{DA})增大而按指数下降,同时还与二者间的光谱重叠积分 J 的大小成正比关系。如式(2-32)所示:

$$k_{ET}(交换转移机制) = KJ \exp(-2r_{DA}/L) \quad (2-32)$$

式中,K 为与特定轨道相互作用有关的常数;L 为分子的范德华半径。电子交换能量转移的过程可以经一步或多步的方式来实现。存在下列两种交换的可能:

(1) 电子通过协同的方式进行交换。即能量给体与受体同时给出电子与对方,而实现一步完成的电子交换能量转移。

(2) 通过给体与受体电子的分步交换而实现电子能量转移。即二者间通过第一步光诱导电子转移、形成激基复合物(exciplex)或其他中间产物,如阴离子自由基或阳离子自由基等,再经第二步电子转移完成电子能量转移,如图2-3所示。

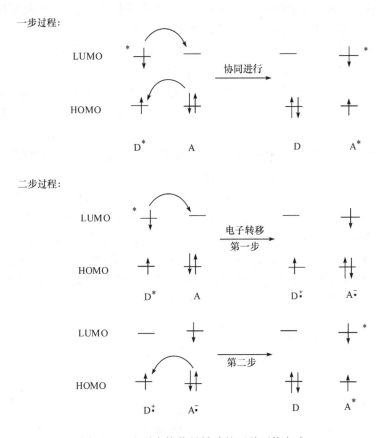

图 2-3 电子交换能量转移的两种可能方式

2.5.3 三重态能量转移和光谱敏化问题

光谱敏化在光化学研究中占有十分重要的位置。应用光谱敏化的方法可使光化学反应调整到与反应用灯波长相匹配的条件下进行,同时又可大大扩充敏感的波长范围,并有利于能源的节约。一个最常见的例子是卤化银的增感问题。众所周知,未增感的卤化银胶片被称为色盲片,它仅对短波长的紫外和蓝光敏感。而要拍摄出大千世界的桃红柳绿就必须在乳剂中添加增感染料,方能实现期望的效果。光谱敏化存在着两种机制或方法,一种是电子转移机制,这将在后面的章节中予以讨论;另一种机制则就是能量转移。根据能量转移的原则,能量转移必须是:从高能量状态转向低能态。这里存在一个矛盾,即具有长波吸收能力的敏化剂,其激发单重态的能量低于短波吸收的被敏化化合物分子的单重态能量。在这种情况下能量转移是不能发生的。有趣的是,如果利用敏化剂分子较高的三重态能量,而被敏化的化合物分子又恰具有较低的三重态能量,就有可能实现二者间的三重态-三重态能量转移,使原来仅能吸收短波的化合物分子实现长波的敏感,并能在长波的辐照下被激发起来。要实现这一过程必须具备的条件是:

(1) 敏化剂分子单重态与三重态间的能差要小,以保证敏化剂有较高的三重态能级便于将能量转移至被敏化化合物的三重态。

(2) 相反,被敏化化合物分子应有较大的单重态与三重态间的能差,这就可使被敏化化合物有较低的三重态能级,使之便于接受由敏化剂分子转移来的三重态能量。

值得庆幸的是许多三重态敏化剂,如:酮类化合物具有很小的单重态与三重态间的能差,例如二苯酮的激发单重态与三重态能量分别为 74 kcal/mol 和 69 kcal/mol,相差仅为 5 kcal/mol。苯甲醛的激发单重态与三重态的能级分别为 76 kcal/mol 和 72 kcal/mol,它们之差为 4 kcal/mol。相反,如芳香化合物萘,其激发单重态与三重态能量分别为 89 kcal/mol 和 61 kcal/mol,二者之差达 28 kcal/mol。可以看出,如果通过单重态间的能量转移,是不可能将二苯酮等的能量转移给萘分子,而如利用三重态能量转移则就可将二苯酮等的能量转移给萘的三重态,达到敏化的目的(图 2-4)。

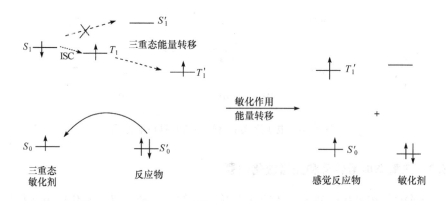

图 2-4 三重态敏化剂的敏化工作原理

作为理想的三重态敏化剂、还必须满足以下条件:

(1) 敏化剂的三重态能量应比底物或接受体的三重态能量至少高 4 kcal/mol;

(2) 敏化剂三重态必须有足够长的寿命来完成能量转移;

(3) 敏化剂必须有较高的系间窜越量子产率,以保证高的敏化效率。

几种常见的三重态敏化剂能量列于表 2-1。

表 2-1　几种常见三重态敏化剂的能量

化合物	三重态能量/(kcal/mol)[/(kJ/mol)]	系间窜越/%
苯丙酮	74.6 (313)	100
苯乙酮	73.6 (308)	100
二苯酮	68.5 (287)	100
米氏酮	61.0 (286)	100
联苯酰	53.7 (225)	92
芴酮	53.3 (223)	93

2.6　光诱导电子转移反应

光诱导电子转移反应在光化学研究中占有十分重要的地位。在上一节敏化问题的讨论中已提到，除通过三重态能量转移可实现光谱敏化外，另一种方法就是通过光诱导电子转移来实现光谱敏化。光诱导电子转移可以是分子内的，也可以是分子间的。即在光的作用下，激发的电子给体（或受体）可以与电子受体（或给体）间发生电子转移，分别形成阳离子自由基和阴离子自由基，再进而发生相关的后续反应。有关光诱导电子转移的实验证据可以从下列的几种方法得到。

(1) 荧光猝灭及其他光谱证据。如激发的电子给体（或受体）具有发射荧光的能力，则当电子受体（或给体）被引入体系内，由于电子转移的发生即可导致荧光的猝灭。这种猝灭即来自它们间的电子转移反应。值得注意的是这一猝灭机制不同于能量转移猝灭，在能量转移猝灭中，能量给体必须具有较高的激发能量，而电子转移猝灭，只要该转移过程的 $\Delta G<0$，则不论激发分子是否具有较高、或甚至较低能态，电子转移过程都能发生，也就可观察到荧光猝灭现象。

两种荧光猝灭的机制如下：

能量转移猝灭：

$$D^* + A \longrightarrow D + A^* \\ \downarrow \qquad\qquad \downarrow \\ D + h\nu \qquad A + h\nu' \tag{2-33}$$

能量给体的能位应高于受体的能位。

电子转移猝灭：

$$D^* + A \longrightarrow [D^{+\cdot}\ A^{-\cdot}] \longrightarrow D^{+\cdot} + A^{-\cdot} \longrightarrow 进一步反应 \\ \downarrow \qquad\qquad\qquad 激基复合物 \\ D + h\nu \tag{2-34}$$

能量给体的能位不一定要高于受体的能位。

从式(2-33)和式(2-34)中可清楚地看到二者机制的不同,同时可以看到,在电子转移过程中,只要条件合适就有可能在光谱的长波长处,观察到激基复合物(exciplex)的发光。

(2) 另一种考察光诱导电子转移是否发生的方法是光电导法。即通过测定体系在光照前、后体系电导的变化来加以判断。由于有机溶液的介电性质,因此溶液在未光照前往往有很高的电阻值。光照后,如果发生了分子间的光诱导电子转移,则因可生成离子自由基,因而将引起溶液电导度的增大。可以看到,这一方法的原则是完全合理的。在国际上有很多实验室曾采用电导测定法对光诱导电子转移问题进行研究。

(3) 判别猝灭是否确为电子转移过程的另一个方法是:通过具体测定荧光猝灭过程的猝灭常数。由于在体系中要实现电子转移必须要使电子给体与受体分子二者的接近,并通过电子云的相遇和叠合,才能实现电子交换。因此电子转移猝灭常数的大小应受制于体系中不同物种的扩散过程,即电子转移过程的猝灭常数应和扩散常数相接近。德拜(Debye)的扩散方程式如式(2-35):

$$k_{\text{diff}} = 8RT/3000\eta (1/\text{mol} \cdot \text{s}) \tag{2-35}$$

式中,R 为摩尔气体常数;T 为热力学温度;η 为黏度(单位泊)。通过它可对体系荧光猝灭过程机制是否具有电子转移的特征作出判断。

在光诱导电子转移过程中,不论激发的是体系中的电子给体或电子受体,都可引起电子转移的发生。其转移的具体过程可从图2-5看出:

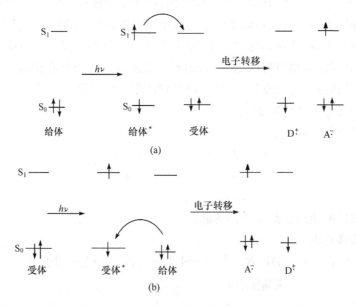

图2-5 通过激发电子给体(a)和激发电子受体(b)来实现光诱导电子转移

关于在两种有机化合物分子间能否发生光诱导的电子转移过程是和这些化合物分子的氧化还原电位有关。作为电子给体的化合物有其固有给出电子的氧化电位,而电子受体则有其固有获得电子的还原电位。电子给体与受体间能否发生基态下的电子转移,取决于过程自由能的变化大小[式(2-36)]。

$$\Delta G = E(D/D^+) - E(A^-/A) \tag{2-36}$$

式中,$E(D/D^+)$为电子给体的氧化电位;$E(A^-/A)$为电子受体的还原电位;ΔG为过程中自由能的变化。如 ΔG 值为负值,则过程可自发进行,反之则过程不能发生。关于在基态下分子间的电子转移问题,在 50 多年前已由 Mulliken 提出。Mulliken 的 CTC 电荷转移络合物理论的提出,对后来的电子转移理论发展,起到了十分巨大的作用。

对于光诱导的电子转移过程,同样可以应用式(2-36),只是必须加入因光的参与使化合物分子被激励至激发态所提供的基态-激发态 0,0 能级间的激发能量 $\Delta E_{0,0}$。此公式即所谓的 Weller 公式,由德国科学家 Weller 所提出。

$$\Delta G = E(D/D^+) - E(A^-/A) - \Delta E_{0,0} - e_0^2/\alpha\varepsilon \tag{2-37}$$

式(2-37)中最后一项为溶液中的离子对在介电常数为 ε 的溶剂中被驱引至相距为 α 时所需的能量,其值约在 10^{-2} eV 量级。可以看出在 Weller 公式中,由于 $\Delta E_{0,0}$ 项的引入使 $\Delta G < 0$ 的条件要较前者更易于实现,其原因就是由于"光诱导"所给予能量上的帮助。

Weller 公式是一个经验公式,它是在大量实验基础上建立起来的。虽说如此,但因公式在应用中颇为有效,且十分有用,因此得到广泛的应用。有关从理论上对电子转移过程的研究是由 Marcus 所完成的。Marcus 提出的电子转移模型认为,电子转移的速度取决于电子给体与受体间的距离,反应自由能的变化以及反应物与周围溶剂重组能的大小等。按其理论推出的电子转移反应速度常数 k_{lt} 可由式(2-38)表示:

$$k_{lt} = (2\pi/h)H_{DA}^2[1/4\pi\lambda RT]^{1/2}\exp[-(\Delta G_0 + \lambda)/4\pi RT] \tag{2-38}$$

式中,H_{DA} 为电子转移前后的轨道耦合常数,一般取决于给体与受体中心间的距离,而与介质的性质无关。当体系发生电子转移时,电子给体、受体与周围溶剂分子间相互作用的取向都须调整重组。其重组能 λ 可由两个部分构成。

$$\lambda = \lambda_{内} + \lambda_{外} \tag{2-39}$$

$\lambda_{内}$ 为电子转移前后电子给体、受体"内部"结构调整的能量,它和周围的介质无关。而 $\lambda_{外}$ 则为外部溶剂分子定向极化作用的能量,可由式(2-40)表示:

$$\lambda_{外} = e^2/4\pi\varepsilon_0[1/2r_D + 1/2r_A - 1/r_{DA}][1/\varepsilon_{op} - 1/\varepsilon_S] \tag{2-40}$$

式中,ε_{op} 为光学介电常数,它等于折射率的平方;ε_S 为静电介电常数。通过对电子转移反应速度的研究,Marcus 推导出一个简单的公式来联系电子转移反应活化能

的变化 $\Delta G^{\neq}$、反应过程的自由能变化 ΔG_0 以及反应中总的重组能 λ 间的关系,如式(2-41):

$$\Delta G^{\neq} = (\Delta G_0 + \lambda)^2/4\lambda \qquad (2-41)$$

按式(2-41),如以 $\Delta G^{\neq}$ 对 ΔG_0 作图可以得到如图 2-6 的结果。它预示电子转移的速率将随 ΔG_0 变得越来越负,而出现一个先增大而后降低的过程。即在电子转移过程中会出现一个所谓的"反转区"(inverted region)。对于这一有趣的结论,在 Marcus 提出这一理论后的若干年后得到了很好的证实。说明由 Marcus 的模型而发展起来的这一理论是反映了客观真实的。Marcus 因此获得了 1992 年的诺贝尔化学奖。有关超分子体系的电子转移理论将在后面的章节中作进一步介绍。

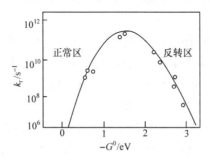

图 2-6 Marcus 电子转移理论的反转区

2.7 激基缔合物(excimer)和激基复合物(exciplex)

在光诱导电子转移一节中已提到激基复合物问题,并指出:它是体系中电子给体与受体间发生电子转移时形成的一种"中间"产物。一般说来,它的生成和体系中溶剂的极性密切相关。在强极性溶剂中,激基复合物不易生成,往往解离为离子自由基,只有在极性较弱的溶剂中方易于在发射光谱中观察到它的存在。在荧光光谱中,激基复合物的峰值波长一般处于光谱的长波段。当采用几种不同的溶剂时,如在其中都能观察到激基复合物的发光,则随溶剂的极性增强,观察到的激基复合物发光峰值波长也越长,说明激基复合物具有极性。有人曾在不同介电常数的溶剂中,通过对"芳烃/芳叔胺"体系形成激基复合物峰值波长的变化,来计算二者所形成复合物的偶极矩大小,其值约大于 10 deb*。

对于"激基缔合物",它是较激基复合物易于观察到的另一"亚稳"物种。这一现象最早是由 Forster 等在观察芳香类化合物如芘等的溶液光谱时所发现。即在一定浓度下在荧光光谱的长波段处出现一个新的无结构发射峰,同时发现该新峰和其原

---

* deb 为非法定单位,1deb=3.335 64×10^{-30} C·m,下同。

初发光峰源自同一物种,而且和原初发光峰间存在着互为依存的关系,因此在光谱中可明显的看到一个等发光点(isobestic point)。他们指出,在一定条件下,两个在基态下互为排斥的芳烃分子,当其中一个被激发后,可和另一个处于基态下的芳烃分子相互吸引,形成稳定的激基缔合物,具有所谓"三明治"式的结构形式。同时在光谱特征上,他们注意到分子间激基缔合物的发射强度会随物种浓度的增大而增大。与此同时,单个发色团(单体)的荧光强度则相应的降低。即单体发光强度(I_M)与缔合物发光强度(I_E)间的比值 I_M/I_E 会随体系浓度的增大而降低。但如果激基缔合物系发生于分子内芳香基团间的相互作用,则此比值 I_M/I_E 将不随体系的浓度增大而变化。此外,由于激发分子振动自由度的猝灭,因此,激基缔合物的光谱一般表现为宽而无结构的发光峰。此外,激基缔合物在某种意义上,还可看作为某种光化学反应的先兆物或"中间体",如在萘、蒽以至香豆素等化合物二聚合反应中所发生的。

从图 2-7 中可以看出,激基缔合物(M^*M)和其解离产物——单体 M^*,均可通过辐射跃迁回到基态 M 势能面而发光。可以看到,二者发光的波长有着很大的差别。前者的发射波长较 M^* 有很大程度的红移。在对激基缔合物发光和温度依赖关系的研究中,可以计算出它们的热力学参数。对于芘的解离焓(ΔH)约为 10 kcal/mol(40 kJ/mol),解离熵为 20 cal/K(80 J/K),表明芘的激基缔合物具有相当牢固的结构体系。在有关的研究中,人们还曾合成过环芳类(p-cyclophane)的化合物用以模拟激基缔合物,并研究了它们的发光光谱,发现当具图 2-8 结构的环芳类化合物时($n=4$),两苯环的面间距为 3.73 Å,可明显地观察到激基缔合物的无结构发射峰。

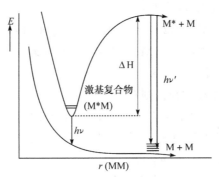

图 2-7 激基缔合物的形成和辐射的势能面示意图

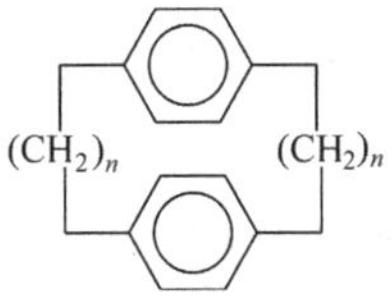

图 2-8 环芳类化合物的结构

2.8 光化学稳态反应动力学——荧光猝灭和 Stern-Volmer 公式

激发态分子相对于其周围的基态分子，可看作为一个"热"物种。因此，其衰变过程的第一步就是通过和周围分子的相互碰撞，使多余的振动能量耗失。这一过程可称为振动松弛。对于某些体系，如固体、液体及大气压力下的气体，其振动松弛可在皮秒(ps)的时间范围内发生。由于电子激发态许多不同的化学和物理过程要求在较长的时间尺度下发生，因此对激发态的热平衡问题可不予以考虑。在激发态的猝灭过程中，所反映的应是激发物种和猝灭剂分子间的相互作用。它可通过由稳态动力学方法推出的 Stern-Volmer 公式加以描述。这是光化学研究中一个十分重要的公式。已知激发态衰变的可能途径有式(2-42)：

$$M \xrightarrow{h\nu} M^{*1} \xrightarrow{k_r} B(或 M+h\nu') \\ \qquad \quad \downarrow k_{-1} \\ \qquad \quad M \qquad\qquad\qquad\qquad (2-42)$$

即激发态 M^* 可以通过自身的单分子光化学反应形成 B，或经辐射衰变而发光($h\nu'$)也可通过光物理过程的无辐射衰变而回复到 M，它们的速度常数分别为 k_r 及 k_{-1}。此外还有另一个过程是，当体系中存在有猝灭剂时，可引起对 M^* 的猝灭，其速度常数则为 k_Q。按稳态处理原则，即保持单位体积内光子的吸收速度(I)与通过上述诸过程使能量耗失的速度和二者相等时，则可有如下关系：

如体系中无猝灭剂(Q)存在时，有

$$d[M^*]/dt = I - (k_r + k_{-1})[M^*] = 0 \qquad (2-43)$$

$$\Phi_B = k_r[M^*]/I = k_r/(k_r + k_{-1}) \qquad (2-44)$$

式中，Φ_B 为发光量子产率。

如体系中加有猝灭剂(Q)时，则有

$$\Phi'_B = k_r/(k_r + k_{-1} + k_Q[Q]) \qquad (2-45)$$

将加有与不加猝灭剂的上列两式相除，可得式(2-46)：

$$\Phi_B/\Phi'_B = 1 + (k_Q[Q])/(k_r + k_{-1}) = 1 + k_Q\tau_0[Q] \qquad (2-46)$$

式中，τ_0 为无猝灭剂时激发态的寿命，因为 $1/(k_r+k_{-1})$ 恰恰是 τ_0 值。可以看出，式(2-46)即为 Stern-Volmer 公式。如以加与不加猝灭剂的荧光强度比(Φ/Φ')对加入的猝灭剂浓度作图可以得到一直线关系(图 2-9)，根据直线的斜率和寿命可以算出猝灭速度常数 k_Q 值。

Stern-Volmer 公式也可用加与不加猝灭剂时的激发态寿命比 τ_0/τ_Q 来加以表述：

$$\tau_0/\tau_Q = 1 + k_Q[Q] \qquad (2-47)$$

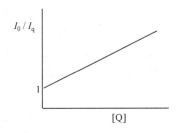

图 2-9　荧光猝灭的 Stern-Volmer 作图

猝灭速度常数 k_Q 值的测定对于判断猝灭过程中激发物种和猝灭剂分子间相互作用的性质及其历程是十分有用的。如它们间是以碰撞传能，或电子交换过程为其作用基础，则 k_Q 值的大小将受扩散过程控制。并且将会与温度以及介质黏度大小等相关。在这种情况下 k_Q 值的大小一般将在 10^9 (1/mol·s) 量级以上。相反，如其作用历程并非以两者碰撞为基础，如能量给体的激发能大于受体的能量，且其间可发生共振能量转移时，则 k_Q 值将大为降低。一般说来，电子转移反应的历程都是在电子给体与受体间相互靠拢使电子轨道有一定程度重叠时发生的，因此利用 k_Q 值的测定，可对反应历程的性质作出相当可靠的判断。此外，在对猝灭问题研究的实践中，常可观察到 Stern-Volmer 作图偏离线性关系的状况，即直线的尾部存在着向上或向下的偏离现象。也常可看到测得的 k_Q 值大大的超过扩散速度常数的结果，甚至达到 10^{14} (1/mol·s) 量级。出现这种现象的原因是各式各样的，其中一种可能的原因是发光物种与猝灭剂分子，在基态条件下已相互靠近，甚至彼此间已发生了某种相互间的配合作用所致。

2.9　光化学瞬态反应动力学——闪光光解

在光化学反应中，激发态的初始反应速度甚快，其反应速度常数可达 $10^6 \sim 10^9$ s^{-1} 甚至 10^{12} s^{-1} 量级。这是与激发态的能量较高，寿命很短易于发生衰变等性质有关。针对激发态反应快速过程的特点，人们发展了一系列不同的研究方法。如可按实验中激发能量的大小［强、中、弱扰动 (perturbation) 的方式］进行分类，以及按不同测定办法［如实时的 (real time) 或竞争的 (competitive) 测定等］对方法进行分类。上面讨论的用荧光猝灭法以测定某种猝灭速度常数 (stern-volmer 法) 就可归属于中等微扰和竞争测定的一类。而本节要讨论的闪光光解法，则应归属于强烈微扰和实时测定的一类方法。

闪光光解技术是在 1949 年由英国的 Norrish 和 Porter 首先提出的，他们也因此于 1967 年分享了当年的诺贝尔奖。五十余年来，闪光光解技术经历了多次变革，特别在 20 世纪 60 年代初激光器问世以来，发展更是迅速。设备的时间分辨能力已从开始的微秒级(μs),发展至纳秒级(ns)、皮秒级(ps),甚至更短如飞秒级(fs)。而可应用的波长范围虽说目前尚有一定的限制,但通过倍频技术以及出现了新型的准分子激光器(excimer laser)等,多种在光化学,光物理研究中重要的紫外,可见以至近红外的单色光源都已具备,使可应用的波长范围大大加宽。这就为研究光化学创造了极为有利的条件。

以激光为激发光源的优点是:①光束具有良好的单色性;②激光的高度相干性使光束能在极小的范围内聚焦;③可得到巨大的峰值功率,如十亿瓦(giga watts)以至万亿瓦(tera watts);④光脉冲良好的时间对称性(按高斯分布)而不存在有余辉、拖尾等现象。因此利用激光作为激发光源显然比过去所用的辉光放电光源有着无比的优越性。检测光源一般用脉冲氙灯,对其要求不仅应具有较宽的发射波长范围、极强的光强,而且还要求发出的光脉冲具有较宽的平坦部分——即其形状应为良好的矩形以便于观察和分析测得的信号。检测光的脉冲产生时间应与激光脉冲产生的时间相同步(synchronization),以达到实时检测信号的产生以及信号衰减的全过程目的。

推动闪光光解技术发展的另一原因是计算机技术及其他电子技术的迅速发展。正是因为应用了具有高速运算能力的电子计算机,才可以方便地对研究体系中复杂的卷积信号(包括如多种瞬态产物的同时存在或几种动力学过程的同时存在的体系)进行解卷积处理(deconvolution),从而取得各种需要的动力学数据。而电子技术及其他光学技术的发展如条纹相机(streak camera)和光学多道分析器(OMA)技术的出现,对于记录这类实验中出现的超快速信号提供了巨大的帮助。

2.9.1 闪光光解技术的基本设备及对所得信号的解析

闪光光解技术的基本原理如图2-10所示:

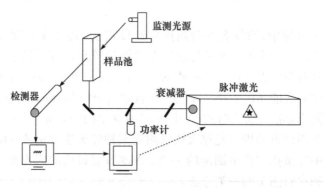

图2-10 闪光光解装置图

图2-10中列出的是典型的纳秒级激光闪光光解设备的布置。脉冲光从一个

激光器中输出,进入样品池,激光进入的方向和检测光方向互成直角。检测光源的波长范围一般较宽,检测光的工作应和激发光同步,是一时间较长的脉冲。检测器和激发光也相互垂直。在数据记录上,传统的是用条纹相机(streak camera)及光电倍增管(photomultiplier tube)来检测单个波长的瞬态信号。也有用多通道的检测器如光二极管的阵列,更先进的则用增强的电荷偶合器件(charge coupled device)等来得到完整的瞬态光谱。

从图2-10中可见,激发光束与检测光束成正交排列,在两束光的交点处放置样品液槽。当样品被激发光激发后,通过液槽的检测光,就会被激发样品的瞬态产物所吸收,于是可用单色光器对检测光作分光光度测定,从而测得瞬态产物的吸收光谱以及吸收峰值的波长位置等。如将某一特征波长的信号经光电倍增管放大输入储存示波器、并随时间的推移而不断记录信号强度的变化,就可观察到某瞬态产物(在某一特征波长下)的产生和衰减过程的动力学全貌,如图2-11所示:

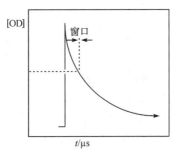

图2-11 激发物种的建立和衰变

从图2-11中可见,当样品经脉冲激光激发后,瞬态产物生成,样品的光透过率逐步变小(从起始的透过率$T=100\%$开始减少),当到达透过率极小值后,形成的瞬态产物开始衰减,于是体系的透过率又逐步增大,直至$T=100\%$时止,图中横坐标为时间$t(\mu s)$,纵坐标则为光强(或光密度),由于假设光电倍增输出信号与入射光强(I)间具线性关系,因此荧光屏上信号轨迹的变化与光强间存在如下的正比关系:

$$I_0 = kX_0 \qquad (2-48)$$
$$I = kX \qquad (2-49)$$

式中k值大小与光电倍增管的灵敏度等有关。利用Beer-Lambert公式计算吸收值(A)时,k值可自动消去。

$$A(\lambda) = \lg(I_0/I) = \lg(X_0/X) = \varepsilon(\lambda)cl \qquad (2-50)$$

式中,$A(\lambda)$为在波长λ时的吸收值;$\varepsilon(\lambda)$为在波长λ时的摩尔吸收系数;c为瞬态产物的浓度;l为样品的光程长。

2.9.2 闪光光解法测定光化学基元反应的速度常数

一个光化学反应过程(往往包括很多步骤)从最初的试样分子吸收光子,形成激发态,直至生成最后的稳定产物可包括许多步骤,其中有光化学的也有非光化学的。为了解反应的整个过程,必须清楚初级产物的性质以及初级和次级反应产物相继产生的速率等。对该过程中每一步骤的反应速度和性质的研究,称之为基元反应研究。在光化学反应的研究中,由于分子在吸收光子后,处于电子激发态的分子,可通过多种不同途径而达到不同的衰变结果。如式(2-51)~式(2-53)所示:

$$C \xrightarrow{h\nu} C^{*1} \xrightarrow{isc} C^{*3} \xrightarrow{\text{辐射或无辐射衰变}} C \quad (2-51)$$

$$C \xrightarrow{h\nu} C^{*1} \xrightarrow{isc} C^{*3} \xrightarrow[\text{碰撞猝灭}]{[C]} C \quad (2-52)$$

$$C \xrightarrow{h\nu} C^{*1} \xrightarrow{isc} C^{*3} \xrightarrow[\text{T-T湮没}]{[C^{*3}]} C \quad (2-53)$$

如以羰基化合物(C)为例,式(2-51)为羰基化物分子吸收光子被激发至单重激发态,再经系间窜越(isc)至三重态,然后通过辐射及无辐射过程自发地衰变回至基态。式(2-52)中的三重激发态则并非经自发衰减,而是通过与基态分子间的碰撞引起的浓度猝灭而回到基态。式(2-53)则是当体系内有较高$[C^{*3}]$浓度时出现的现象,即出现了 T-T 湮没过程。因此当研究一个光化学反应时,必须首先弄清所研究体系可能包括的反应范围,并用已有的知识尽可能去避免那些不希望发生的过程出现,而使所研究的反应单一化。对于(2-51)所代表的多重态衰变过程,一般服从一级反应动力学方程即:

$$d[A]/dt = -K[A] \quad (2-54)$$

其积分形式为

$$[A] = [A_0]e^{-Kt} \quad (2-55)$$

式中,$[A_0]$是时间为零时 A 的浓度,取对数可得

$$\ln[A] = \ln[A_0] - Kt \quad (2-56)$$

以 $\ln[A]$ 对时间 t 作图,可从其直线斜率得到一级反应速度常数 $K(1/s)$ 如图 2-12 所示。

而激发多重态的寿命 τ,即为 K 值的倒数。

$$\tau = 1/K \text{ (s)} \quad (2-57)$$

一级反应历程是极其普通的,如上述羰基化合物三重态的衰变、荧光、磷光的辐射衰变,光裂解过程以及光异构化反应等都是。

在研究工作中可常常遇到所谓准一级反应的例子。这是当激发的活性物种与另一浓度很大的反应物相作用时,可发生如式(2-58)的情况:

$$R^* + M \longrightarrow \text{产物} \quad (2-58)$$

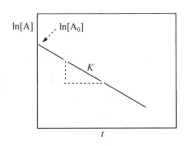

图 2-12　一级反应动力学作图

式中，R*代表活性物种而 M 是另一反应物分子，在这种情况下，活性物种的衰变速率为

$$d[R^*]/dt = k[R^*][M] \quad (2-59)$$

由于$[M] \gg [R^*]$，即在衰变时间 t 内$[M]$值基本不变，于是可得式(2-60)：

$$\ln[R_0^*] - \ln[R^*] = k[M]t \quad (2-60)$$

以 $\ln[R^*]$ 对 t 作图所得直线斜率为 $k[M]$，由于$[M]$值为已知，所以可求出 k 值如图 2-13 所示：

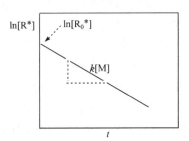

图 2-13　准一级反应动力学作图

要注意的是，这里的 k 值是二级速度常数，单位是 $cm^3/mol \cdot s$。这类反应的例子如：以闪光光解法研究敏化产生的单重态氧 $^1O_2$ 和其化学猝灭剂——二苯基苯骈呋喃(DPDF)相作用时的速度常数，由于在研究体系中 DPDF 总是大量存在，因此在此反应中可认为 DPDF 值不变，因而可用准一级反应动力学来处理它。

在光化学反应中二级反应也十分常见。如上述羰基的三重态，在较高浓度时，易发生的湮没现象。又如自由基的重合反应，歧化反应等都属于这一类。以 T-T 湮没为例，此时三重态的衰减速度可按式(2-61)计算

$$d[R]/dt = 2k[R]^2 \quad (2-61)$$

积分式(2-61)得

$$1/[R] - 1/[R_0] = 2kt \quad (2-62)$$

式中，$[R_0]$为 $t=0$ 时的三重态浓度，以 $1/[R]$对 t 作图所得直线斜率为 $2k$，如图

2-14:

由于三重态的衰变过程中既存在着自发衰减的一级动力学过程,也存在着在高浓度条件下的二级 T-T 湮没过程。因此如何从三线态的衰变信号曲线中、通过解卷积处理取得它们各自的动力学常数,是一项十分重要的处理方法。

利用闪光光解的方法还可研究如物种三重态的自猝灭常数;T-T 湮没常数以至测定瞬态产物的摩尔吸收系数和三重态的量子产率等。有关这些重要光化学数据的测定可参考有关专著和文献。

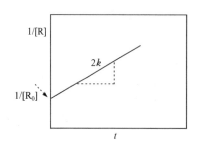

图 2-14 二级反应动力学作图

2.10 一些基本的光化学和光物理实验技术

2.10.1 发射光谱仪及发光光谱的测定

荧光光谱仪可认为是最为重要的检测稳态荧光的仪器和方法。典型的荧光光谱仪是由光源及检测等两个部分所组成。光源通常是连续光,一般采用汞氙灯,以便于获得波长从紫外经可见到近红外的辐射光源,并经单色光器选择得到拟采用的激发光波长。被检测样品的荧光是从垂直于激发光的方向进行检测,并同样通过单色光器对发射的荧光进行分析记录。发射光谱在对发光化合物的溶剂、温度等效应的研究中可以提供许多十分有用的信息。又如当化合物用作为组成超分子体系的基块时,发光光谱则可提供其中发光组分所具有的最低激发态性质和能位等重要资料。通过荧光光谱还可检测如体系中激基缔合物(excimer)和激基复合物(exciplex)的形成,以及用以研究能量转移和电子转移等。

化合物的发光量子产率 Φ_e 是发光化合物重要的指标性参数,它也可通过荧光光谱仪测得。在测定中一般要选择已知量子产率的发光物质为发光的标准化合物,分别通过以同一波长且具相同吸收(或光密度)的光激发,再比较二者荧光光谱的覆盖面积 A 而求得。如式(2-63):

$$\Phi_e/\Phi_s = A_e/A_s \tag{2-63}$$

式中,下标 e,s 分别为待测样品和标准样品。在测得两种样品荧光光谱的面积后,只要知道 Φ_s,就可得到待测样品的荧光量子产率 Φ_e 值。荧光量子产率的大小和溶剂的性质有着密切的关系,在不同的溶剂内,可以有不同的荧光量子产率,其原因是多种多样的。另外,某些化合物在溶液中并不显示有强的荧光,但当它被固定化(immobilization)于某一惰性底物时却可发射出强烈的荧光信号。但是如被固定化于导体或半导体表面时则因可出现如光诱导的电子注入等现象,从而使荧光发生明显的猝灭。这里可以看到对体系荧光强度或荧光量子产率的测定可以为我们研究物质及其相互作用提供重要的信息。

通过荧光光谱仪,除可测定荧光发射光谱外,还可测定激发光谱。如果将与光源相联的单色光器称为第一单色光器,而与检测部分相联的称为第二单色光器,则可有两种不同的测定方法。一种是选定第一单色光器的某一波长为激发光,而将第二单色光器进行扫描,得到的就是荧光发射光谱;第二种是将第二单色光器固定于某一检测波长,将第一单色光器进行扫描,得到的就是荧光激发光谱。通过荧光激发光谱可得到和吸收光谱相类似的信息,但一般说来它要比由吸收光谱得到的信息更为丰富。值得注意的是,当样品从稀溶液变至浓溶液甚至固体时(或吸附层),其激发和发射光谱的峰值波长会发生明显的位移。

对于固体材料,包括如电极材料,沉积于透明玻璃片上的金属涂层等可以通过用仪器的固体附件,对这类材料的光谱行为进行研究。当然一些具有透明性的固体样品仍可采用常规的方法,但由于测定中常会出现散射光的干扰,为了避免干扰,可以采用带不同倾斜角度的样品支架,对样品进行面向(front-face)的激发和检测,以达到较好的效果。

在通用的荧光光谱仪上连接带有光学纤维附件的显微镜时,可提供很大的便利。由于显微镜的引入,使荧光检测的灵敏度大为提高。如再连接所谓的电荷-耦合的检测器(CCD),单光子记数检测器,特别是采用冷冻强化的 CCD,则荧光显微镜的灵敏度将更大的提高,使仪器具备能同时获得影象和光谱的双重功能。

2.10.2 荧光去偏振技术

当以平面偏振光照射荧光物种时,那些偶极矩取向和激发光方向一致的分子将被选择性的激发。由于激发分子发光的记忆性,因此,激发分子应发射出与激发偏振光方向相同的偏振光。但由于溶液中分子的无规运动会导致分子取向的变化(也导致分子偶极矩取向变化),因此激发分子的发光就会发生所谓的去偏振(depolarization)结果。除无轨运动外,分子发色团在发光寿命范围内的旋转,也可导致发射光的进一步去偏振。因此有关发色团运动的动态信息就可能通过测定发光物种的去偏振而获得。在测定稳态的偏振荧光数据时,一般是测定与入射偏振光平面相平行和相垂直的两束光的相对发射强度($I_\parallel$, $I_\perp$)。其布置如图 2-15 所示。

然后,可按式(2-64)和式(2-65)分别算出偏振的各向异性 r 以及偏振度 P。

$$r = \frac{(I_\parallel - I_\perp)}{(I_\parallel + 2I_\perp)} \tag{2-64}$$

$$P = \frac{(I_\parallel - I_\perp)}{(I_\parallel + I_\perp)} \tag{2-65}$$

根据上述公式得到得数据,在研究荧光去偏振时,要注意如下问题:

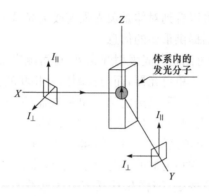

图 2-15　荧光偏振原理的说明

(1) 吸收和发射跃迁间的动量差异；
(2) 在激发态寿命范围内发光分子的运动(包括旋转扩散)状况；
(3) 是否存在激发态的能量转移；
(4) 重吸收及多重散射等。

设吸收和发射的平动动量间的夹角为 ω，再假设体系中随机分布的发光分子无能量转移及分子运动，在这种条件下的各向异性被称为体系固有的各向异性或偏振度，用 r_0 及 P_0 表示之，并可按式(2-66)算出：

$$r_0 = 0.4(3\cos^2\omega - 1)/2 \tag{2-66}$$

式中的 ω 值的变化范围在 $0 \sim 90°$，而 r_0 值为 $-0.2 \sim 0.4$，在固相中 r_0 值可趋向上限，即 0.4。假设荧光分子为球形分子，则结合 Perrin 公式可得式(2-67)，并可求出球形分子的旋转扩散系数 D_r：

$$1/r = 1/r_0[1 + (k_B\tau T/V\eta_0)] = 1/r_0(1 + 6D_r\tau) \tag{2-67}$$

式中，V 为球形分子的体积；η_0 为溶剂的黏度；τ 为发色团的荧光寿命；T 为热力学温度；k_B 为 Boltzman 常数。公式中的 r_0 和 τ/V 值可通过用 $1/r$ 对 T/η_0 作图求出(图 2-16)。

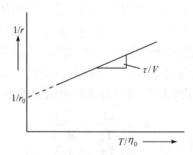

图 2-16　利用不同黏度下测得的偏振荧光数据来求得
体系固有的各向异性或偏振度及其他有关值

在实验中,商品的稳态荧光光谱仪可通过加入偏振附件,如 Glan-Thompson 偏振器或偏振片,进行测定,即将起偏镜和检偏镜分别插入仪器的激发光和分析光光路中即可。同样在时间分辨光谱的测定中、也可类似的进行处理,但由于时间分辨光谱的测定中,大多以激光为光源,而激光则是固有偏振的,因此也就不必引入偏振附件。

2.10.3 单光子记数技术测定荧光寿命

另一种测定瞬态时间分辨发射光谱的方法是单光子记数(single photon counting)技术。一般说来它主要用于测定发光化合物的荧光寿命。这一方法可用以研究分子发光行为的环境效应。由于激发分子的衰变过程易于受其周围环境的影响。许多与分子运动相关的事件如旋转扩散、溶剂效应以及动态猝灭等都是在与荧光衰变过程相接近的时间尺度内发生。因此,时间分辨的荧光光谱可用于研究上述过程,从而使我们能对发光分子周围的化学环境有一个更为清晰的认识。

用单光子记数技术测定时间分辨荧光光谱的设备布置,和稳态荧光光谱仪的布置相类似。用一波长很窄的激光连续脉冲光束照射样品,然后在 90°方向处收集样品的荧光发射,以避免激发光的干扰,这对发射较弱荧光样品体系的研究尤为重要。收集得到的荧光发射信号进入光谱仪后,可对信号进行解卷积的分析,然后获得荧光寿命数据。稳态光谱和单光子记数时间分辨光谱的重要差别、在于后者采用了连续的脉冲光源,同时应用荧光发射的"门"检测技术。这种单光子计数的"时间-门"技术是目前多种时间分辨技术测定发光寿命如:条纹相机、相调制技术等最为广泛应用的一种方法。其典型的设备如图 2-17 所示。

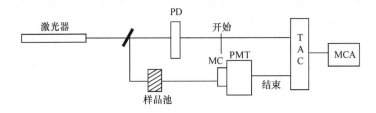

图 2-17 时间-分辨单光子计数设备的典型组分
PD 为光电二极管;TAC 为时间-振幅转换器;MCA 为多通道分析器;MC、PMT 为光电倍增管。

时间-相关单光子计数技术是一种灵敏的用以研究时间分辨发光的方法。在此技术中单光子事件的检出,是在样品被激发后,用光子的统计分布来代表激发态随时间衰变而建立起来的。图 2-17 列出了时间-相关单光子计数实验用的典型组件,其中的高频发射光源可以是激光器也可以是闪光灯,它用以激发样品。光脉冲的一部分可聚焦于光二极管(PD),其目的是为了产生一个电压冲击,给时间-振幅转换器(TAC)提供一个起始信号。终止脉冲是由样品检出的荧光发射所产生,它从 PMT 或从微通道板(MCP-PMT)而来,同样进入 TAC。于是从 TAC 可给出一个输出信号,而该信号振幅的大小正比于起始和终止脉冲的时间间隔。这一由 TAC 提供的起始和终止脉冲的时间差,可用一个多通道的分析器来加以处理,得到荧光衰变过程的有关结果。时间-相关单光子计数技术的一个重大特点是它的高灵敏度。一些例子表明,只要每一激发脉冲平均有着小于一个发光的光子时,就能得到可靠的信噪比结果。此外,时间-相关单光子计数技术方法也可应用于固体及表面物种的荧光寿命测定。

建议参考的文献

[1] Birks J B. Photophysics of aromatic molecules. London: Wiley,1970

[2] Turro N J. Modern molecular photochemistry. Menlo Park: Benjamin/Cummings Publishing Co. , Inc. ,1978

[3] Rabek J F. Experimental methods in photochemistry and photophysics. New York: Wiley,1982

[4] Balzani V, Scandola F. Supramolecular photochemistry. New York: Ellis Horwood, 1991

[5] Vos J G, Forster R J. Interfacial supramolecular assenblies. Chichester: John Wiley & Sons, Ltd. 2003

[6] Ramamurthy V. Photochemistry in organized and contrained media. New York: VCH, 1991

[7] Kalyanasundraram K, Gratzel M. Photosensitization and photocatalysis using inorganic and organometallic compounds-catalysis by metal complexes 14. London: Kluver Academic Publishers,1993

[8] El-Sayed M A, Tanaka I, Molin Y. Ultrafast processes in chemistry and photobiology. Oxford: Blackwell Science Ltd. , 1995

第3章 超分子的光化学和光物理问题

3.0 引　言

在对超分子光化学问题的讨论中,首先必须对有关的定义加以明确。超分子(supramolecule)和大分子(large molecule)在定义上的差异是:超分子可看作是由几个不同的独立分子亚单位(或组分)所组成。超分子内的这些独立的亚单位,在性质上与它们以分子形态独立存在时仅有某些微小的变化。因此这些亚单位可用其原有的特征性质予以表征,并在原则上,它们的性质可从其独立存在时,或从其模型化合物的研究中加以推断。在超分子中,人们希望所含的各个组分能保持其固有的性质,或仅有微小变动。而这种性质的变动则可认为是超分子体系内、亚单位间的微小扰动所引起的。然而,超分子体系的整体性质并非是这些组分性质的简单加和。事实上,在超分子内存在着由两个或多个组分间发生的某些过程,而这些过程恰恰是超分子研究中更为重要的内容。如可以发生:组分与组分间的某种转移(如电子转移和能量转移等);组分间的相互合作或协同,如通过两个或多个组分(不同物种)间的配位或相互作用以表达或实现某种新的效应等。正是由于这些过程的发生,使组分原有的特征性质消失,而出现了与原来性质完全不同的新的特性,即所谓超分子的特征性质。这种通过不同组分的适当组织和构筑所形成的超分子化合物,所呈现的新的光化学和光物理行为,就构成了超分子光化学研究中的重要目标和内容。

按上述定义,可以认为,由不同分子组分通过分子间的弱相互作用,可集合或组装形成如:主-客体、离子对、电子给体/受体复合物等多组分的超分子体系,而体系中这些不同组分间则是相互独立的。但如果将此定义扩充应用到所含组分并非以弱的相互作用,而是以共价键联结的方式则构成了分子体系。例如,在人工模拟光合作用的研究中,合成了由卟啉(porphyrin)、醌以及电子给体等三者以共价键联结的三组分(triad)化合物,其中的各组分虽说都是以共价键联结,但事实上,这些组分的光谱、光化学行为、以及氧化还原性质都明确表明:它们是各自独立存在着的。因此这种虽以共价联结的体系,仍应看作是具有超分子特征的体系,因为它们彼此间是相互隔离的。对这类超分子体系(或化合物)的构筑,除必须认真选定用于实现和完成某种特定功能的活性组分外,还要考虑构筑中所需的某些联结部件。显然,活性部件的选择和确定应看作是设计合成中的关键所在,但对联结部件的考虑和设计也是必不可少和十分重要的。联结部分不仅只是消极地将活性组分整体化或骨架化,实际上,它还能在一定程度起到调节活性部件的距离和几何构型等,使活性组分间能实现更好的合作和协同,更好地完成器件所要达到的目的。

在上述超分子体系中存在的各独立组分,应有其确定的性质。在对它们的研究中,除了要搞清体系内这些分子组分固有的性质外,还必须注意它们彼此间存在的扰动关系。首先要明确的是:在超分子体系中,具有不同结构特征的各个组分,特别是其中的活性组分,究竟在光化学和光物理行为上有哪些特征的性质。所谓活性组分的特征性质应是:该组分在决定超分子的光化学和光物理行为上,所起的某种关键性的作用。活性组分可以参与到不同的作用过程中发挥作用,包括对光的吸收、光的发射、组分间的电子和能量转移、异构化反应、离子或分子物种间的配合、质子化以及去质子化等。因此对于活性组分的性质,必须认真地加以研究和表征。一些和光物理以及氧化还原特性相关联的重要性质列于图3-1。

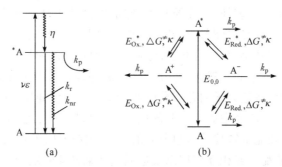

图3-1 分子组分的光化学和光物理过程(a)以及基态和激发态的氧化还原过程(b)

图中的符号为物种得失电子以及相关的参数。

在图3-1(a)中可见,组分A受光激发,形成了高振动的电子激发态。经过内转换回到组分A的最低激发状态A^*,然后通过辐射(k_r)或非辐射(k_{nr})的衰变过程,回到基态。或通过化学反应(k_p)途径形成其他类型化合物。与组分A光物理特性相关的量有吸收带的吸光波长或频率(ν)、组分的摩尔吸收系数(ε)、活性激发态的生成效率(η)、激发态的寿命(τ)、发光量子产率(Φ_r)以及化学反应量子产率(Φ_p)等。在图3-1(b)中列出的则为组分A基态和激发态的氧化和还原行为特征。组分的氧化还原性质在热力学上,可用基态和激发态的氧化还原电位(E_{Ox}和E_{Red})以及激发态的能量($E_{0,0}$)等加以定义。如式(3-1)和式(3-2)所示:

$$E^0(A^+/{}^*A) = E^0(A^+/A) - E_{0,0} \tag{3-1}$$

$$E^0({}^*A/A^-) = E^0(A/A^-) + E_{0,0} \tag{3-2}$$

可见激发态既可作为强氧化剂,也可成为强的还原剂,这与它们含有过量的能量有关。此外,从动力学观点看,重要的参数还有活化自由能$\Delta G^{\neq}$以及在自交换反应中的透过系数(transmission coefficient, κ)等。显然,尚有许多其他的性质可用以表征超分子中的某种组分,或用以解释它们的行为。其中如基态和激发态的酸、碱性质,激发态发生异构化的趋势,以及在基态和激发态时组分和其他物种间的配位能力等。有关具体组分的性质和作用将在讨论某种具体的超分子化合物时予以说明。

作为超分子体系内的非活性组分——联结体(connector),由于它们不存在处于低位的激发态和能级,其功能主要是起到保持超分子诸活性组分同处于一个分子实体之内,因此,它们对于超分子的影响,似乎仅是结构性的,例如超分子两末端间的距离、联结体的刚性程度,以及分子的构象等。然而,应当注意到,联接体还存在一些十分巧妙,同时又很重要的功能,即它们可对活性组分实现具有"电子意义"的联结。由于超分子体系之所以能呈现复杂的光化学和光物理行为,是和它们间能否发生电子和能量的转移有着密切的关系。而如何实现这种转移,除了所谓库仑(coulombic)的能量转移过程外,通过电子相互作用而发生的某些转移过程是相当重要的,然而电子的相互作用要求通过轨道重叠来实现。已知组分间虽只有几个埃的距离,但要实现直接的轨道重叠,几乎是不可能的,因此组分间通过空间(through space)发生轨道的作用,似乎可不必加以注意。因而在许多以共价键联结的超分子体系,其中活性组分的相互作用,只能通过以联结体为媒介,即通过键(through bond)的方式作为转移机制而完成的。这就很显然,联结体的重要功能之一就是它应能使所联结的活性组分进入所谓的"电子交流"状态。亦即将联结体看作是一种具有"导体"功能的组分发挥作用。然而到目前为止,要找出一个简单的参数来定量描述联结体的这一重要的特征性质,似乎还十分困难。

3.1 超分子的激发态及其衰变过程

可以进一步的对超分子化合物激发态的性质加以讨论:基态分子受光激发后可导致激发物种的生成。作为一种亚稳态的激发物种有其固有的寿命,而寿命的长短则依赖于激发物种对于所含过量能量的耗失效率。图3-2中列出了一个激发超分子 A^*-L-B 可能发生的能量耗失的途径。可以看到这里列出的激发超分子物种,仅其中的活性组分 A 被激发了,而另一个活性组分 B 仍处于基态状况。这是超分子光化学和普通光化学的最为重要的区别所在。

图中可以看出,超分子激发态 A^*-L-B 的光物理衰变可以有辐射的和非辐射的两种途径。最常见到的辐射衰变是激发分子通过发射荧光或磷光来耗失能量而回到基态。发射荧光和发射磷光的差异取决于在发射跃迁过程中自旋多重性(spin multiplicity)的变化与否。在发射荧光的体系,体系发射前后的自旋是守恒的。由于这是一个"允许"(allowed)过程,因此它只有较短的寿命,典型的寿命在 $10^{-12}\sim 10^{-6}$ s 之间。相反,发射磷光体系的发射前后状态,自旋并不守恒,因此它

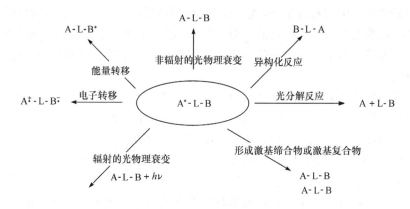

图 3-2 超分子激发态 A*-L-B 可能发生的能量衰变过程

是一个"禁阻"(forbidden)过程。它的发光很弱,发射波长相对于其激发波长有较大的 Stoke's 位移。同时由于其禁阻的性质,因此寿命就相对较长,约在 $10^{-6} \sim 1$ s 的范围内。对一个给定状态的自旋多重性,要做出正式而明确的指认并非易事,特别当体系中有重原子存在时,因易于发生旋轨耦合,问题就变得更加复杂。因此,对于许多金属配合物的发射,往往笼统的称之为发光(luminescence),而并不过分强调究竟属于那一类的发射。例如,对联吡啶钌$[Ru(bpy)_3]^{2+}$ 及其超分子化合物,虽其寿命和发光强度和荧光发射相类似,但其发射应属于磷光发射。一些能够和发光过程相竞争的,如电子转移、能量转移以及其他非辐射光物理过程的存在,将会引起发光寿命的缩短和发光强度的减弱,也就是出现了所谓猝灭(quenching)的现象。非辐射衰变过程也可按过程的起始和终了状态自旋多重性相同或不同来加以区分。例如"内转换"过程(internal conversion,IC)就是一种始态和终态具有相同自旋多重性的非辐射衰变过程。而所谓的"系间窜越"(inter system crossing,ISC)则是始态和终态有着不同自旋多重性的非辐射过程。在上面的两个例子中,不论其自旋多重性变化与否,它们态-态间的穿越过程都是等能的,并且可以同时或相继的发生振动松弛,将多余的振动能量释放出去,如图 3-3 所示。

图 3-3 中可以看到通过光对 S_0 的照射形成了激发态 S_1 以及随之而来各种相关的衰变过程,包括如辐射衰变——荧光(Fluor.)和磷光(Phos.)以及在等能条件下的各种穿越过程(ISC 和 IC)和振动松弛 VR 等。

一个分子的发光与否取决于激发物种在衰变过程中与存在的其他非辐射事件在效率和速度上的竞争。显然,也和存在的其他可能发生的光化学过程相竞争。对于超分子化合物因光诱导而发生的事件中,特别重要的有电子转移、能量转移以及分子内的核运动。一般说来,这些过程都将和激发物种的发光过程相竞争。典型的如在 A-L-B 体系中,可以检测出其中被激活性组分发光强度的减弱或猝灭。

这可从图 3-4 中看出。

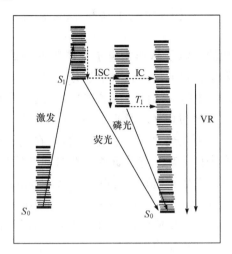

图 3-3 一种改进的 Jablonski 作图,用以说明在凝聚态体系中激发分子典型的光物理过程
IC 为内转换过程;ISC 为系间窜越过程;VR 为振动松弛。

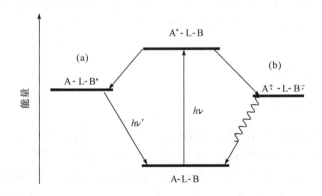

图 3-4 在超分子 A-L-B 体系中化合物受光激发及其衰变过程
(a) 能量转移;(b) 电子转移。

图 3-4 是对超分子化合物 A-L-B 在受光激发后,所发生的光诱导电子转移或能量转移过程所作的简要表述。可以看出,正是由于光的激发,为分子内电子转移或能量转移过程的发生提供了驱动力。没有光的激发,上述过程是不能发生的。

激发分子存在着多种不同的衰变过程,包括辐射的和无辐射的,在多种不同的无辐射衰变中,特别引起人们注意的是激发态的电子转移,亦即所谓的光诱导电子转移过程。在下节中将对这一问题作较详细的讨论。

3.2 光诱导电子转移和有关理论

光诱导电子转移指的是电子从作为电子给体激发态的 LUMO 轨道,向处于基态条件的受体分子发生转移的过程。对于超分子 A-L-B 化合物,它的光诱导电子转移开始阶段是超分子内电子给体(或受体)组分的受光激发,形成了 A*-L-B 或 A-L-B* 的激发态,然后通过电子转移形成 A^+-L-B^- 或 A^--L-B^+。发生电子转移的基本条件是该过程必须在热力学上是可行的,并在电子转移发生后可分别得到阳离子自由基和阴离子自由基。有关这些电荷分离产物的进一步变化,将依赖于体系的状况。它们可以发生正、负离子间的重合(recombination),使体系回复到原来的状态 A-L-B。当然,也可发生进一步的反应,而形成其他产物。

由于电子转移过程在化学反应中所占有的重要位置,因此必须对其有关的理论作适当的介绍。在电子转移反应中,Marcus 理论[1]是一种得到最为广泛应用的理论。它既可以应用于光诱导电子转移,而且也可用于由热驱动的电子转移反应。其间的基本差异是它们的驱动力有所不同。对于在异相条件下发生的电子转移过程中,还可通过外加偏压的方法,对电子转移过程予以控制或辅助,而在均相条件下的光诱导电子转移,则主要取决于体系中参与电子转移的反应物获得或给出电子的能力大小。

3.2.1 均相电子转移

1. Marcus 电子转移理论

不论对于均相或异相的电子转移体系,都可加以应用。以 A-L-B 表示的超分子化合物,如用于电子转移体系,则其中的 A 和 B 分别代表了参与光诱导-氧化还原反应的活性组分或单元。而二者间的 L 则为联结它们的"桥"或联结体。对不同的超分子体系来说,联结的"桥"可以共价键相联结,也可通过物理的或通过空间(through space)使二者有所靠近。在非均相的界面光化学中 A、B 可以是一个面,如一个电极或是一种半导体材料的表面等。显然,在这种情况下,涉及的将是界面的电子转移。

关于均相的电子转移反应过程,可简单地用式(3-3)表示:

$$\text{A-L-B} \xrightarrow{h\nu} \text{A}^*\text{-L-B} \xrightarrow{\text{电子转移}} \text{A}^+\text{-L-B}^- \qquad (3-3)$$

可用势能面来说明 A-L-B 受光照激发(途径 2),以及形成激发态 A*-L-B 后,再通过(途径 3)实现电子转移,并进而发生电荷分离,生成离子自由基 A^+-L-B^-。而后者又可通过热过程(途径 4)发生重合,回复到原初状态。

可以看出,超分子化合物 A-L-B 受光照激发,经 Frank-Condon 跃迁,形成激

发态 A^*-L-B,此时分子仍保持起其原有的几何构型（核间的距离不变）。只是当电子转移发生后,分子的核构型也随之变化,而出现如图 3-5 的结果。值得注意的是,图中还明确的区分出所谓光学电子转移（optical electron transfer）和光诱导电子转移的不同；同时,还可看出前者是包括体系经电子转移而发生分子构型变化后的能量,即包括了分子重组能的贡献。如式（3-4）：

$$E_{op} = \Delta E + \lambda \quad (3-4)$$

式中,λ 为重组能。

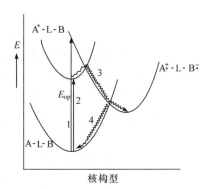

图 3-5 在超分子 A-L-B 体系内的光学电子转移(1)以及光诱导电子转移(2,3)和热电子转移(4)过程

上述体系的电子转移可看作是一个简单的、由弱相互作用而引起的化学反应,其间并不存在有化学键的断裂或生成过程。因此就可根据反应物和产物已知的性质对整个反应的坐标体系作简要的描述。经典的电子转移反应是由 Marcus[2]、Hush[3] 以及 Sutin[4] 等发展起来的,一般称之为 Marcus 模型。虽说电子转移的量子力学模型在其后得到很好发展,但 Marcus 模型,从其显著的物理内涵和具有预示能力的简单公式,仍然得到广泛的应用。

图 3-6 中可以进一步的看到在电子转移过程中驱动力 ΔG^0 和克服势垒所需的活化能 $\Delta G^{\neq}$ 间的关系。

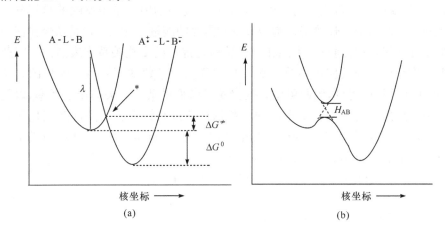

图 3-6 以抛物线势能面来表示热(a)和绝热(b)的电子转移反应

图 3-6 中列出的是以反应核坐标为函数,对以简单等曲率抛物线所代表的反应物 A-L-B（电子转移前的状态）和反应产物 A^+-L-B^-（电子转移后的状态）的自

由能作图。由于 Marcus 理论假设了反应坐标遵从简单的谐振子模型,因此可用抛物线来表示核坐标和能量的关系。在电子转移过程中,当电子从反应物向产物发生转移时,存在着两个能影响转移速率的因子。第一个因子是 Franck-Condon 原理,它指出,激发是一个瞬时的过程,因此在跃迁时,无论是内环或外环,都不能观察到分子核构型发生变化。第二个因子是热力学第一定律,即能量守恒原则,它表明电子转移必须是等能的过程。从上列的图3-6(a)中可以看出,只有在两抛物线的交叉点*处,方能满足上述的两个要求。在此条件下,电子转移的速度常数可用指数公式(3-5)加以描述。

$$k_{ET} = \nu \exp(-\Delta G^{\neq}/RT) \qquad (3-5)$$

式中,R 为摩尔气体常数;T 为热力学温度;ν 为频率因子,可用以描述在过渡态时反应的穿越速度;$\Delta G^{\neq}$ 为 Marcus 的反应活化能(图3-6),它和 ΔG^0 间有着二次方的依赖关系,如式(3-6):

$$\Delta G^{\neq} = (\Delta G^0 + \lambda)^2 / 4\lambda \qquad (3-6)$$

式中,λ 为总的重组能,包括使反应物发生扭曲,以及使反应产物与周围介质达到平衡构型所需的能量。因此,重组能是由两部分所组成,即外环重组 $\lambda_{外}$(反映的是溶剂或周围介质的重组)以及内环重组 $\lambda_{内}$(它和反应物分子几何形状的改变而形成产物等相联系)。内外重组能可用公式(3-7)和式(3-8)定义 $\lambda = \lambda_{内} + \lambda_{外}$:

$$\lambda_{内} = \sum_j (\Delta q_j)^2 (f_j^r f_j^p)/(f_j^r + f_j^p) \qquad (3-7)$$

式中,f_j^r 为反应物第 j^{th} 个正常模式的力常数;f_j^p 为产物第 j^{th} 个正常模式的力常数;Δq_j 为第 j^{th} 个正常坐标的平衡位移。重组能中的内环重组反映的是超分子因发生氧化还原而引起过渡态核构型改变所需要的能量。式(3-7)是从经典谐振子模型推导而得,它是通过自由能和电子转移时键长的变化关系来表达的。因此公式要求有反应物或反应产物分子振动相关联的力常数知识。由于大量的有关参数,难于从计算中得到,因此可用共振拉曼光谱提供某些有关的振子频率,以及电子转移反应发生时引起分子扭曲的一些估计值进行计算。但是许多氧化还原物种,在反应过程中仅有很小的键长变化,因此在总的重组能中,重要的贡献常来自外环重组能。它可用式(3-8)表达:

$$\lambda_{外} = (\Delta e^2)/4\pi\varepsilon_0 [(1/2R_D) + (1/2R_A) - (1/r_{DA})][(1/\varepsilon_{op}) - (1/\varepsilon_s)]$$

$$(3-8)$$

式中,e 为电子电荷;ε_0 为自由空间的透过率(permittivity);R_D 和 R_A 分别为给体和受体组分的半径;r_{DA} 为给体和受体间的距离;ε_{op} 和 ε_s 分别为介质的光学的和静态的介电常数。外环重组能的表达式来自介电连续理论,并反映出在电子转移发生后溶剂分子极化度的改变。由于氧化还原中心的电荷分布在电子转移事件中会发生很大的变化,这就会导致产生外环或溶剂化活化能的变化。式(3-8)中可以看出,外环重组能和溶剂的静态和光学的介电常数间的依赖关系。

从上述 $\Delta G^{\neq}$ 和 ΔG^0 间的关系,可以得到如图3-7的结果,在整个作为驱动力 ΔG^0 值的变化范围内,下列的图3-7(a)是所谓的正常区间,在此区间内,电子转移的速度随着 ΔG^0 值的变负、不断增大。而在图3-7(b)中,即当 ΔG^0 等于 λ 时, $\Delta G^{\neq}=0$,此时电子转移变得已无活化能存在,因此其速度常数 k_{ET} 也就达到极大值。在当 ΔG^0 进一步变负,或进一步增大驱动力时,可以看出活化能 $\Delta G^{\neq}$ 值重新变大,于是电子转移的速度开始减小,即到达所谓的 Marcus 的反转区域。出现了如将在下面提到的倒钟罩式的变化结果。

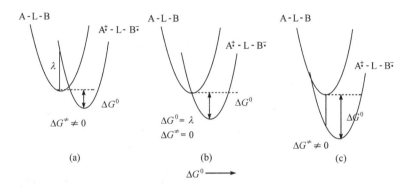

图3-7 利用电子转移的抛物线反应坐标说明 ΔG^0 的变化导致体系从正常区向反转区的转变

(a)正常区;(b)无活化能区;(c)反转区。

为证实 Marcus 理论和 Marcus 反转区域的存在,科学工作者作了很大的努力,直至20世纪末才由 Closs 等[5,6]在合成了具有 A-Sp-D 结构类型的系列超分子化合物后,才予以确认。这类化合物是以联苯为电子给体,而以一系列不同的化合物包括如萘、菲、芘以及许多醌类化合物为电子受体,构成具有不同 ΔG^0 值的氧化还原对,同时以环状烷烃为其间的桥键,使电子给体与受体相互隔离,用以研究体系在不同 ΔG^0 值时的电子转移速度常数,得到如图3-8的结果。

图3-8中列出的即为上述倒钟罩形式的 $\lg k$ 对 ΔG^0 作图。可清楚的看出,当体系的驱动力 ΔG^0 增大(变得越来越负)时,电子转移速度下降,明确地证实 Marcus 预示的反转区的存在。至于为什么在早期溶液中的电子转移研究中,未能观察到上述反转区的存在。这是由于前人所用研究体系并非如上述具有超分子化合物结构的电子转移化合物[A-L-B,或为 Balzani[7]等称作的以共价键联结的电子给体和受体化合物(covalent linking donor and acceptor,CLDA)],而是由相互分离的,双分子氧化/还原反应体系所组成。因此,在高驱动力条件下的电子转移过程中,反应物的扩散过程就成为反应速度的决定因子。这种状况具体的表现在由

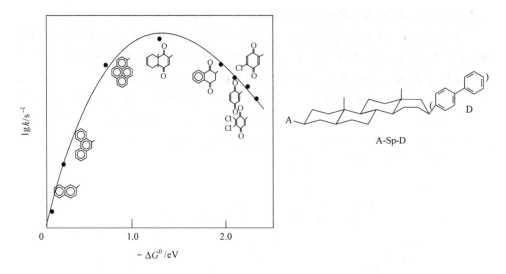

图 3-8 刚性骨架 A-Sp-D 化合物分子内电子转移速度常数 k 和自由能的变化 ΔG^0 关系
用以证实 Marcus 的反转区理论,图中的化合物为 A-Sp-D 化合物中的
A 为电子受体(分别列于图中),D 为给体(具体为联苯)。

Rehm-Weller[8]等所进行的大量实验中,他们不能得到上述倒钟罩式的结果(如图 3-8 所示)。因此由 Closs 等所进行的工作,证实了 Marcus 理论的正确性是具有重要意义的。而这也从另一方面说明,具有超分子结构的化合物所具有的特殊价值。

按 Rehm-Weller 和 Marcus 理论所得到的 $\lg k$ 对 ΔG^0 作图分别列出如图 3-9(a)和图 3-9(b),可清楚地看出二者的区别。

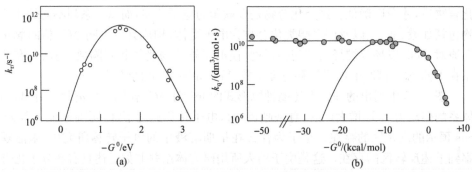

图 3-9 按 Rehm-Weller (b)和 Marcus (a)电子转移理论的 $\lg k$ 对 ΔG^0 作图

在公式 $k_{ET}=\nu\exp(-\Delta G^{\neq}/RT)$ 中的 ν 为频率因子,可看作是使电子转移到产物分子的临界振动频率 ν_n 和透过系数 κ_{el} 二者间的乘积。如式(3-9):

$$\nu = \nu_n \kappa_{el} \quad (3-9)$$

它说明当反应达到过渡态时,电子从反应物的势能面,向产物势能面转移的概率大小。

对于一些在发生电子转移时,可严重改变分子的键长和键角的反应物分子,其典型的频率因子处于 $10^{13} \sim 10^{14}$ s^{-1} 之间。相反,如反应物的分子结构,在氧化还原反应中并未受到扰动者,则 ν_n 将主要受制于溶剂的重组动态学,其典型的数值在 $10^{11} \sim 10^{12}$ s^{-1} 的区间内。

从前面的势能图 3-6 中可以看出,电子转移基本上是一个隧道过程,它既可在受热的条件下发生,也可在绝热条件下进行。不同形式电子转移的基本区别是:电子给体与受体轨道间电子耦合的程度不同。耦合的程度可以从 κ_{el} 数值的大小得到反映(一般该值是处于 0 与 1 之间)。在强烈的电子耦合情况下,例如反应物是以一短的桥键联结时,则如图 3-6(b)所示,在接近于过渡态处存在一个很大的反应曲面平坦区。在这种情况下,当电子转移的过渡态已经到达,电子可简单的穿过能面从反应物到达产物,即发生电子转移的概率已接近于 1,但电子穿越势垒区的速度却降低了。对于这样一个电子透过系数 κ_{el} 接近于 1 的绝热过程。公式(3-9)可简化为式(3-10):

$$k_{ET} = \nu_n \exp(-\Delta G^{\neq}/RT) \quad (3-10)$$

表明在绝热过程中,电子转移速度的极大值是由 ν_n 值所决定的。在此时,Franck-Condon 因子将十分敏感。图 3-6(a)是对热电子转移过程势能面的说明。在这种非绝热的反应条件下,电子给体与受体间的电子耦合程度较弱,其结果是给体与受体两个势能面间的穿越概率较小。亦即对电子转移的热过程来说,其 κ_{el} 值将大大地小于 1。这些例子说明,在电子转移过程中,过渡态是以一种十分重要的形态出现,电子必须要穿过此过渡态,才能到达一新的势能面,使电子转移得以实现。

如上面所讨论的,经典的 Marcus 理论所导出的概念是:电子转移速度分别受控于电子和核等两个因素。其中核因素是对电子转移速度与溶剂,温度以及反应驱动力大小($-\Delta G^0$)等关系负责,而电子因素则和给体与受体间的距离以及给体与受体间桥键的性质等相联系。Marcus 理论提供了一个对实验数据很好的描述和说明,然而这一理论对于在低温和中间温度条件下的电子转移过程并不适合,尤其当过程是以高频率的分子模式来安排其重组能 λ 时。在这种情况下,就不易观察到 Marcus 理论反转区的存在。因此就有半经典的电子转移模型和量子力学模型的出现用以补充和克服上述理论的局限性。

有关电子转移的半经典模型和量子力学模型,有兴趣的读者可参看相关的文献[1, 9]。

在上述对光诱导电子转移问题的讨论中可以看到,通过对以共价键联结的给体/受体超分子化合物(A-L-B)光诱导电子转移速度常数的测定,和这些常数随反

应驱动力 ΔG^0 的改变而发生的变化,为 Marcus 经典电子转移理论所预示的反转区问题提供了重要的证据。这应看作是超分子光化学研究对于现代化学科学基本理论问题所作的贡献。在这里,化合物的氧化还原性质因激发态形成所提供的附加驱动力,确是起到重要的作用。图 3-10 中,列出了光诱导电子转移与热电子转移间的区别。

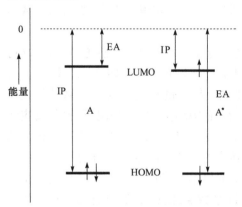

图 3-10 用于说明分子基态、激发态的离子化电位(IP)和电子亲和能(EA)间的
关系以及相应基态和激发态的氧化还原电位

图 3-10 中可以看出,具有闭壳结构的基态抗磁性物种,其激发态要比相应的基态是一种更好的电子给体或受体。因为它除了有基态的氧化还原势外,吸收的光子使激发态有着附加的氧化还原能力,即 $h\nu$。图 3-10 中比较了基态与激发态的离子化电位(IP)和电子亲合能(EA),可以发现激发体系使 IP 值减小,减小的值为 $\Delta E_{HOMO\text{-}LUMO}$,即 HOMO 和 LUMO 间的能隙,而电子亲合能则因此而增大了相同的数值。因此,相对于基态言,激发态的氧化或还原能力都有所增大。

如假设激发态的能量在整个电子转移过程中都是可用的自由能,亦即在基态和激发态之间无严重的构形变化,则如前述可对激发态的氧化还原电位作如下的估计。

$$E(A^+/A^*) = E^0(A^+/A) - \Delta E_{0,0} \quad (3\text{-}11)$$

$$E(B^-/B^*) = E^0(B^-/B) + \Delta E_{0,0} \quad (3\text{-}12)$$

这也可从由 Rehm-Weller 提出的光诱导电子转移经验公式中看出。按 Rehm-Weller 的观点,溶液中电子转移过程的自由能 ΔG^0 可按式(3-13)计算:

$$\Delta G^0 = [E^0(A/A^+)] - [E^0(B/B^-)] - \Delta E_{0,0} - (e^2/\varepsilon r_{DA}) \quad (3\text{-}13)$$

式中除列出了电子给体与受体的氧化和还原电位外,还列有因体系吸收光能、而得到的能量帮助——$\Delta E_{0,0}$。这就可以看出,激发态时的电子转移过程较基态转移的优势所在。式中的最后一项是代表电荷分离态的库仑稳定能,式中,e 为电荷;ε 为溶剂的介电常数;r 为电子给体与受体的中心距离。在极性溶剂中这一库仑稳定能一般均小于 0.1 eV,因此常可加以忽略。要使电子转移过程得以顺利进行,除了要满足热力学上的释能($\Delta G^0 \leqslant 0$)条件外,其次,该过程在动力学上也必须是可行的。同时激发态还应有充分长的寿命,以允许电子转移可以发生。此外,在对电子转移的研究中,还须注意,其量子产率的大小和电荷分离态寿命的长短等。应尽可能的延长分离态的寿命,以便于提供适当的布居和为发生进一步化学反应提供所需的时间。在对超分子电子给体/受体配合物的研究中,一个典型的研究目的是为促进体系光诱导电子转移过程的发生,而提供充分驱动力的同时,也必须注意所形成电荷分离产物是否有着最优化的生存期,因这是为达到进一步氧化还原反应目的所必不可少的。由于电荷重合过程(即电子从受体的 LUMO 转移回到给体的 HOMO)是一种不希望发生而可能发生的过程,因此,在战略上如何减慢或避免这种"逆相的反应"的发生,必须认真的加以考虑。同样,它也可采用热力学的方法,如使电子回传转移是一吸能的过程(endergonic),使之不易于发生回传等。

前面曾提到,利用超分子化合物对于证实 Marcus 理论及其反转区的存在,科学工作者作了很大的努力。对于这一科学问题的意义——不仅为 Marcus 理论的预示提出了确切的证据,同时使人们对于超分子体系的重要性有了新的认识,有必要在此作进一步的说明。上面已经提到,由 Closs 及 Miller[5,6]等提出的具有 A-Sp-D 结构类型的系列超分子化合物——一类以环己烷、十氢萘以及雄甾烷(androstane)等烷烃类化合物为联结体将电子给体与受体联结起来的超分子体系,其结构如图 3-11 所示。

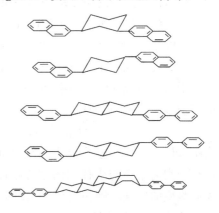

图 3-11　以胆甾型的桥(如环己烷、十氢萘以及雄甾烷等)联结联苯和萘的超分子体系,即以 1~7 或 10 个碳原子为桥来分开电子给体与受体

由于这类联结体具有环状的结构,因此它们是刚性的,以保证电子给体与受体间的距离和几何形状(除沿端部 C—C 键的旋转外)的固定性。对这类体系的热电子转移过程曾用脉冲幅解的方法予以研究。实验中所以能得到两种阴离子自由基(A^--L-B 和 A-L-B^-),或因条件不同而得到两种阳离子自由基(A^+-L-B 和 A-L-B^+),则是因它们在实验中几乎是以统计的比例产生出来并远离平衡。在这样的实验条件下,组分间电子转移速度的常数就可在体系经辐射脉冲后,通过监视体系向热力学平衡方向的松弛而求得。

$$A^--L-B \longrightarrow A-L-B^-$$
$$A^+-L-B \longrightarrow A-L-B^+$$

在此研究中，Closs、Miller 等称前一个过程为电子转移过程，而对于后一过程则称为空穴转移。对于这一系列分子电子转移问题的研究，可以说是用特殊设计的超分子化合物进行研究的特殊例子，它对深入搞清电子转移过程的基本特征很有帮助。

2. 电子转移中桥的作用

从上面的讨论可以看到，超分子化合物在证实 Marcus 电子转移理论有关电子转移速度与反应驱动力关系中存在反转区的理论预示，起到十分重要的作用。表明超分子化合物在基础科学研究中，作为一种研究平台，可以发挥特殊的功能。此外，在前言中也提到，这类多组分构成的体系，可以在功能材料的应用和研究中发挥作用。这些都明确表明：这类以桥键隔离的超分子化合物 A-L-B 值得进行深入而详细的研究。从超分子给体/受体化合物在溶液中的研究已经表明：超分子化合物中活性组分间的桥键结构与性质，对组分间电子转移的速度有着十分重要的影响。从半经典和量子力学的研究中均指出，在电子转移的动态学上，电子转移的距离依赖性，来源于电子耦合矩阵元 $|H_{AB}|$ 的大小，它和电子给体与受体轨道波函数的重叠程度成正比关系。一个可用于表述电子耦合矩阵元随电子给体与受体间距离增大而衰减的经验模型，就是以电子通过一维方型势垒（square barrier）的隧道来加以说明的，其公式如式（3-14）：

$$H_{AB(d)} = H_{AB(d_0)} \exp[-\beta(d-d_0)/2] \quad (3-14)$$

式中，$H_{AB(d_0)}$ 为当电子给体与受体间保持范德瓦距离（d_0）时的耦合元；而 d（$\geqslant d_0$）则为给体与受体间的中心距；β 为隧道参数，是一个常数，相应于耦合随距离而衰变的速度。例如，当电子转移经过真空时，β 值为 3 $Å^{-1}$。而对于"电子给体-L-受体体系"，其间的桥键"—L—"为芳香或脂肪基团，或为蛋白质等时，则典型的 β 值约在 0.7～1.2 $Å^{-1}$ 之间。对通过蛋白质和 DNA 以及在超分子体系中的电子转移速度研究表明：一般的电子转移速度将随给体与受体间的距离增大而按指数降低，如式（3-15）和式（3-16）所示：

$$|H_{AB}| \propto \exp(-1/2\ \beta_{AB}r) \quad (3-15)$$
$$k_{ET} \propto \exp(\beta r) \quad (3-16)$$

即耦合矩阵元 $|H_{AB}|$ 是受影响于两活性组分间桥键的电子性质，以及两基团的相对取向。因此基团间"桥"的性质确是对电子转移速度有所影响。在连有一系列不同性质的"桥"对电子转移速度的研究中发现，如联结体是以芳香或共轭结构所组成，则转移速度快。而以不同长度 σ 键的环烷烃为联结的桥键者，则其转移速度就

和通过超交换机制[10]（superexchange mechanism）的长距离电子转移的体系相同。De Rege[11]曾以相同的锌卟啉和铁（II）卟啉分别为电子给体和受体，用不同的联结键包括π共轭的与σ非共轭的，以及氢键等组成不同的 A-L-B（或 CLDA）体系，研究它们的电子转移速度发现：以氢键为联结体的超分子电子转移体系有着很高的电子转移速度，可达 $8.1 \times 10^9 \text{ s}^{-1}$，表明氢键是一种良好的电子导体。由于在生物体系中氢键的大量存在，同时氢键作为电子导体的机制并未完全搞清，因此这是一项很值得进一步研究的工作。由于电子转移过程不仅可在键与键之间发生［所谓通过键的转移（through bond）］，也可通过介质或溶剂进行［所谓经溶剂或空间的转移（through space）］，因此，近年来在对超分子体系及有关化合物的研究中，许多以长的柔顺链为桥键的超分子化合物被合成出来，并加以研究。对于这种体系，由于中间允许存在多种不同构象的"桥"，因此其两端基团中心处的距离可在 10~15 Å 范围之内变化，使得体系不仅可通过"桥键"进行电子转移，也可通过空间（溶剂）发生电子转移。原则上在活性组分间任一种相互作用，都可作为媒体来协助电子转移的发生。

对于通过桥键来实现电子转移的过程，存在着一系列不同的机制。而所有这些机制都和桥键的化学性质、桥和反应物间的对称性，以及活性基团间的距离等因素相联系。在分子内电子给体与受体间的电子转移可按其间电子轨道的性质和距离来加以分类。在短距离时，电子给体和受体间因相互接近，因此是简单的电子和空穴的转移。而在长距离的情况下，空穴和电子转移则将以桥为媒介，并可通过"超交换"或"跳跃"机制来实现转移。图 3-12 中表述了空穴转移和电子转移的区别。

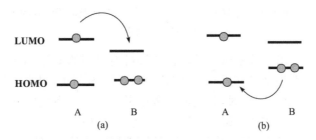

图 3-12　在电子转移过程中，电子给体 A 与受体 B 间，可经 LUMO 的电子转移（a），或经 HOMO 的空穴转移（b）

图 3-12 中的电子或空穴转移都发生于很短联结的"桥"或经过给体/受体间直接的轨道重叠而完成的，处于低能位的 π 和 π* 的 LUMO 轨道，都能接受和转移电子。而有关空穴转移的情况，也可以类似的方式发生，即通过直接的轨道重叠实现转移，但重叠的却是 HOMO 轨道。有关长距离的电子转移，特别对了解生物体系，具有更重要的意义。此外，长距离的电子转移在光化学活性界面体系的研究中

也是十分重要的,因为长桥键结构的设计是为了能避免表面对端基激发态的猝灭。在多种不同的机制中,最为重要的桥键机制是超交换和电子跳跃机制。至于用这种或那种机制来观察和讨论电子转移则取决于电子给体和受体间的共振程度,以及"桥"的电子轨道状况。

图3-13说明了某些电子转移可能的机制超交换(superexchange)以及电子跳跃(electron hoping)机制。

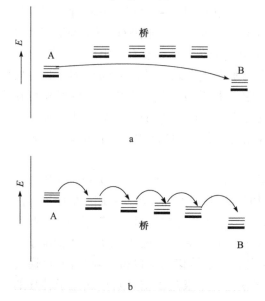

图3-13 长距离电子转移的可能机制——超交换及电子跳跃的图解说明
(a) 超交换;(b) 电子跳跃。

图3-13中列出了长距离电子转移两种可能机制的图解,可以清楚地看出它们间的不同。一般说来,当电子给体(图中的A)和"桥"间无共振发生时,典型的如桥的能级高于给体约2 eV时,超交换过程就易于发生。在此情况下,发生转移的电子或空穴并不直接布居于桥的能级之上,此时的"桥"只是在空间上起到扩充电子给体和受体波函数的作用,并允许它们发生耦合。在此过程中,一个高能位虚拟的电子或空穴转移态可在桥中出现,使电子在给体与受体间经一步过程而完成转移。在以超交换为机制的转移过程中,电子转移的速度会随电子给体与受体间的距离增大,而按指数降低。

电子跳跃(或共振的超交换)机制是在桥的虚拟能级和电子给体间有着紧密共振的条件时发生的。在此情况下,转移的电子在实际上占据了桥的能级,并有顺序地从一个桥能级向另一个能级传递或输运下去,并被称为极化子(polaron)。这种电子输运(electron transport)的速度可通过桥键的每个电子转移步骤的附加函数来加以描述。同时电子跳跃(或电导)的速率和电子给体与受体间的距离成反比关系而减小。对一系列不同的 A-L-B 超分子化合物,当不改变其中桥的性质,而仅改变桥的长度时,则可通过测定转移速度和距离长度的依赖关系来考察其转移机制。如当电子给体与桥的电子轨道间,能差小于 1 个 k_BT 时,则可观察到其导电情况具有电子"导线"的行为。这种体系的例子包括有导电高分子如聚吡咯和聚乙炔等[12]。

3.2.2 异相的电子转移

在对超分子体系中活性基团间的距离、分子的结构、微环境以及溶剂分子的重组等对电子转移动态学的影响有一定了解后,可开始对界面的超分子组装体系,特别是自组装和自发吸附单层中的电子转移问题作进一步的讨论。在充分搞清这些界面组装过程对电极/组装(electrode/assembly)体系的界面电子转移动态学行为的影响后,将必然对成功发展有用的界面超分子化学器件带来帮助。随着微电极和高性能仪器的出现,对于异相电子转移反应的研究已不是过去那种状况。例如,已经可以在很短的时间尺度上,来了解某些反应的状况。由于具备了对定域的,甚至是在原子水平上对电子转移动态学进行分辨测定的能力,就允许对某些表面的反应能力提出精确的图象。随着实验工作的进展,一些从具体实验结果获得的一般性结论,甚至较精密而复杂的理论模式也随之出现。另外,电化学研究的进展超越其传统的竞争对手——光谱学研究,已得到广泛的认同。特别是它在提供直接信息和在某些特殊相互作用的高灵敏度检测能力上,所表现出来的巨大优势。

1. 异相电子转移的原初阶段

和在均相电子转移一般性讨论中涉及的给体/受体超分子化合物 A-L-B 一样,在对异相电子转移的讨论中可同样采用 A-L-B 模型。但其中的 A 可以是一个电极或其他半导体材料,它们的特征则是一种以连续或半连续的密实状态来代替用以表征化合物分子的分子轨道。下面列出的图 3-14,可用以说明在导体表面上吸附分子的轨道分布。其中 A 为基体,如:金属电极或半导体等;E_f 为费米能级。

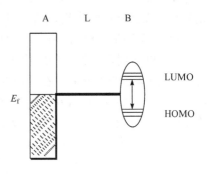

图 3-14 与 A-L-B 体系类似的"界面/超分子组装"体系

图 3-15 列出的是反应物吸附于金属电极表面和总的电子转移过程中的原初步骤。它们分别是,热活化、氧化还原中心和电极间的电子耦合,以及瞬态的原初电子转移事件等,可分述如下:

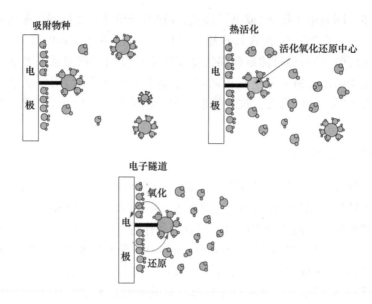

图 3-15 在水溶液中吸附物与电极间的异相电子转移过程
包括吸附,热活化和电子隧道过程等步骤。

(1) 热活化。对于电子给体和受体分子的前线轨道 HOMO 和 LUMO 的能级,一般认为是确定和不变的。然而,实际上这些给体和受体状态的能量是在连续不断的变化着,因为无规则的热涨落(fluctuation)以及溶剂偶极子从溶剂层中的出入,会导致能级也在一个平均值内发生涨落。这些变化可使某一特殊例子中的分子变得容易或难于氧化或还原。电子转移仅仅当电极的能量和分子状态能量处于等能的条件下,亦即只有在二者间能实现共振时发生。在典型的条件下,分子经充分活化而达到可发生氧化的吸附物种比例是很小的。出现这种低百分数的原因是因建立起这种活化状态所要求的自由能,常几倍的高于其平均热能。

(2) 电子耦合。为实现成功的异相电子转移,电极与作用分子必须满足共振的条件,但这还并不充分。在反应物间等能的条件建立起来后,电子给体或受体的轨道还必须和电极的多种状态有所耦合。而实现电子转移的耦合条件,应是氧化还原中心和电极的耦合达到随二者间距离减小而有指数增加的程度。

(3) 原初的电子转移。如前面章节中讨论过的,按照 Franck-Condon 原理,在发生电子转移的瞬间,氧化还原中心可从其氧化态转变为还原态,并保持其内部的结构和溶剂外层不变。这表明,电子转移是在瞬态的条件下发生,而能量并不能从其周围的介质转移进入或外出。所以,如上面讨论的,反应物和产物的内能应保持不变。然而电子给体或受体与电极间的电子转移则依赖于联结键 L 的性质,它可以通过电子跳跃,或超交换的机制来实现。有两种模型最常应用于异相电子转移的动力学研究:它们是宏观性质的 Butler-Volmer 模型以及 Marcus 的理论。后者已很好地应用于均相的电子转移过程中,并能对某些微观反应的参数如电极材料,溶剂以及分子结构等对异相反应动态学的影响给以预示。

2. Butler-Volmer 模型

电极过程动力学的 Butler-Volmer 公式[13,14]是一个可用以简单说明异相电子转移的公式。但这一模型不能清晰地对反应过程的各个步骤分别加以考虑。例如对如下的反应体系,其中氧化物种为二茂铁[$Fe(Cp)_2$]$^+$(简写为 Ox.)使之和烷基硫醚共处一起,Ox. 就可得到电子而转变成为其还原状态[$Fe(Cp)_2$](简写为 Red.)。如式(3-17):

$$Ox. + e^- \underset{k_b}{\overset{k_f}{\rightleftharpoons}} Red. \tag{3-17}$$

对上列反应,可先从化学反应角度(而不是从电化学)予以考虑。按简化的活化复合物理论公式假设,前进速度常数 k_f 的 Arrhenius 公式中,k_f 和化学活化自由能 $\Delta G^{\neq}$ 间有如式(3-18)的关系:

$$k_f = \frac{k_B T}{h} \exp\left(\frac{-\Delta G^{\neq}}{RT}\right) \tag{3-18}$$

但是在电化学反应中则有所不同,电化学反应最大的优点是可通过仪器来控制反应的驱动力。这与在均相中的氧化还原反应有着明显的区别。在均相的反应中,如要改变反应的驱动力必须改变反应物分子的化学结构。但是在异相的电子转移反应中,反应的活化自由能还可依赖于电驱动力,即还依赖于模式电位(formal potential)相关的外部施加电压 E^0,而 $\Delta G^{\neq}$ 则将用电化学的活化自由能 $\Delta \overline{G}^{\neq}$ 予以代替。

于是前进反应的电化学速度常数,即还原反应,可从式(3-19)得到。

$$k_f = \frac{k_B T}{h} \exp\left(\frac{-\Delta \overline{G}^{\neq}}{RT}\right) \tag{3-19}$$

从图3-16可以看出"化学"和"电"二者分别给予电化学活化自由能的贡献。

图中的点划线表明,电极电位发生了一个位移,使电极内电子的能量变化了 $-nFE$,在此情况下,氧化过程的势垒 $\Delta \overline{G}_b^{\neq}$ 将比 $\Delta G_b^{\neq}$ 在总能量上小一个分数。这一分数可写成 $(1-\alpha)$ 其中 α 为穿越系数。此参数可处于0与1之间,它依赖于交叉区自由能曲线的形状。因此,两种活化自由能就可从公式(3-20)和式(3-21)加以区分。

$$\Delta \overline{G}_f^{\neq} = \Delta G_f^{\neq} + \alpha nFE \tag{3-20}$$

$$\Delta \overline{G}_b^{\neq} = \Delta G_b^{\neq} - (1-\alpha)nFE \tag{3-21}$$

将式(3-21)代入公式 $k_f = k_B T/h \exp[-\Delta G^{\neq}/RT]$,可得式(3-22)和式(3-23),它们分别描述了还原反应和氧化反应的电压依赖关系。

$$k_{\mathrm{f}}=\frac{kT}{h}\exp\left(\frac{\Delta G_{\mathrm{f}}^{\neq}}{RT}\right)\exp\left(\frac{-\alpha n\mathrm{F}E}{RT}\right) \qquad (3-22)$$

$$k_{\mathrm{b}}=\frac{kT}{h}\exp\left(\frac{\Delta G_{\mathrm{b}}^{\neq}}{RT}\right)\exp\left(\frac{(1-\alpha)n\mathrm{F}E}{RT}\right) \qquad (3-23)$$

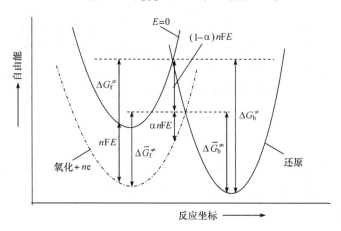

图 3-16 在异相电子转移中抛物线的势能面图

式(3-22)和式(3-23)中的第一指数项和外加电压无关,它们可写成 k_{f}^0 和 k_{b}^0,分别代表在反应平衡时的前进和后退反应速度常数,亦即在单层中氧化态和还原态有着相同浓度时的速度常数。然而当体系在有 $E^{0'}$ 时处于平衡,则速度常数和本体浓度的乘积不论是前进或后退过程都应是相等的,即 k_{f}^0 和 k_{b}^0 必须相等。所以一个标准的异相电子转移速度常数可简单的写作 k^0。将它代入式(3-22)和式(3-23),于是可得 Butler-Volmer 公式:

$$k_{\mathrm{f}}=k^0\exp\left[\frac{-\alpha n\mathrm{F}(E-E^{0'})}{RT}\right] \qquad (3-24)$$

$$k_{\mathrm{b}}=k^0\exp\left[\frac{(1-\alpha)n\mathrm{F}(E-E^{0'})}{RT}\right] \qquad (3-25)$$

对吸附反应物体系的动态学研究,可通过 k^0 加以描述,其单位为 s^{-1}。具有大 k^0 值的氧化还原偶,可以在很短的时间尺度内通过 Nernst 方程而建立起平衡浓度。对于在动力学上易于进行的体系,则要求用高速的电化学技术才能成功地检测其电极过程。这类研究已有了较大进展,一些有着很大 k^0 值(达 $10^6\ \mathrm{s}^{-1}$)的氧化还原体系已经得到可靠的测定。

在电极过程动力学的研究中,经验性的 Butler-Volmer 公式可提供出一个对体系动力学过程易于理解的对体系动力学的描述。通过用 $\ln(k)$ 对过电压 $\eta(\equiv E-E^0)$ 作图,从其斜率和截距可分别求出 α 和 k^0。但是 Butler-Volmer 公式也存在一些缺点,如对于电子转移反应中的速度常数可随电驱动力的增大而按指数增加的预示,仅能在一很小的电压范围内呈现出与理论相符的结果,这说明公式尚有值得改进之处。微电极的应用和理想的氧化还原单分子层,可使异相电子转移能在较宽的电压或驱动力范围内进行研究。但研究中发现 k^0 值在开始时是按指数依赖于 η,然而在数值较大时,就变得与驱动力无关了。另外 Butler-Volmer 公式在考虑有关异相电子转移速度常数和距离的依赖性上,也并不理想。另外,这一模型也不能预示氧化还原中心结构的变化和溶剂对 k^0 的影响等。

3. Marcus 理论用于异相电子转移过程

应当指出 Marcus 的电子转移理论不仅可用于均相体系也可用于异相体系。下面将对 Marcus 理论用于异相电子转移问题作简要的讨论。首先要考虑的是标准的异相电子转移过程的速度常数 k^0,即当电化学的驱动力为 0 时的情况。从过渡态理论[15]注意到,氧化和还原态的自由能曲线存在着交叉点或重叠(图3-16)。在公式中,反应的速度是依赖于在特定的瞬间内具有充分能量而到达过渡态的分子数目和能够跨越该过渡态的分子概率二者的乘积。在过渡态时的分子数目和活化自由能 ΔG^0 的大小相关。因此,在异相条件下的电子转移速度常数,可从式(3-26)得到:

$$k^0 = \nu\sigma\exp(-\Delta G^0/RT) \quad (3-26)$$

可以看出,式(3-26)和在均相条件的公式相当,但和均相体系的差别是上式中存在有 σ 因子,它在异相中是代表等当的反应层的厚度(cm)。在上面对 Marcus 理论的讨论中,曾假设活化能和反应坐标的依赖关系可用简单的抛物线势能关系来描述。因此外环溶剂的重组自由能 ΔG_{OS} 和内环振动的自由能 ΔG_{iS} 二者均可对总的活化自由能 ΔG_{total} 作出贡献,并有式(3-27):

$$\Delta G_{total} = \Delta G_{OS} + \Delta G_{iS} \quad (3-27)$$

此外,它们还和重组能相关,并在 Marcus 的正常区域时 $\Delta G = \lambda/4$。

和经验的 Butler-Volmer 公式不同,将 Marcus 公式用于异相的电子转移时,其速度常数无论是对氧化还原中心的结构,或是溶剂都是很敏感的。

涉及界面超分子组装的异相电子转移过程常假设是绝热的,这样可简化其动力学分析,然而此假设并不能经常得到满足,因此一些相关的分析并不可靠。

3.2.3 光诱导的界面电子转移

上面已提到,对于超分子体系 A-L-B,其活性组分 A 或 B 可以是以分子状态的结合进入超分子体系,也可以是凝聚体,如金属或半导体等作为活性组分之一参与其中,构成了异相的超分子体系。于是就有所谓的界面的超分子组装和相应的异相体系电子转移问题的提出。通过界面组装构成的这类新型的超分子体系是分子与不同材料的组合,以及它们间的相互作用,也可称之为在界面上的超分子体系。这一命题的出现源于实际的需要。一个得到广泛研究的问题是半导体光-电化学电池的研究。以二氧化钛(TiO_2)半导体为电极的光-电化学电池的研究已成为世界范围的热门课题。但由于它较宽的禁带宽度,因此必须在其表面添加增感染料,使之能在较宽波长范围吸收太阳光能,达到充分利用太阳能的目的。可以看出,这里已经出现了如上述的光诱导的表面电子转移问题。因此,在有关界面超分子体系或界面光诱导电子转移等问题的研究中,涉及有关光催化和光生伏打(photovoltic)体系方面的问题较多。在这些过程中,光活性物种在表面的吸附,以及物种和表面(或固体电极)间的相互作用,应是重要的研究内容。在过程中起着敏化剂作用,被吸附的染料分子可在光的激发下直接向半导体电极注入电子或从中获得电子,如图3-17(a),但也可以是二阶段的过程,即通过超分子第一步电子或能量转移再经第二组分而向电极注入电子。

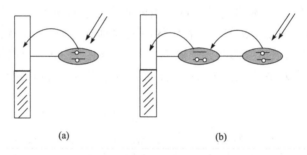

图 3-17 光敏化的异相电子转移机制

(a) 与电极直接结合的光敏化体系,电子可直接从激发的敏化剂分子注入电极。(b) 为两步的敏化体系,先经光敏化电子(或能量)转移使与电极相联的分子激发,再经异相将电子注入电极。

关于上述两阶段过程的例子,如 Meyer[16] 曾用光诱导能量转移,将激发能量从 $[Ru(bpy)_2(dcp)]^{2+}$ 转移到 $[Os(bpy)_2(dcp)]^{2+}$(其中 bpy 为 2,2-联吡啶,dcp 则为 4,4-二羧基-2,2-联吡啶)。两种配合物被共同吸附于 TiO_2 的表面,在发生能量转移后,再通过界面将电子注入到半导体内。

从分子的电子激发态将电子注入半导体电极,和分子与分子间的电子转移有很大的不同,前者的电子转移包含了很小数目分离能级间的相互作用。在染料敏化的电荷注入过程中,电子是从分子状态转移进入到一个宽而连续的受体能级,因此在界面电子转移中许多能量通道都对激发的电子开放着。倘若过程为释能的,则激发电子将沿着分子激发态和电极状态间存在强烈共振的无活化途径发生转移,并得到优化的电子转移速度。用电子转移量子力学处理可得到一个简化的染料敏化界面电子转移的动力学模型。

对存在大量受体能级的染料敏化电极来说,它所有 Franck-Condon 因子项(FC)的总和可简化为其最终态的未加权密度(unweighted density)。于是,电子

注入的速度常数 k_{ci} 可从式(3-28)得到：

$$k_{ci} = (4\pi^2/h)|H_{AB}|^2 D_{Ox}/h\omega \qquad (3-28)$$

式(3-28)中的 $h\omega$ 为染料振动模式的能级间隔，而 D_{Ox} 则反映了固态中(可利用的)受体点密度($0 < D_{Ox} < 1$)。

对于半导体来说，导带中受体点的密度可用式(3-29)给出：

$$D_{Ox}(E) = 4\pi(2m_{de}^*/h^2)^{3/2}(E - E_{cb})^{1/2} \qquad (3-29)$$

式中，E_{cb} 为导带边缘的能量；m_{de}^* 为状态-密度下电子的有效质量。这一方法用于界面电子转移的主要不足是假设电子转移系从简单的染料分子激发态出发的，而对于在半导体界面超快的电荷转移，在一定条件下可能是由染料分子内多重的振动热激发态所发生。在这种情况下，$|H_{AB}|$ 可变得与时间和波长相关，于是使前面的 k_{ci} 公式就不能应用。一个具预示性的染料敏化光诱导界面电子转移的机制是由 Gerischer[17] 提出的。按照他的意见，染料敏化电子转移的速率 ρ_{dye} 可用式(3-30)表述：

$$\rho_{dye} = \int \kappa(E) D_{occ}(E) D_{unoc}(E) dE \qquad (3-30)$$

式中，κ 为转移频率；D_{occ} 和 D_{unoc} 分别为通过积分得到的占据和未占据状态的密度。然而这一模型不能特征地说明染料的电子行为，以及染料和导体或半导体能级间的耦合。这就严重地限制了这迄今惟一的，用以预示染料敏化电子转移过程方法的应用。

1. 在金属表面上的染料敏化光诱导电子转移

对于金属和激发敏化剂分子间的界面电子转移，在 A*-L-B 中 B 为金属表面时，电子从金属的导带转移到激发吸附分子的 HOMO 带，而形成了 A⁻-L-B 和电极上的阴极光电流；也可以是一个氧化过程，即电子可从激发的吸附物分子转移到金属，形成产物 A⁺-L-B 以及电极上的阳极光电流。由于给定物种的激发态既可以是良好的给体又可以是受体，因此就存在着竞争。一般说来，稳态的光电化学电流仅在基态产物和电极间的逆向电子转移过程得以避免时方能观察得到。一个重要的方法是在体系中引入用以牺牲的电子给体或受体，使产物的"再氧化"或"再还原"过程不能发生而得以实现金属在光电化学应用中的重要缺点是它在能量转移过程时有效地猝灭激发态，这将在有关章节中予以进一步讨论。从金属到敏化分子，或反过来从敏化分子到金属的光诱导电子转移均已被观察到。然而它和染料敏化的半导体体系不同，对金属体系的动力学问题研究仅有很少量的工作见诸报道。

2. 在半导体表面上的染料敏化光诱导电子转移

在半导体表面进行超分子组装的研究，主要是为了解决对有较大能隙，须用光

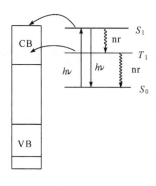

图 3-18 通过电子转移半导体电极的染料敏化机制说明 图中的曲线箭头代表电子转移。

谱中紫外部分激发的 n-型半导体的光敏化而进行的。组装的部分所起的就是光敏化作用。正是它的引入使可见光的照射起到与 UV 相同的作用。由于被组装物种的光激发,可以产生热力学的驱动力,使电子注入到半导体的导带,如图 3-18 所示:

在半导体电极上的染料敏化过程和在金属表面的情况相同。它同样可以从激发的染料分子(A^*)将电子注入到半导体的导带或价带,如式(3-31)和式(3-32):

$$A\text{-}L\text{-}|B + h\nu \longrightarrow A^*\text{-}L\text{-}|B \longrightarrow A^+\text{-}L\text{-}|B(e_{cb}^-) \quad (3\text{-}31)$$

$$A\text{-}L\text{-}|B + h\nu \longrightarrow A^*\text{-}L\text{-}|B \longrightarrow A^-\text{-}L\text{-}|B(e_{vb}^+) \quad (3\text{-}32)$$

也可以通过染料分子激发态,经另一氧化还原活性物种 S(如超增感剂),使与 A^* 发生氧化或还原反应,接着再通过热的界面电子转移,使电子注入。如式(3-33)和式(3-34):

$$A^*\text{-}L\text{-}|B + S \longrightarrow A^-\text{-}L\text{-}|B + S^+ \longrightarrow A\text{-}L\text{-}|B(e_{cb}^-) + S^+ \quad (3\text{-}33)$$

$$A^*\text{-}L\text{-}|B + S \longrightarrow A^+\text{-}L\text{-}|B + S^- \longrightarrow A\text{-}L\text{-}|B(e_{vb}^+) + S^- \quad (3\text{-}34)$$

为了从染料物种激发态向半导体导带注入电子,染料激发态的氧化电位(A^+/A^*)必须比半导体的导带电位更负。相反,如要从染料激发态实现光诱导将空穴注入到半导体的价带,则要求染料敏化剂的激发态还原电位(A^*/A^-)比半导体的价带电位更正。在光诱导引起电子注入后,在半导体固-液相的连接面处,强的界面电场可将电子或空穴拉向半导体的内部,这一过程有利于电荷分离,并减少了电子-空穴的重合机会。该过程最为重要的先决条件包括染料激发态和半导体导带间良好的氧化还原匹配,以及组装于表面的染料分子和半导体间强烈的轨道耦合。

从激发的给体物种到半导体导带发生电子转移的概率 P_{et} 可按式(3-35)进行估计。

$$P_{et} \propto \exp\left[-(E_c - E^0_{D^*/D^-})^2/4\lambda^* K_B T\right] \quad (3\text{-}35)$$

式中,E_c 为导带能级;λ^* 为激发态的重组能,通常处于 0.6~1.5 eV 之间;($E_c - E^0_{D^*/D^-}$)项代表电荷注入的热力学驱动力。将电荷通过光敏化注入到大带宽的半导体时一般都看作是一个超快过程,它将和发光过程相竞争,在许多例子中还和其他的光物理过程如系间窜越等相竞争。研究电荷注入的一个最方便的方法是监视吸附层内自由基物种的产生。这一物种产生的速率可用以指示电荷注入的速率,而它的衰变则可用以指示逆向电子转移的发生。

3. 光诱导的界面能量转移

众所周知,发光分子在接近金属表面时可大大地降低其发光的量子产率和发光寿命。这可归因于激发物种的能量会通过非辐射转移,而移至金属表面[18]。对于这样一个现象,设想是当发光物种处于离金属表面约 200 Å 内时发生的,因此可以期望,这种形式的猝灭,对于在吸附单层内的发光分子应相当普遍。从界面超分子物种的远景看,这似乎会对物种的光诱导功能带来干扰,因为体系提供了另一种新的激发态衰变的竞争通道。在 20 世纪 80 年代初,对于这一现象进行过许多理论性研究,同时还观察到能量向表面的转移是符合 Forster 类型的行为。依据上述模式,能量向表面转移的速度 k_{ien} 可近似地用公式(3-36)表示:

$$k_{ien} = \left(\frac{k_r}{4D^3}\right) \text{Im}\left(\frac{\varepsilon_2 - \varepsilon_1}{\varepsilon_2 + \varepsilon_1}\right) \quad (3-36)$$

式中,k_r 为辐射速率常数;ε_1 为金属和发光体间物质的介电常数,ε_2 为金属的复合介电常数;$D = 2p\sqrt{(\varepsilon_1)}d/\lambda$,其中 d 为与金属间的距离,λ 为发射波长。界面能量转移的量子产率 Φ_{ien} 可用式(3-37)估计:

$$\Phi_{ien} = 4d^3 \left[\text{Im}\left(\frac{\varepsilon_2 - \varepsilon_1}{\varepsilon_2 + \varepsilon_1}\right)\right]^{-1} \quad (3-37)$$

能量转移速率和距离间的立方关系是与能量转移的机制相关。而要衰变至基态的激发分子和金属表面等离子体(plasmon)间的偶极相互作用,则被认为是金属表面上发生界面能量转移的原因。如金属表面的等离子体发射和光子的能量相共振时,发光的猝灭将是十分有效的。进一步的工作已表明,在离金属表面有较大距离时,界面能量转移的效率是很低的。的确,如若以烷基桥相联结,使发色团和表面间存在有 7~10 个碳原子的链时,则能量转移的量子产率将大大降低。

3.3 光诱导的能量转移及有关理论

光诱导能量转移的现象在自然界和在实验室中可广泛地观察到,并在多种科学领域中起到重要的作用。光诱导能量转移指的是激发能从能量给体物种转移到能量受体物种,导致激发受体产生的过程。能量转移存在着两种不同的机制,分别的称为 Forster 机制和 Dexter 机制。Dexter 机制也称电子交换机制。在这一过程中,激发的电子给体 A* 从其 LUMO 上将一个电子转移给电子受体 B 的 LUMO,而与此同时,电子受体 B HOMO 上的一个电子则转移至给体 A 的 HOMO 上,即通过电子交换实现了能量转移。因此这一能量转移过程,实质上是一个双电子转移的过程。因此,要实现 Dexter 能量转移过程,其先决条件和电子转移所要求的条件相同,如要求能量给体与能量受体的波函数相互重叠等。为使这一过程能顺利实现,必须满足过程的热力学可行性,即能量给体的激发能必须超过受体物种的激发能。同时在 A^*(LUMO)和 B(LUMO)间以及 B(HOMO)和 A^*(HOMO)间的电子交换必须均为释能的过程。此外,一般说来,物种的总自旋量子数必须保持不变。但也有某些不同自旋多重性的物种间出现电子交换的情况。

Dexter 能量转移机制在三重态的能量转移中是一种主要的作用机制。对这一机制,其转移的速度可用式(3-38)表示:

$$k_{et} = (2|H_{AB}|^2/h)(\pi^3/\lambda RT) \exp(-\Delta G^{\neq}/RT) \qquad (3-38)$$

式(3-38)清晰地说明,在 Dexter 能量转移机制中,电子的传递是十分重要的。和电子转移一样,其速度是正比于电子耦合矩阵 $|H_{AB}|$ 的平方。

Forster 的能量转移是一种偶极-偶极相互作用的机制。在被激发能量给体物种的衰变失活时,即当 $A^* \to A$ 的过程中,可产生一个电场,或产生跃迁偶极矩(transition dipole),它可刺激 B^* 的生成。而在 $B \to B^*$ 的跃迁中也可产生一个跃迁矩,它可以反过来刺激 A^* 的失活。由 Forster 机制引起能量转移的速度常数可由式(3-39)表示:

$$k_{et} = c\Phi_e K^2/n^4 \tau d^6 \int f_d(\nu)\varepsilon_A(\nu) d\nu/\nu^4 \qquad (3-39)$$

式中,Φ_e 和 τ 分别为激发给体 A^* 的量子产率和激发态寿命;ε 为消光系数;K 为光学跃迁矩的再取向因子(reorientation factor),在混乱的无规取向中,一般取 $2/3$ 的值;d 为给体与受体间的距离。积分值相当于给体发射和受体被激的光谱重叠。Forster 的机制仅出现于自旋多重性保持不变的跃迁中。为了要使该机制的工作有效,较大的跃迁矩是转移对象所必须具备的。

有关能量转移驱动力的热力学估计,不论是 Forster 或 Dexter 机制,都可采用式(3-40):

$$\Delta G_{en} = \Delta E_{0,0}(A) - \Delta E_{0,0}(B) \qquad (3-40)$$

在这一处理方法中包含了大量的假设,如忽略了基态和激发态间的熵差,而它们间的焓差则认为是 $E_{0,0}$ 等。然而,这一方法提供了颇为有用的估计值,并可对给定光诱导反应的性质以一定程度地了解。

Forster 能量转移的效率主要依赖于 $A^* \to A$ 以及 $B \to B^*$ 辐射跃迁的振子强度。而电子交换能量转移的效率则不能直接和某一个实验量相联系。

可以对电子转移和两种不同机制的能量转移过程的能级和电子跃迁状况,进一步图解如图 3-19。

3.3.1 能量转移的距离依赖性

在实验上用以区别 Forster 和 Dexter 机制的主要方法是研究所观察过程的距离依赖性。从前面列出的公式可知,偶极诱导能量转移的速度常数 k_{et} 随距离增大

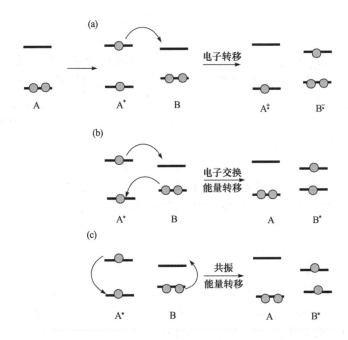

图 3-19 (a)光诱导的电子转移，(b)电子交换能量转移，以及(c)共振的能量转移的图示

而按 d^{-6} 而减小。这是典型的偶极相互作用，并可由此回忆起其他类似机制的距离依赖性，如伦顿色散力（London dispersion force）等。所以，Forster 机制可在长距离时发挥作用。然而，对于 Dexter 机制则相反，其速度常数系按指数关系随距离增大而降低。

Forster 机制中能量转移是经过偶极相互作用而发生的。这一过程并不通过键的相互作用，因而轨道的耦合以及组分间的电子耦合都不重要。偶极/偶极相互作用可以在给体物种和受体物种二者相距 100 Å 的体系内有效的发生。而典型的 Dexter 能量转移则仅在相距 10 Å 时有效。

3.3.2 能量转移和电子转移间的区别

在电子转移和能量转移这些过程间，最大的差别是所得产物在性质上的不同。能量转移可导致生成新的激发物种，如从 A^*-L-B 变为 A-L-B^*。而电子转移则生成电荷分离状态，即离子自由基如 $A^{\ddot{+}}$-L-$B^{\dot{-}}$。在用于区分电子转移和能量转移过程的这类实验中，可以通过产物的鉴定对过程进行区分。但也可用光谱的方法，如用激光光解来阐明光化学过程的性质，并在实验中对电子转移得到的氧化还原产物直接检出。也可用稳态光谱方法使产物与类似物种的吸收（或发射）进行比较而加以确认。然而值得注意的是，在一个超分子体系内，能量转移可导致二级反应的出现,从而使对结果的认识和解释复杂化。

电子转移、Dexter 能量转移以及 Forster 能量转移可以在研究它们距离依赖性的基础上而加以区别。如上所述,Forster 能量转移和电子转移或 Dexter 能量转移相比较,是一个长距离的过程。事实上,Dexter 能量转移在三者中有着最强的距离依赖性。因为 Dexter 能量转移是一个双电子过程,因此存在着所谓隧道衰变的参数 $\beta_{ET} \approx \beta_{el} + \beta$,它近似地可从过程中各单个电子转移步骤的隧道参数总和得到。因此,虽说在跨越电子给体与受体的电子转移过程,依赖于桥键的性质,可以达到几十个 Å 的距离,但对于 Dexter 能量转移则很少观察到有超过 10 Å 的情况。因此可用一种方法来研究光诱导后的机制问题,即通过合成出有不同 L 长度的超分子化合物来研究 A-L-B 体系中激发物种的猝灭速度。这一方法虽说存在有合成工作上的要求和难度,但不失是一种可考虑的方法。

在电子和能量转移过程间,另一种重要的区别是它们的温度依赖性。电子转移以及 Dexter 能量转移二者都是具有温度依赖性的,这可从上列各公式中看出。相反,Forster 能量转移过程并非是一个热激活过程,在一般情况下它并不显示出有温度的特征依赖性。因此,通过对被激发色团猝灭速度温度依赖性的研究,可以区分开 Forster 能量转移,电子转移以及 Dexter 的能量转移等。

3.4 光诱导分子重排

由光的刺激而引起分子内核的运动是一种重要的光物理现象。常被开发用作光开关[19](photo-switching)等。分子因光的激发而引起分子内的电子重排,也有可能在某种程度上,伴随着激发物种核重排的发生。和电子转移及能量转移过程一样,这一过程也可和激发分子的辐射衰变相竞争。因而它的出现可导致发光量子产率的降低和使发光寿命缩短。在超分子物种中最重要的核重排是质子的转移以及光异构化反应。

3.4.1 光诱导质子转移

质子转移是一种重要的转移过程。它可在光诱导氧化还原反应中继电子转移后发生,因此它常和激发态化学相关联。它在生化过程中有着重大的意义,如在酶的水解反应和在由氧化还原支持的呼吸过程中的某些步骤中,以及由质子转移支持的氧化还原梯度的光合作用过程中,都起到重要的作用。近年来通过超快光谱的应用,有力地推动了对激发态质子转移问题的研究。由于在适当环境中,一个激发分子所含不稳定质子的酸度变化和相应基态分子相比较,甚至可有 8 个数量级的变化。这种明显的 pK_a 值差异,为在激发态时的质子转移,提供了一个重要的驱动力。另外,由于存在对氧化还原行为负责的激发态分子中电子密度的重组,所产生的附加驱动力也可对酸度带来影响。这种因光激发而引起的分子内电子密度的重新分布,可导致对作用分子发生自发的质子化或去质子化。例如,同一分子内存在可质子化的部位,它在基态时为一氢键,而在被激发时可能会引起分子内的质子转移。这种现象已在多种化合物内发现,它依赖于激发态的性质和存在的易于发生变化的质子,并可引起化合物溶液酸度或碱度的变化。如以下列化合物[20]为例(图3-20):

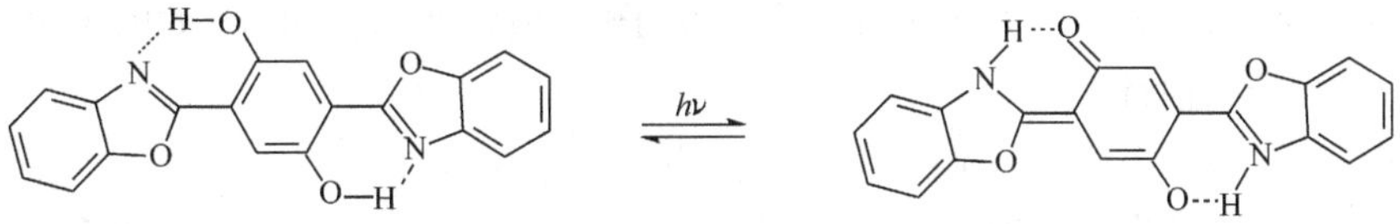

图3-20 2,5-双-(2-苯并噁唑)氢醌分子内的光诱导质子转移

有关 2,5-双-(2-苯并噁唑)氢醌的光诱导质子转移已有过许多研究。质子转移的速度很快,它可在皮秒(picosecond)或亚皮秒的时间尺度内发生。并导致激发态的平衡[式(3-41)]:

$$HA^* \rightleftharpoons H^+ + A^{-*} \qquad (3-41)$$

上述的平衡可以用热力学方法处理,并通过 Forster 循环对平衡常数作出估计。如图3-21:

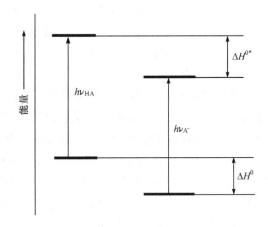

图3-21 用以说明 Forster 循环的势能图

从 Forster 循环图中可以看到基态和激发态的质子化热焓($\Delta H^0, \Delta H^{0*}$)。按照图3-21可有式(3-42):

$$\Delta H^0 + h\nu_{HA} = \Delta H^{0*} + h\nu_{A^-} \qquad (3-42)$$

式中,h 为普朗克常数;ν_{A^-} 和 ν_{HA} 分别为 A^- 和 HA 最低能量吸收带的频率。假设

在基态和激发态质子化时的熵变是相等的,则可有式(3-43):
$$\Delta G - \Delta G^* = nh(\nu_{A^-} - \nu_{HA}) \quad (3-43)$$
于是就有,基态和激发态 pK_a 值的差 ΔpK_a 的计算公式如式(3-44):
$$pK_a - pK_{a^*} = (nh/2.303RT)(\nu_{A^-} - \nu_{HA}) \quad (3-44)$$
$$\Delta pK_a = 0.00209 \times (\nu_{A^-} - \nu_{HA}) \quad (3-45)$$
按式(3-45),可算出在 298 K 时的 ΔpK_a。

在一个 HA 和 A^{-*} 均为发光物种的例子中,激发态物种的质子酸度可以通过式(3-46)予以估计。
$$pK_{a^*} = pH_i + \lg(\tau_{HA}/\tau_{A^-}) \quad (3-46)$$
式中,pH_i 为以发光强度对 pH 值作图时的拐点 pH;τ_{A^-} 和 τ_{HA} 分别是物种处于去质子化和质子化形式时的发光寿命。虽然利用 Forster 循环可从理论上来估算 pK_a 值,然而其有效性仍是十分有限的。这是因存在如下的假定所致:

(1) 首先是假设基态和激发态酸碱反应之间,不存在有熵变。为使该假设有所根据,则激发分子应仅有很小的扭曲,同时酸碱反应必须来自基态和激发态的相同位点。

(2) 在一个较短激发态的寿命范围内,如质子转移的速度很慢,例如扩散控制,则激发态的酸碱平衡不像能够真正的实现。

对于强氢键的光诱导质子转移动力学最一般性的理论处理是将质子转移看作是一个类似于电子转移的绝热过程。然而和电子过程一样,它可以是绝热的,但也可是热的过程。有关在质子转移后的理论处理方法已超出了本书讨论的范围,这里不多加讨论,有兴趣者可参看有关文献。

虽说质子转移和电子转移的理论处理方法有所相似,但其间有一系列不同之处。其中最重要的差别是:虽然质子不能长距离的通过隧道,但是它们仍能通过类似长的距离,这一点相当明显的存在于生物化学反应之中。例如,在细菌光合作用中,细菌视紫红质(bacteriorhodpsin)蛋白质(halobacterium halobium)可进行循环的光诱导顺-反异构化反应,过程中的一个质子能很活跃的穿过细胞膜和蛋白质而发生移位。从熟知的 Grotthus 机制可以认为这是长距离质子转移的一种重要模式。在体系中质子是沿着 H-键网络而发生转移的,在这一机制中,质子连续的沿着 H-键网络通过跳跃方式而实现转移,同时氢键的初始取向也可经过带有氢键基团的旋转而得以恢复,然而在分子水平上对光诱导质子转移的理解仍不够充分。目前的情况是,对质子转移研究的实验工作进步,已超过了电子转移的。它可通过振动光谱、X 射线衍射,以及利用同位素交换等方法来对质子转移进行研究。

有关用 Grotthus 机制来解释长距离的质子转移可以用图 3-22 说明。图中可以看到氢键和共价键间的交换,以及在转移开始时从体系得到质子和最后从链的末端释出质子的过程。

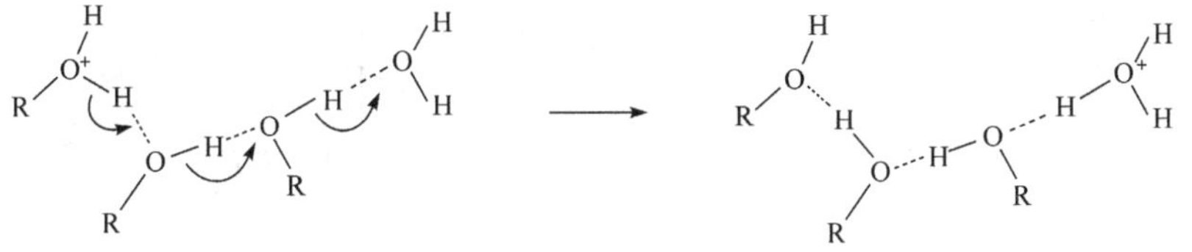

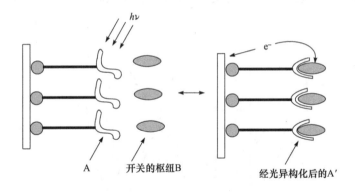

图 3-22　在水分子中长距离质子转移的 Grotthus 机制

3.4.2　光异构化反应

和质子转移一样光异构化反应是一个重要的基本光化学过程。光异构化反应中两种重要的形式是价键异构化和立体异构化。后者可能是在超分子体系中最常见的光诱导的异构化反应,它常发生于超分子中带有双键的光活性组分,可在受光激发时发生,并常被应用于光开关[21]等方面。可以用图 3-23 予以说明:

图 3-23　通过光异构化而实现界面超分子体系的光开关功能

图中可见,在界面光开关器件中,光活性分子 A 在未经光照前,其分子构型不能捕获枢纽物种 B,因而电路不通,然而在光照激发使活性分子 A 发生异构化反应后,因构型的变化而能捕获枢纽物种,引起电子通路打通,实现了开关功能。有关的例子很多,在许多界面超分子组装体系中都可观察到光的顺-反异构化反应,这里不一一介绍。但应当指出,这是超分子光化学器件中一类很好的实例。

立体的光异构化反应在生物体系中起到重要的作用。例如视觉过程的原初光化学反应就是视黄醛(retinal)的顺-反异构化反应。如图 3-24 所示。

值得注意的是一种用于解释视黄醛蛋白质光化学机制的方法是通过界面研究[22]而得到的。为了说明机制,可将一种十分简单的光异构化过程说明如下:某些最常见的光诱导顺-反异构化反应是烯烃的异构化。烯烃在室温下显示出的有

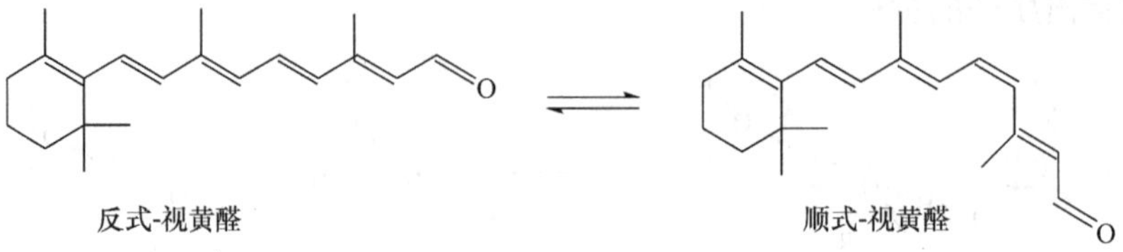

反式-视黄醛 ⇌ 顺式-视黄醛

图 3-24 视黄醛的顺-反异构化反应

高度的构象稳定性。在基态的势能图上可以看出要使双键发生旋转,就要求通过较高的势垒,活化能达到 60 kcal/mol,因此它是相当稳定的。当一个电子从烯烃的 π 轨道通过光激发而进入 π* 轨道,就会使烯烃键的级数降低,激发轨道的反键特征,使分子建立起一个临时性的单键。于是使活化势垒大大降低,使沿着键的旋转变得易于进行。如图 3-25 所示,如当芪(stilbene)被激发后,通常它将很快的离开它原有的平面几何构型并沿其双键发生很大的构象变化。在键的级数减小时,分子可通过旋转使原有与双键联接相邻的功能团从原有的立体排斥中解放出来。

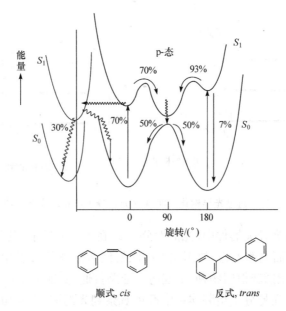

图 3-25 芪(stilbene)的光异构化反应(从反式转变为顺式)

和质子转移一样,对于光异构化反应的研究,对发展超快光谱来说是十分有益的。典型的顺式-反式异构化反应发生时间尺度约为几个皮秒,即相当于分子旋转的时间尺度。从上面列出的对芪(stilbene)的光诱导异构化反应的势能图中可见:当分子经 π-π* 激发后,芪分子大约保持 70 ps,最终沿着其中央的键,旋转到激发态势能面的能量最低点,可粗糙地看作是顺式和反式的中间,即约90°处,也就是所谓的P-态处。这是一个很短寿命的态,大约是300 fs,然后通过内转换回到基态。内转换可看作是一个等能的过程,是从势能面的这一位点上,向基态发生松弛。此外,分子在此可以发生旋转,或是旋转回到顺式,或是回到反式的构象。事实上,芪在经过光激发后典型的结果是,可得到50%的顺式和反式。在基态时中央的双键是不能旋转达到90°的,这是由于因存在着苯基间的立体排斥有关。顺反异构化反应除了在生命科学中对视觉化学的说明和认识具有重要意义外,它还给我们提供了可用作为光控开关器件的可能性。光开关经常是一个快速的过程,它可通过光活性分子结构的变化。导致器件原有电子或离子通路的变化,而达到改变离子输送的目的。

3.5 结　语

(1) 有关以共价联结的电子给体/受体体系中的电子转移,光诱导电子转移等的研究始于20世纪60年代和70年代初。从那时开始,研究的数量以指数式的大幅增长,迄今数以百计的D-L-A体系已合成得到并进行了详细的研究。这是由于这类研究的重要性和它们涉及许多不同方面的领域诸如:电子转移的动力学和理论研究、生物体系的电子转移问题以及许多光化学的分子器件设计与研究等。利用D-L-A体系研究电子转移的动力学和理论,要比研究类似的双分子反应带来许多方便。在双分子反应中反应物的扩散是动力学中的一个关键步骤,它可使双分子反应的速度常数平均化,使处于"相遇络合物"(encounter complex)中的单分子电子转移过程隐没,从而使许多机制性的信息完全丢失。此外,在双分子反应中,在实际电子转移过程中的几何状态,如分子间的距离和相互取向等的有关参数往往难于定义,以至即使"相遇络合物"中的单分子速度常数是已知的话,仍难于对反应的空间平均参数进行分析。而上述的这些困难在以共价联结的体系中基本可以避免。因为在以共价联结的D-L-A中,电子给体和受体的距离和取向,由于联结体的存在而基本上是固定的。因此可以说,这类共价联结的体系是特别适合用于对某些特殊因子所造成的效应,如研究热力学的驱动力、分子间的距离和取向、联结体和介质的性质以及温度等对电子转移动力学的影响。事实上已经证明在上述体系中,研究单分子的电子转移从机制学的观点看是十分成功的。正因如此,Marcus电子转移理论所提出的、有关电子转移驱动力的增大,可以出现转移速度降低的预示,即所谓存在着电子转移的反转区,也正是利用了超分子的概念,方使这一长期未能得到实验证实的理论预示得到很完满的结果。

(2) 超分子光化学还应当是光功能材料的重要基础,也是光化学分子器件的基础。由于不同的分子组分有着其固有的性能特征,如具较宽光波吸收范围的可用作为"天线";而有较高能级的组分者可用作为"敏化剂";相反有较低能级者则可用作为"陷阱",或有较高导电能力的可用作为"导体"等。它们和交响乐队中所有不同的乐器一样,都有其自身的功能,而只有将这些不同功能的"乐器"很好的组织起来,方能演奏出美妙动听的乐曲。类似的,超分子光化学的重要任务之一,就是如何将不同的、具单一功能的分子组分(或部件)进行设计和组织,从而构筑起具有高级和复杂功能的重要分子器件。

在有关设计和组织这类重要分子器件的工作中,最为重要的工作之一是光合作用的模拟体系。这是一种通过光诱导的电荷分离,从而使光能转化为化学能的功能体系。近年来在这一问题的研究上,由于许多实验室的努力已取得很大的进展,例如人工合成三或四组分的超分子光合作用模拟体系,即所谓的 triad 和 tetrad 体系来进行光诱导的电荷分离。可以明确指出,光化学分子器件的研究和发展是十分重要的,它将在今后的许多科技领域中发挥巨大的作用。

(3) 由于光敏化半导体光电化学电池,近年来的迅猛发展(这当然和能源问题研究密切相关),而其中涉及的科学问题主要是在界面上(半导体表面和有机染料分子间)的光诱导电子转移。因此一类特殊的界面超分子组装体系的研究引起人们广泛注意。事实上这也可看作是一类扩大了的 A-L-B 体系,只是其中的活性组分 A 或 B 之一,以半导体表面予以代替。类似的,还有如近年来,同样得到迅猛发展的有机或高分子电致发光显示材料的研究,其中也涉及在界面(电极和有机薄层)上的电荷(电子和空穴)注入等相关问题。因此在本章中我们也适当的对在界面上的电子转移,能量转移等作必要的讨论。

(4) 值得指出的是,这类 A-L-B 型的超分子化合物还可在作为模型化合物上发挥重要的作用。我们知道,为了要深入了解和研究某些基于电子转移的重要生物功能和过程,例如光合作用的反应中心,首先要研究的是必须先将这一复杂的反应序列,分解为单个步骤。然后是合理的将有关的各种动力学过程,包括前进的和逆向的电子转移过程,从复杂的对速度常数有影响的各种因子中解调出来,分别地加以研究。可以看出对于自然界这类特别复杂体系的研究是十分困难的。因此利用超分子光化学中所讨论的共价联结电子给体/受体体系 D-LA 作为简单的模型,来对复杂光合作用中心存在的不同"给体-受体"体系进行研究可能是一条方便的途径。原则上,化学家可以设计和合成出、性质上能较好模拟天然"给体/受体"体系性质相类似的化合物,包括组分的化学性质;电子转移的能量;彼此间的距离;取向以及电子相互作用的程度等。可以相信,通过对这类复杂生物或生命过程进行模拟的超分子化合物体系的深入研究,将有可能最终搞清这类复杂体系的详细过程和机制。

建议参考的文献

[1] Marcus R A. Angew. Chem. Int. Ed. Engl. , 1993, 32: 1111
[2] Marcus R A. Annu. Rev. Phys. Chem. , 1964, 15: 155
[3] Hush N S. Electrochim. Acta. , 1968, 13: 1005
[4] Marcus R A, Sutin N. Biochim. Biophys. Acta. , 1985, 811: 265
[5] Closs G L, Miller J R. Science, 1988, 240: 440
[6] Closs G L, Calcaterra L T, Green H J, Penfield K W, Miller J R. J. Phys. Chem. , 1986, 90: 3673
[7] Balzani V, Scandola F. Supramolecular photochemistry. New York: Ellis Horwood, 1991
[8] Rehm D, Weller A. Isr. J. Chem. ,1970, 8: 259
[9] Hush N S. Trans. Farad. Soc. , 1961, 57: 557
[10] Paddon-Row M N. Electron and Energy transfer, in "Stimulating Concepts in Chemistry" Vogtle F. , Stoddart J. F. , Shibasaki M. (Eds), Weinheim: Wiley-VCH, 2000,267
[11] de Rege P J F, Williams S A, Therien M J. Science, 1995, 269: 1409
[12] Skotheim T. A. , Elsenbaumer R. L. , Reynolds J. R. (eds) Handbook of Conducting Polymers. New York: Marcel Dekker, 1998
[13] Butler J A V. Trans. Farad. Soc. , 1924, 19:729
[14] Erdey-Gruz T, Volmer M. Z. Physik. Chem. A. , 1930, 150: 203
[15] Chandler D. J. Stat. Phys. , 1986, 42: 49
[16] Farzad F, Thompson D W, Kelly C A, Meyer G J. J. Am. Chem. Soc. , 1999, 121: 5577
[17] Gerischer H. Pure Appl. Chem. , 1980, 52:2649
[18] Chance R R, Prock A, Sibley R. J. Chem. Phys. , 1975, 62: 2245
[19] Balzani V, Credi A, Raymo F M, Stoddart J F. Angew, Chem. Int. Ed. Engl. , 2000, 39: 3349
[20] Grabowska A, Mordzinski A, Kownacki K, Gilabert E, Rulliere C. Chem. Phys. Lett. , 1991, 177: 1
[21] Shipway A N, Willner I. Acc. Chem. Res. , 2001, 34: 6
[22] Hong F T. Prog. Surf. Sci. , 1999, 62: 1

第4章 超分子激发态性质的调节和控制

4.0 引　言

　　无论是在基础理论研究中还是在实际应用中,对于化合物分子激发态性质的调节和控制总是受到人们密切的关注,并引起广泛的兴趣。对于超分子化合物,这一问题格外突出。这是和超分子体系在组织上的特殊性,以及它强烈的应用特征相关的。作为一种功能性的化合物,必然要求它在性能上能充分满足实际应用中可能出现的多方面和多层次的问题,因此如何通过对化合物结构和组成的修饰及合理安排,以达到对性质的控制和调节是化学家们多年来一直关注的问题。对于超分子化合物,特别是超分子光化学中激发态性能的调节和控制近年来受到格外的关注。这显然是和近年来无论在基础研究或实际应用研究中超分子化学及其光化学研究所提出的种种迫切问题相关,当然也和人们对于这一问题认识的不断深化有着密切关系。

　　事实上,有关对分子激发态行为的控制和调节,很早以前,人们已在在研究合成具有光致发光能力的化合物时就开始了。在认识到发光是由于激发态的辐射衰变所引起,以及认识到激发态的衰变过程中存在着多种不同的途径和相互竞争,因此对于研究发光化合物的科学工作者来说,就要考虑如何促进和强化激发态的辐射衰变过程,和抑制其他非辐射的途径来提高辐射的量子产率。实际上,人们已在合成和获得一个具有高荧光量子产率的发光分子问题上注意控制和调节分子激发态的行为了。有关这一方面的问题,人们常称之为"分子设计或分子工程"(molecular design and molecular engineering),表明人类已具备了如同设计和完成一个大厦工程建设那样,来设计和构筑一个分子化合物,以满足实际工作的需要。上面的讨论还表明,要很好的实现对分子激发态的控制和调节,必须要对激发态的化学和物理行为,以及这些行为和分子结构间的关系,包括其中的细节,有相当程度地了解,才能恰当地提出确切和中肯的建议,来实现优化的调节和控制,从而达到我们所期望的目标。

　　对化合物分子激发态的控制和调节中还存在着程度上的不同要求。这如同在调节中存在着粗细之分,即通过调节完成的是简单的方向性控制,还是要求实现精细调节而达到程度上的控制。显然,科学的进步将会使人们对问题的认识不断深化和完善,应该说对激发态行为的精密控制是我们努力的方向,而要能达到这一水平,许多基础性的研究必须认真的加以开展和注意,如:激发态动态学的研究,包括激发态的基本参数如各种寿命和过程动力学常数的测定；激发态化学和激发态间的跃迁过程(态-态化学)研究以及其他相关性质，特别是环境(包括外来物种)对激发态衰变行为的影响等。只有充分了解、认识和掌握激发态性能的全部细节，我们才能很好的对其行为实现定量的调节。

前面曾提到，因超分子化合物所具固有特征——组合性和功能性，因此就存在所谓最优化的组合和最有效的功能表达问题。对于以光为驱动力的超分子光功能器件要实现其结构和功能上最优化的组合和表达，除了要对该器件所含各种组分的光化学和光物理行为有充分的了解外。还必须对所研究功能器件的工作特征，它在整个大体系范围内所处的位置，特别是器件在光的驱动下，或体系处于激发态条件下的工作步骤和历程等有深入的了解，才能使体系实现组合合理、工作程序优化和控制调节准确的光驱动的功能性超分子器件。这里可清楚地看到对激发态实现有效调节所存在的困难。

有关对超分子激发态的调节和控制问题，如上述因功能性分子器件的迅速发展，已格外受到人们的关注。超分子是由多种不同活性组分通过弱的相互作用力，或通过非共轭的共价结构联结起来的化合物体系。在超分子内的活性组分，由于彼此间的隔离，而仅有微弱的互扰，即各活性组分是各自独立或电子定域的，但也有一定的联系。在光的照射下根据组分的吸收光谱和光源的特征发射，可使分子体系中的组分 A 激发，或使其中的 B 激发。然后通过激发物种自身的衰变过程或通过与分子内存在的另外组分间的相互作用，使后继过程得以展开。如超分子化合物具有如下结构：A-L-B，其中的 A,B 即为活性基团，而 L 为联结体(或基团)，则对 A-L-B 分子进行化学修饰以达到对其激发态进行控制和调节的目的，就可通过对 A、B 和 L 等三处的修饰来完成。A,B 为活性基团，通过修饰可以改变其活性程度。比如，A-L-B 是一种可实现分子内光诱导电子转移的分子体系，其中 A 为电子给体，而 B 为电子受体，则通过修饰可使 A 组分更易于给出电子，使氧化电位降低，或使 B 组分更易于获得电子而使其还原电位增高。当然也可反过来，使前者不易于给出电子，或后者不易得到电子。显然通过对活性组分 A 或 B 的种种不同的修饰，都有可能改变组分原有的电子转移特征，而达到调节和控制器件工作行为的目的。至于联结体 L 同样可进行适当的化学修饰，包括改变联结体的长度和其化学结构，因为长度和结构的不同，都将影响电子转移过程的难易。

可以具体的从改变联结体的长度出发，对某些超分子体系激发态的调节问题进行讨论。已经清楚地表明，超分子化合物用作模型化合物，在帮助人们验证 Marcus 电子转移理论反转区的确实存在，有着特殊的贡献。为了证实这一重要理论，Closs and Miller[1,2]等曾合成了一系列具有不同长度联结体 L 的 A-L-B 体系，以及另一组具有相同的 L 长度，并固定 A 而改变 B 组分的化合物。前一组化合物中，化合物内 A,B 均保持不变(分别以联苯和萘为电子给体和受体)，而 L 则为有着不同长度和刚性的环烷基化合物(包括环己烷、十氢萘以及雄甾烷等),它们可在不同位置联结 A 和 B,得到具有确定长度和确定联结方式的 A-L-B 化合物,用以研究不同的 L 对化合物分子内电子转移的影响。而第二组化合物分子中的 L 和 A(联苯)不变,而以不同的醌类化合物和芳香烃作为另一端基 B(图 4-1),来研究它们间的电子转移过程。清晰地观察到在改变 A,B 间电子转移的驱动力大小时,当驱动力超过一定程度后,电子转移速度就会出现降低的所谓"钟罩状"结果,有力地证实了 Marcus 理论的正确性。这一例子可以说是对超分子中联结部分 L 保持不变,而对其中的活性组分进行修饰或结构变动,对超分子化合物性能所带来的影响。

图 4-1 以联苯为电子给体,环烷基化合物为联结体的 A-L-B 超分子化合物

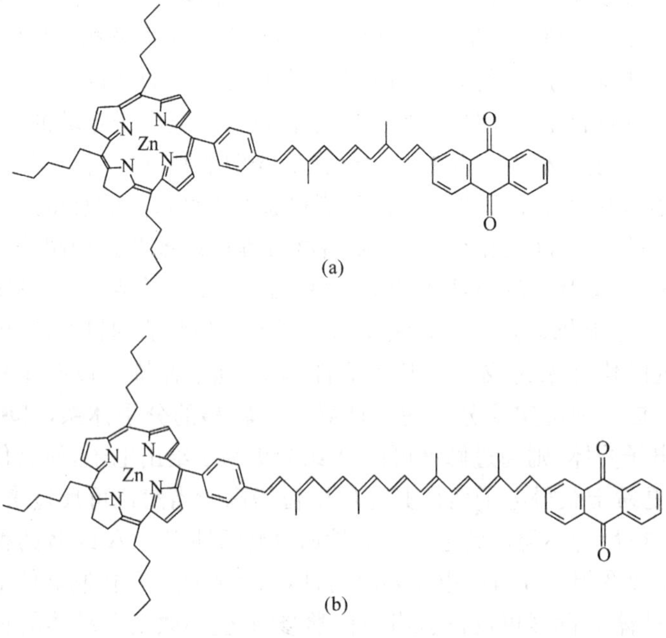

图 4-2 对两种三组分超分子化合物在受光激发后的一系列过程的图示
(a) 带 5 个双键的三组分体系;(b) 带 9 个双键体系。

还可举出由 Wasielewski[3] 等提出的另一类化合物——即活性基团保持不变,而改变联结体 L 的长度,希望能引起超分子化合物性能有规律性的影响。他们合成了两种以锌卟啉-蒽醌分别为电子给体与受体的超分子化合物(图 4-2)。其间则是以共轭的、不同长度的全反式多烯烃链为联结体,化合物 a 的链是由 5 个双键所组成,而 b 则为 9 个。化合物 a 两端给体与受体间的中心距离为 25 Å,b 则为 35 Å。设计合成这类具有高度共轭联接体的目的是,希望能在强烈给体/受体电子耦合的条件下,使光诱导的电子转移过程能在长距离的条件下顺利实现。但通过荧光猝灭和皮秒级瞬态吸收等方法进行研究发现:两种化合物虽然只是在中间联结体的长度上有所不同,但在它们光化学的行为上存在很大的差别。对于有 5 个双键的化合物 a,存在着复杂的光物理过程,如其间存在某些过程的竞争等;但化合物 b(具有 9 个双键者)所表现的情况却有着很大的不同,其中作为联结体的多烯烃链,表现出不是一个简单的联结体,而是起到了一个新的活性组分的作用,从而使 b 表现为类似于三组分的超分子化合物。

从上面的例子可以看出,通过超分子化合物结构的修饰来达到对其性能的调节和控制,是一种可行的方法,但并不简单。因为即使改变的只是化合物中联结体 L 的长度,而保持其他部分不变,但得到的结果却与原来的设想大相径庭。另外还可看到,在这类工作中,利用超快速时间分辨光谱的方法对化合物进行表征的重要意义,因为只有通过细致和严格的动态学研究,才能对不同修饰产物的性质和行为做出比较正确的结论。

上面所举的一些例子都是和基础研究相关的,说明这类具 A-L-B 结构类型的超分子化合物作为一个研究平台在基础研究中可以起到十分重要的作用。除了基础研究工作外,已经提到,超分子也可在实际应用中作为功能材料发挥作用。超分子体系在光功能材料和器件研究中,一个突出的例子是光敏化半导体光电转换电池的研究。这是一类属于界面超分子组装的光功能器件。有关界面组装的超分子化合物同样存在活性组分和联结体组分等两个部分。在对它们的调节和修饰中也存在对活性部分的修饰,或是对联结部分进行修饰等两种不同的做法。可以举出一个与生物分子相关的超分子体系的例子[4]。

在生物大分子中关于电子转移的介质(mediation)问题曾有一种看法:在长距离的转移过程中,π 叠合有着很重要的促进作用。此外,当电子通过 DNA 时,其间碱基对的性质也对转移的速度,效率等起到重要作用。如鸟嘌呤(Guanine)可表现出对转移有促进作用(这可能与它可作为空穴受体有关),而胸腺嘧啶(Thymidine)则作用不大。于是,可通过组织特殊的碱基序列作为活性组分间的联结体系,就可能实现对过程电子转移速度和方向进行适当的调节和控制。图 4-3 列出的是由 Reese 和 Fox[4]所提出的可联结到金表面以芘为末端的低聚核苷酸(olignucleotides)界面组装的电子转移体系材料。工作是先将上列多核苷酸固定化到金的表面,然后用掠角反射 FT-IR 光谱确定它们的存在。然后在 $K_2[Fe(CN)_6]$ 溶液中测定上列表面修饰电极的循环伏安谱,来确定核苷酸的固定情况。当电极表面固定了核苷酸后,就可发现循环伏安的电流响应大为减弱,这和引入的核苷酸起到对铁氰根离子的静电屏蔽有关。而有着不同联结链的核苷酸体系可明显地表现出它们对于表面的光诱导电子转移起到不同的调节和控制作用。

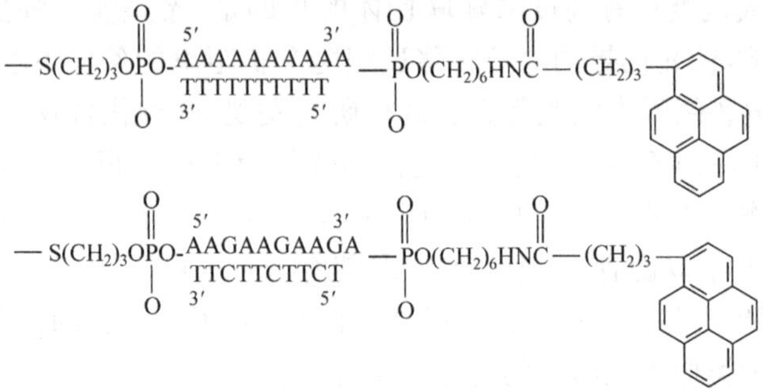

图4-3 可联结到金属表面的芘为末端的低聚核苷酸

下面还可介绍一种有关表面发光的例子,其中也涉及体系结构的调节对其发光的影响。已知发光物种在金属或半导体表面固定化(immobilization)后,常会因表面诱导而引起发光的猝灭。但此猝灭过程可以通过增大发色团与表面间的距离而减弱,因此,如发色团连有一较长的联结链时,情况会有所改善。然而也有这样的情况,当将发光物种固定化于金属表面时,常可显示出较强的另一种发光——即出现了表面等离子增强发光(surface plasmon enhanced luminescence)。以 Ishida,Majima[5]近期的工作为例,他们合成了一种有不同联结长度的卟啉二硫化物,通过与自组装薄膜的交换反应,用表面等离子增强荧光光谱进行观察,得到了一些很有趣的结果。

图4-4列出的两种化合物有着不同的链长,其中一个为 $n=3$,另一个则为 $n=10$。在一涂金的直角棱镜的金膜面上,通过自组装沉积一层十碳烷基硫醇(Decane thiol)的单层膜。然后将此棱镜浸没于上述两种化合物的溶液中使与表面的硫醇自组装单层膜(SAM)进行交换反应,然后用表面等离子激发测定棱镜于溶液中放置不同时间后的表面荧光强度与荧光偏振,发现对于短链的 PDS 3 只观察到很弱的荧光,表明 PDS 3 并未与表面的硫醇发生良好的交换反应,其原因可能是它所连的链太短,因而阻碍了其 S—S 键与表面的连接。相反对于长链的 PDS 10,则情况有很

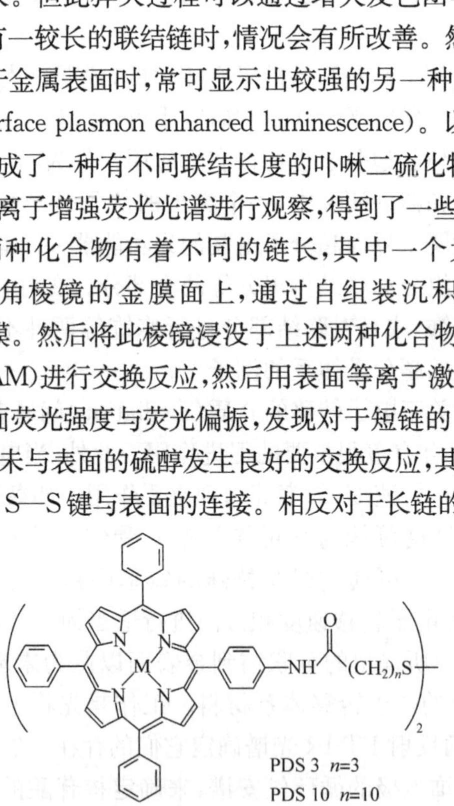

图4-4 具有不同联结长度的卟啉二硫化物

大的不同。实验可清楚地看到表面等离子荧光随着棱镜浸没时间的增长而不断增强，同时还发现荧光的偏振强度也随之增大，表明随交换的进行，卟啉的自由度也因此而不断减小。另一有趣的实验是作者用了一种类似于 PDS 10 的锌卟啉材料，和以十碳烷基硫醇的 SAM 进行交换，也可以看到锌卟啉的发光，然而当将此经锌卟啉交换过的表面再浸入到 PDS 10 溶液中进行第二次交换，则发现锌卟啉荧光被充分猝灭，其原因是因其间发生了由锌卟啉到 PDS 10 的能量转移所致。

类似的工作还有如联有不同链长的硫醇基的酞菁化合物，结构如图 4-5。

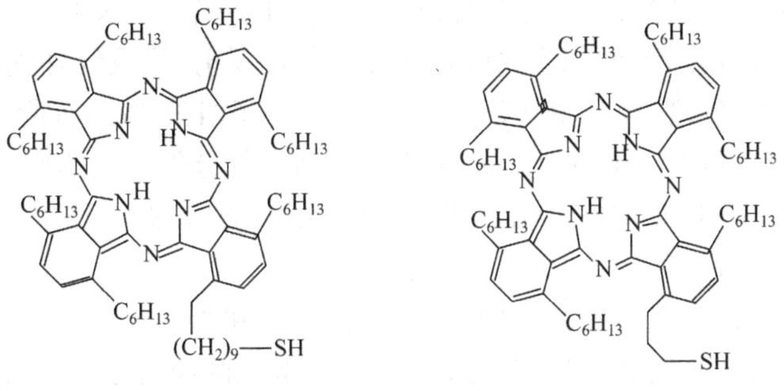

图 4-5　联有不同链长的硫醇基酞菁化合物

Russel 等[6]采用了如图 4-6 的装置。

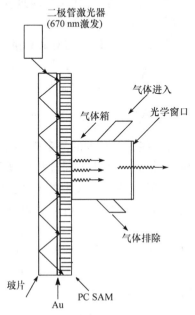

图 4-6　用以研究倏逝波(evanecent wave)激发和发光的装置
PC SAM 为酞菁自组装单层，中间为气流箱，可用以检测气体。

他们在涂有铬或金薄层的玻片上,使图 4-5 中的酞菁化合物 PC 1 及 PC 2 在金表面自组装为单层(SAM)。然后利用了光学波导来激发处于单层中的化合物,并通过检测其荧光发射进行研究。图 4-6 中可见,玻片作为一个波导,允许薄膜在其纵向受光。两个样品的 SAM 都可观察到荧光峰值波长约在 800 nm 处的发光(激发波长为 670 nm),这比它们在溶液中时发光有所红移。但 PC 1 可发出比 PC2 更强的荧光,这可能是由于长的巯基联结体(约为 11~12 Å)有利于减小表面的荧光猝灭。另外,PC1 单层的荧光强度还可用于定量检测气体中的 NO_2,甚至只有 10 ppm 的变化时,就可观察到荧光强度的变化,并且不受 CO 及 CO_2 的干扰。缺点是薄膜的稳定性较差,另外响应时间也较慢。曾用反射-吸收红外光谱(RA-IR)来对单层进行分析,发现 PC 1 和 PC 2 单层在金属表面上的取向有所不同。

上面这些例子都说明,对化合物结构中非活性部分作适当的变动,将有可能对其活性部分的工作状况带来影响,有时甚至是较大的影响。而这种变动实际上起到的就是一种调节的作用。

上面讨论的是有关界面组装的 A-L-B 体系,其中的一个活性组分 A 或 B 是以金属或半导体固体表面加以代替。这类体系和常规的超分子化合物一样,在活性组分间存在着用以起到联结作用的—L—基团。可以看到,它和前面的一样,对于—L—的修饰将对整个体系的电子转移过程起到调节和控制的作用。

超分子化合物的光化学和光物理行为是和分子在激发后衰变中涉及的种种过程相联系。包括辐射和非辐射衰变过程、光化学反应过程,以及与引入物种间的相互作用导致激发态的行为的变化,如寿命的变化等。

式(4-1)和式(4-2)列出的是这些过程的寿命和量子产率。

$$\tau(A^*) = \frac{1}{k_r + k_{nr} + k_p} \tag{4-1}$$

$$\eta(A^*) = \frac{k_i}{k_r + k_{nr} + k_p} \tag{4-2}$$

从列出的公式可以看出,在对这些特征数据的测定中,不同过程的量子产率大小是和不同过程间的相互竞争密切相关。因此不同过程速度常数的大小,将决定何种过程将在整个衰变中所占的份额和效率。式中的 k_p 代表激发态发生化学反应的速度常数,这里并未指出发生的是何种反应,可以是单分子反应,也可是双分子反应,而后者,在实际上,就是上述所谓外来物种对激发态衰变过程的影响。由于列出的这些速度常数受控于分子的对称性和自旋性质,同时也和分子内组分间的相对位置以及势能面的形状等有关。因此,搞清这些因子对分子激发态行为的影响,将对控制和调节激发态的行为起到巨大的作用。

可以一般性地对上述途径作如下的讨论[7]。图 4-7 中列出了反应物的基态(A)与激发态(A*)的势能图。其中 A^{*1} 和 A^{*3} 分别代表反应物的激发单重态和三重态。图中可以看出,激发三重态的构型比经 Franck-Condon 跃迁而形成的单重激发态略有改变。同时还可看到,激发单重态因自旋允许,可通过辐射衰变而回到基态释出荧光。相反,三重激发态则因自旋禁阻,因此有较长的寿命,并易于发生构形的变化,通过临界区而到达非光谱构形区,生成产物 P。一般说来,辐射衰变大体发生在与分子吸收能量时的构型变化不大之处,即发生于所谓的光谱构型区。而非辐射衰变,特别是发生了化学反应,则总在核构型有较大的变化处出现(例如发生键的断裂等),即所谓的非光谱构型区。

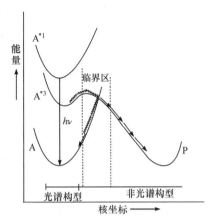

图 4-7 分子的基态、单重与三重激发态以及反应产物等的势能面

当分子和其他分子组分共同组装于一个超分子体系内时,该体系在能级上可出现如下的变化:

(1) 分子原有的光谱特征将受到扰动;
(2) 光谱中可以出现新的能级跃迁;
(3) 导致非光谱区势能面形状的变化。

实际上,通过上列的这些变化,就可达到对激发态的调节或控制。因此,引入新的物种构成超分子体系,应看作是进行分子激发态调节的一种重要手段,它构成了对激发态实现控制与调节的基础。

此外,值得指出的是在界面自组装超分子体系中,对其激发态行为的控制和调节中除了上面提到的可通过对组装体系化学结构的调节来达到控制的目的外,还可能通过引入外加偏压,来提高反应过程的驱动力进行调节,应当认为这是界面组装体系的一大优点。

4.1 光谱水平上的扰动

在体系中引入扰动分子(T),使其与原有化合物分子实现组装,可以构成一个新的超分子体系。如果 T 的引入并不能引起新的能级产生,而只是在某种程度上对原有分子能级有所影响,在这种情况下,体系的吸收光谱并不产生新的吸收,而仅发现原有的谱带略有位移。然而,值得注意的是体系的光化学和光物理行为却可发生了很大的改变,如激发态的寿命、激发态衰变过程的效率等都将发生变化。某些情况下,引入物可导致体系内某些分子的自旋受到扰动,于是也会对激发态的衰变产生明显的影响。如在体系中有重原子引入时,就可对三重态的衰变发生重大影响。近年来得到发展的三重态 OLED 的磷光发射问题就是和重原子的扰动有关。有关引入扰动分子的一般情况可用图 4-8 说明。

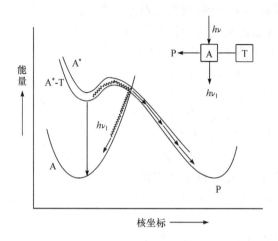

图 4-8　在体系中引入 T 后,对化合物 A 激发态的扰动
包括荧光猝灭、新产物 P 的生成等。

图 4-8 中可以看出:化合物 A 的激发态(A^*)因扰动分子 T 的引入,而形成了新的 A^*-T 势能面。显然它和原有激发态的势能面间存在差异。由于 A^*-T 势能面只有较低的势垒,因此可使电子易于穿越,从而使化合物激发态沿荧光发射途径回到基态的比例减小,导致荧光量子产率降低,即发生了荧光猝灭。同时还因激发态 A^* 转变为反应产物 P 的能垒,也随之降低,这就会引起产物生成的量子产率提高等结果。

如将一组(或周期表中的一族)适当的化合物(或元素)作为扰动分子,分别引入超分子体系,由于它们在性质上的相似和存在着的某种性质的逐步变化,因此它们的引入就可起到有层次的调节超分子化合物性质的作用。如引入的调节分子能对激发态的能量有所影响,则在发射光谱上就将出现峰值波长的逐步位移。此外,如 T 的引入能对 A 的基态及其激发态 A^* 原有的氧化还原电位带来影响,这就可对它们在参与电子转移过程时的热力学能力上带来影响。在前言中提到,当超分子化合物中的 A 和 L 固定不变,而改变不同受体组分 B 的接受电子能力时,就可得到一系列具有不同程度电子转移驱动力的分子内电子转移化合物,从而可在不同驱动力的条件下对 Marcus 电子转移理论的预示进行验证。这就是对所谓对激发态进行控制和调节的一个实例。

激发态 A^* 能量的改变将对其衰变过程产生很大的影响,因为 A^* 能量的改变可引起基态和激发态间的能隙(energy gap)大小发生变化。根据能隙定律,小的能隙将有利于非辐射衰变的发生,反之,大的能隙将有利于辐射衰变的进行。因此

就有:
(1) 辐射衰变的速度将随 A^* 的能量增大而增大;
(2) 通过非辐射过程回至基态的衰变速度,将随 A^* 能量的增大而减小。其结果则导致发光以及光化学反应量子产率的变化。

值得注意的是化合物分子所处的环境也会对分子激发态的衰变带来影响,特别对某些极性化合物在不同极性溶剂中所出现的溶致变色现象,可引起化合物发光峰值波长发生强烈的位移,这就明显地对激发态能量大小产生影响。这同样也应当看作是调节和控制激发态的方法之一。有关这方面的问题,将在后面的章节中作更详细的介绍。

有关引入扰动组分导致原初化合物性能改变的例子,可进一步介绍如下。在联吡啶钌配合物[$Ru(bpy)_2(CN)_2$]的 DMF 溶液吸收光谱中,505 nm 处的最低能量吸收应归属于 MLCT(从 Ru→bpy)的单重态吸收;而在发射光谱中 680 nm 处的发光,则属于三重激发态的 MLCT(从 Ru→bpy)发射。在配合物中所带氰基(—CN)可看作是复杂配合物中的一部分,并有可能作为另一金属离子的腈配体(nitrile ligand),并和它们配合构成了多核的金属配合物。于是就可在 $Ru(bpy)_2(CN)_2$ 分子的基础上,衍生出二核和三核的配合物[8,9](图 4-9)。

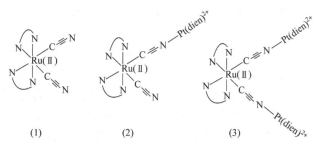

图 4-9 多核的金属配合物

配合物(1)即为 $Ru(bpy)_2(CN)_2$。它可通过所含的—C≡N 和 Pt 的配合而形成双核(2)和三核(3)的加成物。然而带有 $Pt(dien)^{2+}$ 的加成物,并不存在低能位的激发态。这是由于 $Pt(dien)^{2+}$ 自身以金属为中心(Metal Center,MC)的激发态处于很高的能位,同时它的氧化还原性质也不允许它和其他组分间出现低能位的电荷转移跃迁所致。因此,$Ru(bpy)_2(CN)_2$ 的发光不能被引入的 $Pt(dien)^{2+}$ 所猝灭。然而,因 $Pt(dien)^{2+}$ 对于钌离子具有拉电子的能力,因而它对加成物的吸收光谱和激发态的性质都有较大的影响。这可从表 4-1 中看出。

表 4-1　三种配合物的光谱与光物理性质

光谱与光物理性质	配合物		
	(1)	(2)	(3)
λ_{max}(吸收)/nm	505	460	426
λ_{max}(发射)/nm	680	630	580
τ/ns	205	630	90
*$E_{0,0}$/eV	2.05	2.19	2.31
*$E_{1/2}$(Ox.)/V	−1.32	−1.16	−1.45
*$E_{1/2}$(Red.)/V	+0.37	+0.57	+0.81

从表4-1中可以看出，当化合物(1)通过修饰而成为其加成物(2)和(3)时，吸收和发射光谱的峰值波长不断蓝移，这可从上面指出的 Pt(dien)$^{2+}$ 基有着对钌的拉电子能力有关。至于激发态寿命的变化情况比较复杂，因为激发态的寿命并非只是电子能级相对能量状态的灵敏函数，因此表中寿命数据缺乏规律性就不足为奇了。至于激发态氧化还原电位的变化，可以看出，也是相当复杂的，因为它和其中包括如激发态的能量、基态的氧化还原电位以及物种总电荷的变化等多种因素的影响有关。

重原子的扰动可诱导引起自旋和轨道的耦合，它可以使原来自旋禁阻的激发态获得某些自旋允许的特性。但它对激发态的能量几乎毫无影响，然而无论是对辐射或非辐射衰变过程的速度都有所加快。一个重要结果是可导致激发态的寿命大大降低，这种在分子光化学中熟知的扰动类型，同样在超分子化学中起到重要的作用，例如多核芳烃溶液的室温磷光一般是不易于观察到，但假如这些分子装入到被溴取代的环糊精腔内[10]，则就可以观察到磷光的发射。至于将具有发光能力的有机分子联结于冠醚，并在冠醚中引入其他分子或金属离子，从而导致联结化合物的发光性质发生扰动，这已成为荧光化学敏感器的基本工作原理，是十分常见的现象[11]。

4.2　新能级的引入

如果说引入的扰动分子和体系内原有分子的结合可以引起新能级的产生，同时该能级的高度又低于原有分子的最低激发能级(图4-10中的A*)，则此新能级就可和原有分子发生相互作用，发生组分间的电子转移等过程，从而导致体系一系列行为的变化。图4-10列出的就是这类体系的势能图。

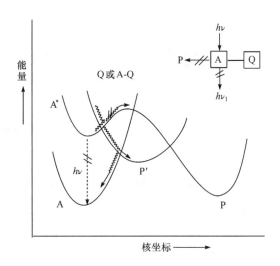

图 4-10　体系中加入猝灭组分后的扰动结果
猝灭组分的引入，使体系增加了新的能级，如图中的 Q 或 A-Q。

由图中可见，在体系内未加入 Q 分子以前，A 被激发而形成了 A^* 后，其衰变途径可通过辐射衰变而回到基态，或越过势垒生成产物 P。但当加入了扰动化合物（或猝灭剂）Q 以后，情况就有较大的变化。由于激发态 A^* 的能级和 Q 的能级间存在着交叉，就可引起辐射衰变过程大为减弱，出现了荧光的猝灭现象。同时由于 Q 的存在，A^* 也可不必跨越势垒，于是产物 P 将不再生成，而可能代之以新的产物 P'。

这种扰动形式可以导致在吸收光谱中出现新的吸收带，如果其中有电荷转移发生，则还可观察到电荷转移吸收带的存在。由于无辐射衰变可以快速导致新的低能位物种的生成，因此，它的引入可大大改变原有分子的光化学和光物理的行为，如上述的发生荧光猝灭和新产物的出现等。与此同时，激发态 A^* 的寿命也会有较大程度的降低。

猝灭剂和原有分子的组合或组装可以有多方面的应用。例如，在荧光化学敏感器（fluorescence chemical sensor）中对被检物种的识别，就是当物种被敏感器的接受部分络合时，可引起原有发光物种发光强度的改变或光谱中峰值波长发生位移，从而向外部提示信息，表明敏感元件已经捕获了被检物种。这里的被检物种就起到了类似于上述猝灭剂的作用，它的引入可使体系原有的势能面的关系发生变化，从而导致体系光化学行为的改变。因此对于这类问题的研究有着非常现实的需要，值得加以注意。其工作原理如图 4-11[12] 所示。

此外，猝灭分子的引入也可起到保护原有分子，使之不发生某些不希望出现的反应的目的，同样也是十分重要的。

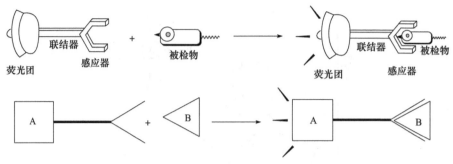

图 4-11 荧光化学敏感器的超分子光化学原理

在一些化合物分子中通过某些简单的处理或引入某些基团,从而起到使化合物原有性质发生重大变化的结果,同样也可看作与加入外来分子对原有化合物光化学与光物理性质进行调节与控制的情况一样。可通过式(4-3)的例子加以说明:

例子之一:

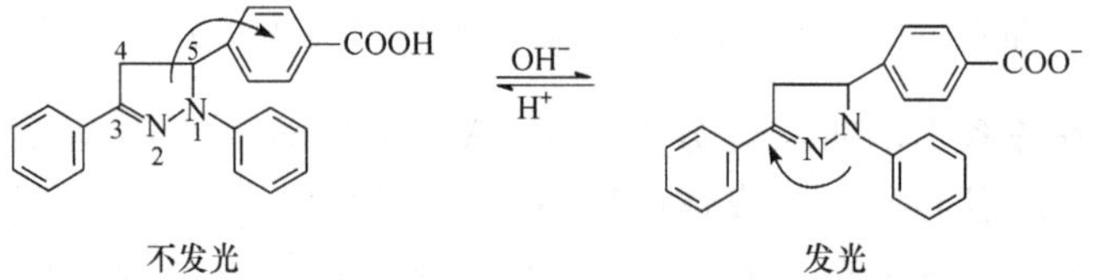

$$\text{不发光} \underset{H^+}{\overset{OH^-}{\rightleftharpoons}} \text{发光} \tag{4-3}$$

式(4-3)左边的1,3-二苯基-5-苯甲酸基-吡唑啉化合物[13]由于5-位苯甲酸基的拉电子能力,使富电子的1-N上电子不沿2-N和3-C位发生电荷转移,而通过5-位碳原子与苯甲酸基发生电子转移,引起荧光猝灭。但如将化合物处于碱性溶液中而形成了羧酸基负离子,于是变原来苯甲酸基的拉电子特性,而成为羧基的给电子基团。在这种情况下,1-N上电子不再向5-位方向转移电子,而会沿2-N和3-C位发生电荷转移。于是右边体系就会发出强烈的荧光。可以看出这里仅简单的改变体系的酸碱程度,就可使化合物产生发光或不发光的两种完全不同的结果,起到调节其光物理行为的作用。

在吡唑啉分子的5-位处引入苯甲酸基,实际上就是在一个发光化合物分子中引入一个猝灭分子。由于这里发生的是光诱导的电子转移猝灭,而且猝灭是和分子内的竞争过程相联系,因此可经过适当调节达到如上述的结果。

例子之二:

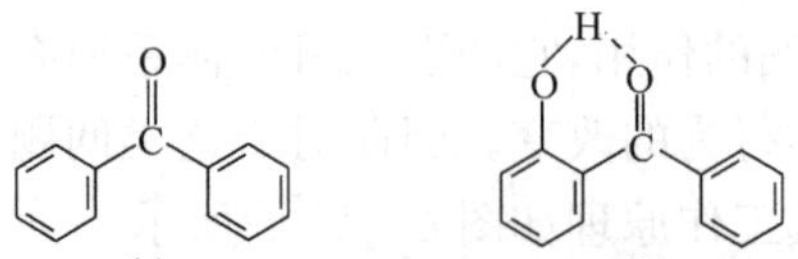

图 4-12 二苯酮与邻羟基二苯酮

图 4-12 列出的两种化合物分别为二苯酮和邻位-羟基二苯酮。可以看出,二者仅有很小的差别,后者仅在其邻位上比前者多一个羟基。但二者的光化学行为却有着巨大的差异。前者是一个得到广泛应用的光敏剂(photo-sensitizer),而后者则是一种优良的紫外吸收剂(UV-absorbent)[14]。它可有力的吸收紫外辐射而起到保护多种高分子材料不被光照降解,使之具有良好稳定性的材料。在这里质子转移起到十分重要的作用。因为质子转移使化合物分子在被激发后可以发生强烈的酮式(keto-)和烯醇式(enol-)的互变异构,从而导致能量耗失,使激发态很快的发生弛豫,而回到原来的基态。可以看出,在对化合物光物理和光化学性能调节中,充分了解不同光化学过程的机制,并适当的加以利用是正确达到对化合物实现控制调节的关键所在。

4.3 通过对核运动的抑制,来实现调节和控制

从前文的势能图中可以看到,激发分子在一定条件下可以越过势垒形成新的物种——产物 P。已知无辐射的衰变过程常可引起分子结构的强烈扭曲,此时原有分子的核构型必将发生变化,同时有可能引起化学反应的发生。但如果上述分子是处于一种受限制的环境内,则核构型的变化将会受到限制,与此同时,化学反应也将受到阻抑。一般说来,在此种情况下,可使辐射跃迁在衰变过程中占有的份额增多,因此可以预期在受限制条件下,发光量子产率将会有所增大。例如,当化合物芪(stilbene)自由地处于溶液中时,由于强烈的顺-反(cis-trans)异构化反应,因此其发光效率很低[式(4-4)]。但如将它处于环糊精的空腔内部,则上述顺一反异构化反应就会受到抑制,荧光量子产率就会增大[式(4-5)]。

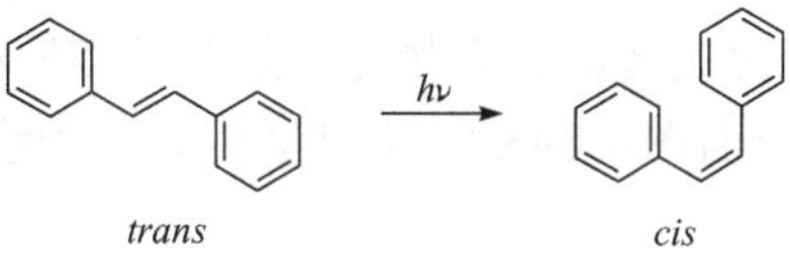

$$trans \xrightarrow{h\nu} cis \qquad (4-4)$$

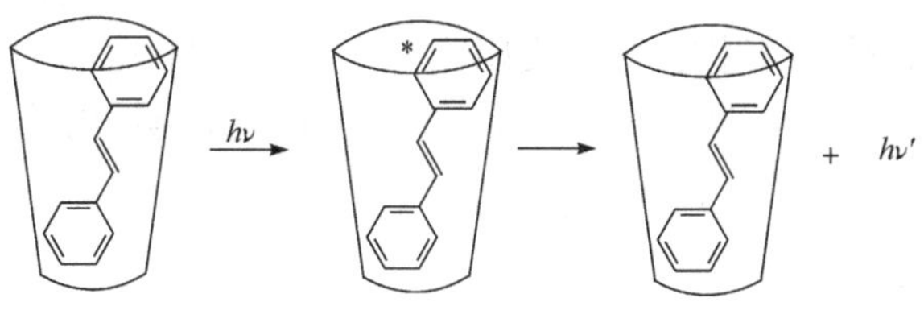

$$\xrightarrow{h\nu} {}^{*} \longrightarrow + \ h\nu' \qquad (4-5)$$

处于环糊精腔内的芪分子因空间的限制,使原来可能发生的顺-反异构化反应受阻,即激发态能量不能被耗失于有较大核构型变化的化学反应,因而可从核构型变化不大的势能面回到基态,发出荧光[15]。如图 4-13 所示。

能量
A*
A*-B
A
P
$h\nu_1$
$h\nu$
B
核坐标

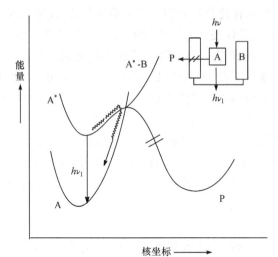

图 4-13　在存在受限制空间条件下的激发态势能曲线的变化

图中可见，当激发态 A* 处于环境 B 中时，激发态 A* 原来向产物 P 衰变的途径受阻，使激发态不能形成产物 P，而只能在光谱构型区内，或是发射荧光，或是通过无辐射的内转换过程回到基态。对于这种扰动体系或超分子组装，因其分子仍处于或接近于原有的平衡几何状态，可以说未引起较大的扰动。因此，这种形式的"扰动"对于原有分子的吸收和发射光谱以及在低温下的寿命均无大的影响。其结果在势能图上也可得到反映。

对于这类扰动体系可以通过上述的主/客体结合方式来加以实现，也可通过共价键的方式来完成所谓"受阻式"的扰动。这种例子很多，特别是近年来在发展新型荧光发光化合物时出现了许多有趣的范例。事实上，它就是在分子内通过引入桥键结构，将原来可以自由旋转的化合物分子限制其旋转的自由度，从而达到将激发态衰变过程限制在势能面图中的光谱构型区内，以达到提高发光量子产率的目的，可举例如下。

下列两种化合物[16]的分子结构基本相同(图 4-14)，只是后者具有桥键结构，它可使化合物的双键顺-反异构化严重受阻。于是，该受阻化合物的荧光量子产率就比上一化合物有了较大幅度的增长。这一例证清晰的说明：用共价键的方式来

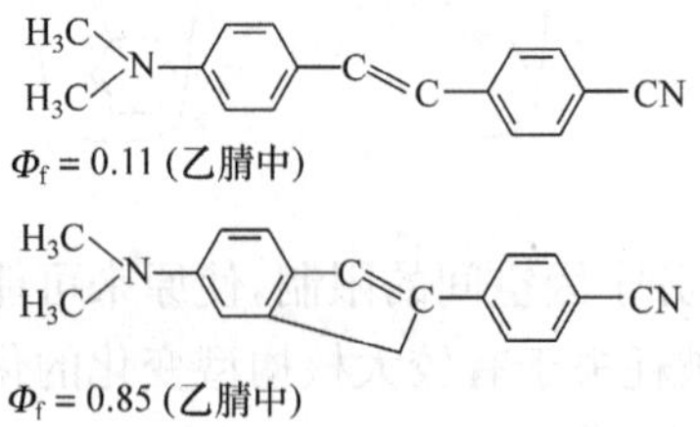

Φ_f = 0.11 (乙腈中)
Φ_f = 0.85 (乙腈中)

图 4-14　发光化合物分子的双键受阻

实现(受阻式的)扰动是相当有效的。

另一个例子是从下列配合物配体结构的变化来看结构的受阻问题。

图4-15中的四种配合物[17,18]有着不同的配体结构,可以看出,从a到d,配体从单齿变为双齿,直至改变为笼状化合物配体,表明所形成配合物的稳定性[从(a)到(d)]越来越高,即使得中心的金属离子越来越稳定的处于其中。对于这样的变化可以看出:配体组分的变化,对配合物第一配位圈(first coordination sphere)的对称性,无太大的修饰或变动,因此可以预期,它们的吸收和发光光谱仍应基本保持不变。可以用图4-16列出的两种Co(III)的配合物来加以说明。

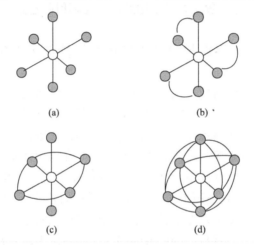

图4-15 四种具有不同结构的配合物
(a) 单齿配体;(b) 双齿配体;(c) 大环式配体;(d) 笼状配体。

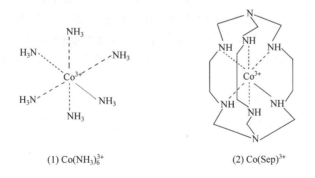

图4-16 两种Co(III)配合物的结构

化合物(1)即为由上述的单齿配体所构成的配合物,而(2)则为由环状配体所构成。为方便起见,后者可写成[Co(sep)$^{3+}$]。要指出的是二者的光谱特征十分相似,这是因为,如前述,它们的基本组分及第一配位圈的对称性均无大的变化[19]。然而,十分有趣的是二者的光化学行为却完全不同,化合物(1)在酸性溶液中,在光照下其配位键断裂,发生了如式(4-6)的反应,而[Co(sep)³⁺]则在同样条件下可稳定存在,而并不发生反应[式(4-7)]。

$$Co(NH_3)_3^{3+} + H_3O^+ \xrightarrow{h\nu} Co^{2+} + 5NH_4^+ + 产物 \quad (4-6)$$

$$Co(sep)^{3+} + H_3O^+ \xrightarrow{h\nu} 无反应 \quad (4-7)$$

这充分表明:以笼状配体构成的配合物,要比以单齿配体构成的有着较大的稳定性。然而,两种配合物的激发能量则均系通过无辐射跃迁过程而回到基态的。

4.4 界面超分子组装体系性能调节的特点

对于界面的超分子组装体系,如上面提到,一个修饰过的金属表面所构成的界面超分子组装体系可通过光谱方法对体系的性质和行为进行研究,但也可将表面修饰过的金属或半导体体系作为电极用电化学的方法进行研究。电化学反应最大的优点是可通过仪器来控制反应的驱动力。这与在均相体系中的氧化还原反应有着明显的区别。在均相反应中,如要改变反应的驱动力,必须改变反应物分子的化学结构,改变它们的氧化还原电位。相反,在异相的超分子体系中,电子转移过程的活化自由能还可借助于外加偏压的帮助使反应得以发生。这表明对于异相的界面超分子体系的调节问题与均相体系间确是存在着巨大的差别。

一个最明显的例子是,Honda 和 Fujishima 于 1972[20] 年提出了:在液结 TiO_2 光电化学电池中实现光分解水制氢,就是在有外加偏压的条件下实现的。以二氧化钛(金红石型)为光阳极,金属铂为阴极所构成的光分解水制氢电池,因金红石型二氧化钛的平带电位和氢电极的电位相比,尚不够低,结果阴极就不能达到从水中释氢的电位,因而,在无外加偏压的条件下,电池就不能使水发生分解而得到氢。然而正因体系存在着电极界面,因此可以通过外加偏压来实现电极电位的调整,于是才能使光分解水的过程得以实现。

可见,在以界面超分子组装的体系中,还存在一种在均相体系中无法进行的控制和调节激发态过程的方法。有关这一方面问题可参看在超分子光化学一章中的相关内容。

4.5 结 语

通过上面的讨论可以看出,对于激发态衰变过程的控制或调节,至少可用三种途径来加以实现:猝灭式;调节式以及受阻式。而对界面超分子组装体系,除了上述的方法外，还可采用外加偏压的途径来进行控制和调节。对于激发态的控制与调节在超分子光化学中具有重要意义，它一方面可以通过此来实现如功能性超分子的结构和性能的优化调节，而另一方面通过对超分子体系光化学和光物理过程的研究，也可能提供出有关超分子化合物结构特征中的一些细节和其激发态衰变过程中的某些重要信息，而更有意义的则是通过这类研究将对设计和合成新型的光化学或光物理控制体系，包括如荧光化学敏感器等的设计和合成提供重要的参考资料。

建议参考的文献

[1] Closs G L,Miller J R. Science,1988,240:440
[2] Calcaterra L T,Closs G L,Miller J R. J. Am. Chem. Soc. ,1983,105:670
[3] Wasielewski M R,Johnson D G,Svec W A,Kersey K M,Cragg D E,Minsek D W,Norris J R Jr,Meisel D. Photochemical energy conversion. Elsevier,1989
[4] Reese R S,Fox M A. Can. J. Chem. ,1999,77:1077
[5] Ishida A,Majima T. J. Chem. Soc. ,Chem. Commun. ,1999,1299
[6] Simposon T R E,Revell D J,Cook M J,Russell D A. Langmuir,1997,13:460
[7] Balzani V,Sabbatini N,Scandola F. Chem. Rev. ,1986,86:319
[8] Peterson S H,Demas J N. J. Am. Chem. Soc. ,1979,101:6571
[9] Bignozzi C A,Scandola F. Inorg. Chem. ,1984,23:1540
[10] Femia R A,Cline Love L J. J. Phys. Chem. ,1985,89:1897
[11] Lohr A G,Vogtle F. Acc,Chem. Res. ,1985,18:65
[12] 闫正林,吴世康. 感光科学与光化学. 1994,12:80
[13] 吴世康. 高分子光化学导论——基础和应用. 北京:科学出版社,2003
[14] Deveneck G L,Sitzmann E V,Eisenthal K B,Turro N J. J. Phys. Chem. ,1989,93:7166
[15] Lapouyade R,Kuhn A,Letard J F,Rettig W. Chem. Phys. Lett. ,1993,208:48
[16] Pederson C J. Angew. Chem. Int. Ed. Eng. 1988,27:1021
[17] Lehn J M. Angew. Chem. Int. Ed. Eng. 1988,27:89
[18] Sargeson A M. Chem. Brit. 1979,15:23
[19] Fujishima A. Honda K. Nature,1972,238:37
[20] Balzani V,Scandola F. Supramolecular Photochemistry. Ellis Horwood,1991

第5章 共价联结超分子光化学体系概述

5.0 引　言

在对超分子光化学所涉科学内涵作了原则性的讨论后，有必要对超分子光化学体系作进一步的说明。在超分子光化学一章中，曾对共价联结的超分子化合物 A-L-B 为什么仍看作是一种超分子体系作了必要的说明。指出这类体系，虽说是以共价键进行联结，但其中活性基团间的相互作用，是和以弱相互作用所组装而成的超分子体系 A-L-B 基本相同。因此，将这类体系归之于超分子，并用它作为模型体系来讨论其光化学问题不仅是正确的，而且比较方便，同时通过对它的讨论，容易将一些有关超分子的模糊概念予以澄清。

对于超分子化学，人们总认为它是以研究分子间非共价键联结的分子聚集体的化学，其内容包括它们的制备、组成、形成的机制和驱动力，以及它们在各方面的应用。显然这一定义是明确的。然而对于这一定义的认识，往往存在某些理解上的偏差。是强调非共价键的联结为超分子体系的主要特征，还是强调超分子化学主要是研究由不同分子所形成的聚集体的化学。应当说后者在某种意义——特别在超分子的功能性问题上，能较好地表达出超分子化学的定义，然而人们却往往更多地注意前者。因此将 A-L-B 作为一种超分子体系来加以讨论，可能有利于澄清某些在概念上的差误。即超分子体系所研究的，应主要是对以不同形式聚集起来的活性分子间的相互作用，以及对这些分子间的合作和协同为其主要的研究目标。从这一角度出发，活性分子的聚集方式，不论是以共价键形式进行联结，或是通过弱的作用力相互聚集，都是允许的。值得注意的是只要参与聚集的各分子组分是独立存在于聚集的实体之内，彼此间不存在有强烈的电子扰动即可。但聚集形式仍有它自己的意义，特别对于以 A-L-B 形式构成的超分子化合物，由于它在结构上的确定性，以及可采用有不同性质和联接长度的 L 组分，或在含有 3 种或 4 种组分(triad 或 tetrad)的体系中，可按需要来改变不同组分在体系中的排列次序等，以实现某些特殊的功能特性，都应看作是 A-L-B 形式聚集的特点和优点。因为这种功能不是一般聚集体所能完成的。

上述看法还可进一步的说明如下：对于一个超分子体系，可从它所具有的组织性和功能性等两个方面来加以认识。所谓的组织性是指超分子体系可以通过分子间弱的相互作用力，来实现一些分子基块的超分子组装和组合。而所谓的功能性，则是因超分子常是由多个具有简单功能的分子组分所组成，它们在合理的组织和安排下,通过分子间的合作和协同,可使超分子体系呈现出复杂或综合的功能。

值得指出的是,在实践中存在着一些以"组织性"为主的超分子体系,例如晶体的生长、胶束的形成等,它们都是以弱的相互作用为驱动力而形成的不同聚集体系,当然,它们也有其固有的功能特征,如胶束可用作为一特定的微小环境,应用于不同方面等。因此,将这类体系看作是以发挥超分子的组织性为主的一类超分子体系也未尝不可。而对于前面章节中所讨论过的,用于确认Marcus电子转移理论所预示的反转区存在,以及与研究电子转移相关问题而设计合成的A-L-B超分子化合物,则应看作是一类以突出其"功能性"为主的超分子体系,正因为要突出其功能性,甚至要定量的搞清一些电子转移过程中的细节,严格的分子结构成为研究中必须注意的问题。在这种情况下,通过逐步而严格的化学合成,得到以共价键联结二元、三元甚至多元的超分子化合物,就成为制备超分子体系的首要选择。因此也可以这样说,这是一类以功能性为主的超分子体系。

可见对于超分子体系的认识不能简单从事,而需要从多方面加以考虑,要具体问题具体分析,方不致有所混淆。

对于以功能性为主的A-L-B超分子组装体系,除了在理论上有其特殊的贡献外,它们在研究与开发新型的功能器件和材料方面也具有重要意义。例如,在有关太阳能利用的光/电转换体系,光折变材料的信息记录体系,荧光化学敏感体系,以及光控开关体系等方面,严格地说都与这种类型的组装相关,因此,在本章中我们将对该类超分子光化学体系予以重点讨论,实质上也就是对以A-L-B类型所构成的超分子体系作适当的分类性讨论。

5.1 共价联结的电子转移超分子体系

共价联结的超分子体系至少可分为两类:一类是共价联结的光诱导电子转移超分子体系;而另一类则是共价联结的光诱导能量转移超分子体系。前文已经提到,对这类共价联结超分子体系或化合物的研究,往往具有明确的理论研究目的,或具有重要的应用价值。即它们是以发挥其功能性为主的一类超分子体系。如已提到的对Marcus电子转移理论预示反转区存在的证明,这是一个长期未能解决的理论性问题。通过将A、B两个活性组分以惰性组分L进行联结,得到的A-L-B超分子化合物和类似的A、B双分子聚集体系相比较,可减少许多过程中的不确定性。因为在通过形成聚集体而实现A、B双分子间的某些转换过程中,反应物的扩散将是反应动力学的关键步骤,它常可使双分子反应的速度常数和扩散速度混在一起。而使二者在形成的"相遇"配合物(encounter complex)后,使过程中的单分子电子转移步骤掩蔽起来,从而丢失了许多相关的反应机制信息。而且"相遇"配合物的几何形态,包括如A、B间的距离和取向等参数,不仅不够确定,同时在用于进行理论验证时,也并不理想。因此,即使得到在"相遇"配合物内的分子间的反应速度常数,也因其空间参数的均化性,而难于进行分析。为了避免上述一系列研究电子转移过程中所遇到的困难,采用严格的有机合成方法,得到具有固定距离和取向共价联结的 A-L-B 超分子化合物作为模型,来研究 A、B 间的电子转移问题应是一种最佳的选择。事实上也确是如此,即利用这一方法很好地证明了 Marcus 电子转移理论的正确性。在前面的章节中曾介绍过如 Closs、Miller 等利用 A-L-B 体系,以不同的饱和刚性化合物为桥键结构,研究两端连有电子给体与受体的超分子化合物的分子内的电子转移问题,取得了很好的结果。

对于 A-L-B 超分子体系的光诱导电子转移的研究,在文献中常用的量子力学模型是 Marcus 理论的另一补充形式。它是将超分子内不同电子状态间的电子转移作为一种活化的无辐射跃迁,进行处理。所得的跃迁概率黄金规律如式(5-1)的关系[1,2]:

$$k_{el} = (2\pi/\hbar) H_{AB}^2 \text{FCWD} \tag{5-1}$$

式中,H_{AB} 为电子给体与受体间电子耦合的矩阵元;FCWD 为状态的 Franck-Condon 加权密度,它是反应物与产物分子振动和溶剂化波函数重叠积分乘积的和。在超分子化合物 A-(L)$_n$-B 中,其中的联结体 L 可由一组相同亚单位(subunit)的长链所组成,如:聚亚甲基(polymethylene)、聚多肽(polypeptide)、甾类或降冰片类化合物分子组成的刚性或柔性联结体。并已在许多有关分子内活性基团间的电子(或能量)转移和其距离的依赖关系研究中得到反映。在这类研究中,有关电子转移速度常数与距离关系的原有模型,必须作适当的调整,如其中需包括亚单位间的相互作用,从而使公式转换成电子耦合与活性基团间联结体内亚单位数目的指数依赖关系,即使电子耦合和通过键(through bond)的距离长度 r 相联系。因此有如式(5-2)的矩阵元关系[3,4]:

$$H_{AB} = H_{AB}(0) \exp[-(\beta/2)(r-r_0)] \tag{5-2}$$

式中,r_0 为相当一个亚单元的距离长度;$H_{AB}(0)$ 为相应的电子耦合值。在这样的情况下,联结体的氧化还原性质以及亚单位间的相互作用,可用 β 加以描述,而电子给体与联结体以及联结体与电子受体间的相互作用则包括于 $H_{AB}(0)$ 之中。应当指出,通过空间(through space)的机制也可导出一个类似的指数公式,然而它具有较强的距离对于速度的依赖关系(有较大的 β 值)。

距离或键数对 H_{AB} 的指数依赖关系可以转换成相应的速度常数的关系,如式(5-3):

$$k_{et} = k_{et}(0) \exp[-\beta(r-r_0)] \tag{5-3}$$

应指出的是,式(5-3)成立的条件是要求 FCWD 和距离无关。但一般说来,FCWD 可以通过 λ_0 而和距离相关。在某些情况下还可经 ΔG_0 而和距离相关。

对于通过 A-L-B 超分子体系来研究光诱导电子转移问题,我国化学家们也对此做出过自己的贡献。如许慧君等[5]曾用类胆固醇体系为联结体,合成了系列的电子转移模型化合物(图 5-1)。

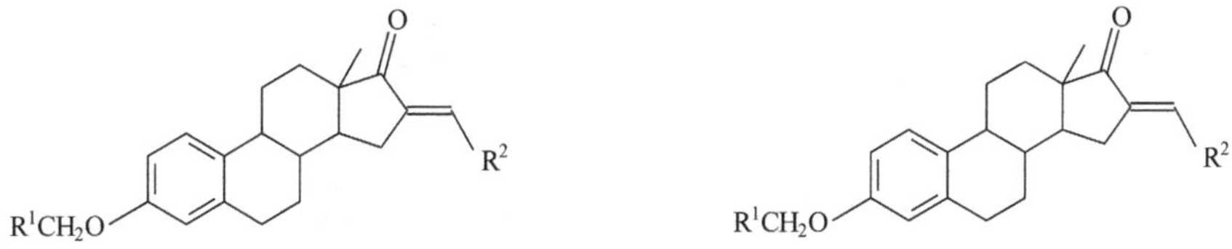

(1) R^1 = 蒽基 R^2 = 4-硝基苯
(2) R^1 = 9,10-二甲氧基蒽 R^2 = 2,4-二氯苯
(3) R^1 = 9,10-二甲氧基蒽 R^2 = 4-硝基苯
(4) R^1 = 9,10-二甲氧基蒽 R^2 = 4-氯-3-硝基苯
(5) R^1 = 蒽基 R^2 = 3,5-二硝基苯
(6) R^1 = 9,10-二甲氧基蒽 R^2 = 4-硝基苯
(7) R^1 = 9,10-二甲氧基蒽 R^2 = 3,5-二硝基苯

图 5-1 以类胆固醇为联结体的电子转移模型化合物

并在此基础上,通过用荧光猝灭的方法对它们电子转移的速度常数进行测定。并联系每种化合物两端所联活性基团的氧化还原电位来计算每种化合物的驱动力,得到如图 5-2 的结果。

图中可清晰的看到,随化合物基团间驱动力的不断增大,在开始时电子转移的速度常数逐步增大,但当到驱动力达一定程度后,电子转移的速度常数则随驱动力的增大反而降低。明显的指示出 Marcus 理论反转区的存在。

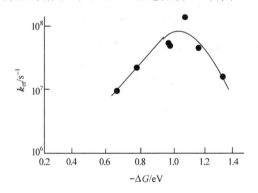

图 5-2 上列化合物分子内电子转移速度常数和其驱动力($-\Delta G$)大小的关系作图
以 DMF 为溶剂,室温下测定。

以共价结合的超分子体系来研究光诱导的电子转移问题已有了很大的进展。以甾类化合物为桥的有机体系,用于电子转移体系的理论研究是由 Closs. Miller 等设计完成的[15,16]。他们合成了如下列的化合物,其结构如下:

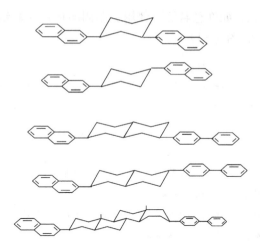

从中可以看出,在上列化合物中,作为电子给体与受体的萘基和联苯基之间存在着环己烷或甾体化合物为桥,以保证体系的刚性特征。此外他们还合成了如下的系列化合物:

结构式中的 B 为不同的醌类或芳香化合物,构成了一系列具有不同电子转移驱动力以共价键联结的分子内电子转移超分子化合物。其 ΔG^0 的范围约为 $0 \sim -2.4$ eV,可明确的观察到它们电子转移的速度常数随 ΔG^0 值的变化而经历一个从小到大,然后再变小的过程。如图 5-3 所示:

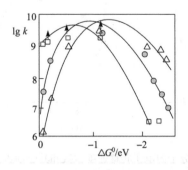

图 5-3 电子转移速度常数和自由能的依赖关系

图中的□,●以及△分别代表在三种不同溶剂中的结果。

图中可清晰地看到随着电子转移过程驱动力的增大而引起电子转移速度的变化,明确地说明了 Marcus 电子转移理论的正确性。

下面可将由 Paddon-Row[17]、Verhoeven[18] 以及 Hush[19] 等合作研究的一类

A-L-B化合物——即以类降冰片(norbornylogous)为桥的分子内的电子转移的体系介绍如下。所合成的化合物[20,21]具有以下的结构:

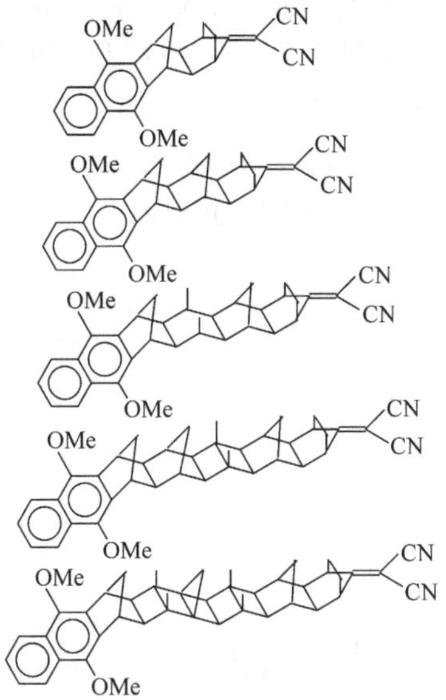

上列各分子中左侧的二甲氧基萘可作为电子给体,而二氰乙烯基则为电子受体。可以看出,在给体与受体间存在着不同联结长度的饱和和刚性的类降冰片桥,由于L的刚性,因此所连的端基不可能有取向的自由。两个端基间的距离(中间连有 4~12 个 C—C),从中心到中心为 7~15 Å,而从边缘到边缘则为 6.8~13.5 Å。在所有列出化合物的荧光测定中发现:因存在光诱导的电子转移而使荧光强度大为降低——即荧光被猝灭。对于端基间连有 4 个桥键者,不能观察到有任何荧光发射,这表明其电子转移的速度常数大于 10^{11} s^{-1},然而对于有 6、8、10 和 12 个桥键的化合物,则均可观察到荧光发射,只是它们的发光寿命都减小了。计算得到的电荷分离的速度常数随着桥键长度增加而有所减小,它们分别为:3.3×10^{11} s^{-1}、6.7×10^{10} s^{-1}、1.2×10^{10} s^{-1} 以及 1.3×10^{9} s^{-1}。对这些速度常数进行分析是十分复杂的,因为对于电荷分离过程来说,要有两个参数才能决定其活化自由能的大小,它们是 ΔG^0 以及重组能 λ_0。而这些数据又和溶剂的性质以及二者间的距离等相关。实际上,通过 ΔG^0、λ_0 以及 λ_i(取 0.6 eV)等数据来计算活化自由能,所得的数值很小,表明通过光诱导发生的电子转移,几乎是属于一类无活化能的过程。而正比于 H_{AB}^2 的指前因子则和电子给体和受体的边缘/边缘间距离的指数相关联,由于所有这些过程几乎都具有无活化的特征,因此发现不仅是指前因子,就是反应速度常数也和距离或键数间有着很好的指数依赖关系。作者还用了时间分辨的微波电导来检测上述化合物分子经光诱导电子转移后生成的电荷分离产物 A^+-L-B^-,并测定了它们的偶极矩。通过对

电荷分离产物的检测,证实了分子内猝灭过程的电子转移性质。同时,所测得的偶极矩值是很高的(26~77 D),这和电荷分离状态完全一致。

以芳香结构为桥的 A-L-B 及其光化学研究曾由 Michel-Beyerle, Heitele[22,23]等做过系统的工作。在这一系列化合物中,二甲基苯胺系作为电子给体引入,而芘基则作为电子受体联结于分子的另一端部。两个活性基团之间则连以两个亚甲基为端基的不同芳香化合物为"桥",它们分别是苯基、联苯基、1,4-萘基、1,5-萘基及2,6-萘基等。所研究的化合物具有以下的结构:

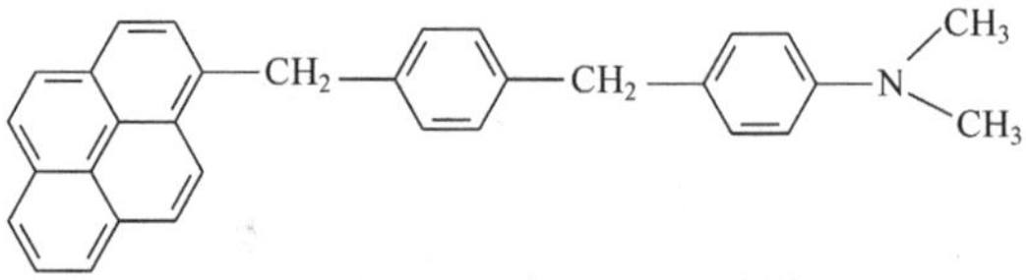

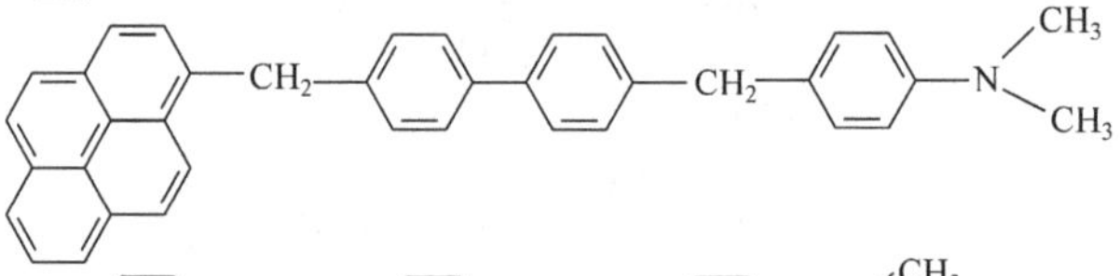

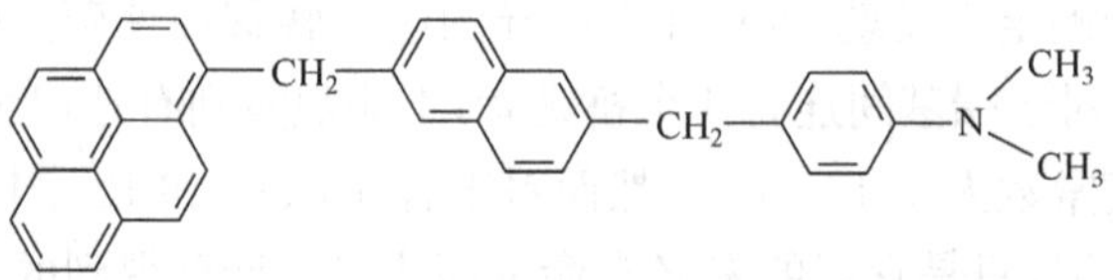

与前面讨论的体系不同的是这类化合物适宜于研究还原性的猝灭过程,以及随后的电荷重合过程。由于所用的桥具有一定的柔顺性,因此有较大程度的构象自由度。通过对上述体系的荧光猝灭和瞬态吸收的研究,已明确芘荧光的猝灭是由于生成了芘的阴离子自由基以及二甲基苯胺的阳离子自由基所致。通过研究化合物分子内的电荷分离以及重合速度常数的温度依赖性,对搞清电子转移过程中,电子、核以及热力学因子在其中的贡献是十分有利的。可将所得的主要结果[24]分述如下:

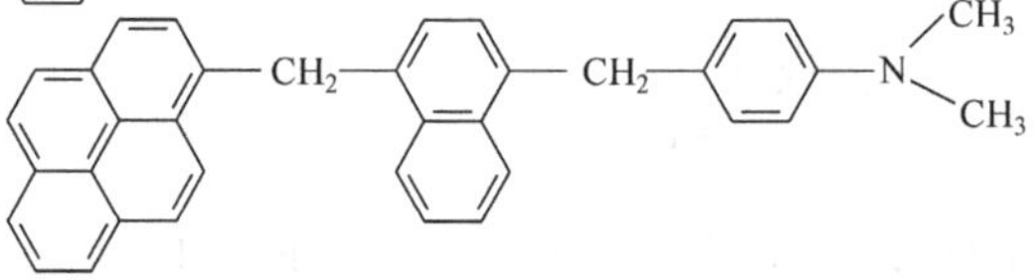

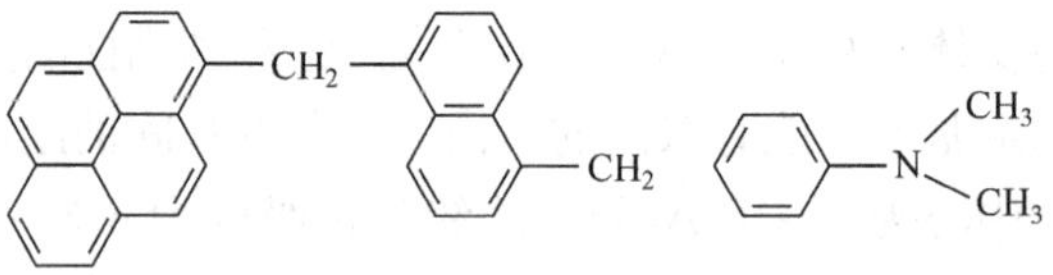

(1) 电子给体与受体间的电子耦合(H_{AB})程度,随距离增大而逐步降低;

(2) 按照超交换的机制,对电荷分离时的 H_{AB} 值应约两倍的大于电荷重合时的,这可归因于空穴转移时与电子转移有着不同的相邻程度;

(3) 这类体系的 H_{AB} 和完全饱和与刚性的—L—体系的数值相当或稍小,这一

明显的矛盾,可能是和因体系的柔顺性而带来的许多不良构型的存在有关;

(4) 由于上述体系的电荷分离过程是处于电子转移的正常区域,而电荷重合则处于反转区处,这使前者有着比后者较好的核因子的影响;

(5) 在该系列中,不同化合物活化能间的差异是来自分子中桥键布置时因要求满足给体-桥-受体在构型上的方便,而引起的势垒变化有关。

作者还对这类化合物的某些组分作适当变动后体系的猝灭行为进行了研究。例如,将上列化合物(1)的芘基以蒽基取代,然后对新的产物进行了研究发现:当含蒽体系处于极性溶剂中(如在腈类溶剂内)时,它作为一种受体,其行为和含芘的体系基本相似。然而在非极性的溶剂中时,则不能观察到激发蒽的荧光猝灭。表明在此条件下,即使基团间的电子转移过程在热力学上是允许的,但体系的电荷分离状态并不充分稳定。至于在中等极性条件下所观察到的十分复杂情况是由于电荷分离态在能量上仅稍稍地低于蒽的局域激发单重态的能量,因此在荧光猝灭后,体系可通过热的再布居,使蒽的激发态得以再现,于是引起了体系非指数的荧光衰变,以及表现出特殊的温度依赖关系等。可以看到这类超分子体系当其结构稍有变动,或其所处环境有适当的变化时,都将对体系的电子转移过程带来强烈的影响。

对于用共价联结的超分子化合物来研究分子内电子转移问题的另一个重要启示和目的是对于天然光合作用机制的研究。

电子转移在生物体系的能量转换上起到很重要的作用,例如在呼吸链[6]以及光合作用体系中[7,8]。在这类体系中的关键功能,如电子传输,光诱导的电荷分离等都是基于在某一特殊序列上的热或光诱导的电子转移所致。由于这一过程是在处于蛋白基体内的电子给体与受体间相距约 10~30 Å 时发生的,而这一距离大大超过了给体与受体范德华半径的总和,因此,对这种转移过程常称之为长距离的电子转移过程。由于诺贝尔奖获得者 Deisenhofer 等对光合作用细菌叶绿素(*Rps. Viridis* 以及 *Rb. Sphaeroides*)反应中心的 X 射线结构分析工作的进展[9~11],已为光合作用原初过程的解释提供了一个坚实的基础,同时对于 *Rps. Viridis* 反应中心处的色素结构,也已相当了解。如其中有细菌叶绿素的"特殊对"(P)、细菌叶绿素的单体(BC)、细菌脱镁叶绿素 Bacteriopheophytin(BP)、醌(Q)以及 4 个血红细胞色素-C(Cy)等。所有这些色素都通过周围的蛋白而处于固定的几何形态,并跨越在光合作用的膜上。如其中 P 的二重轴垂直于膜面,而其周边的原生质则大致处于 P 和 Cy 之间。另外,色素的原生质面大致和醌处于同一水准。在反应中心处,当 P 被激发后,就可很快地(约 3 ps)将电子转移到"初始"受体 BP(其间的 BC 是否只是在超交换机制[12]中起到介质的作用,或是作为中间的电子受体[13],尚需进一步的研究明确)。发生的下一个步骤是一快速的从 BP 到 Q 的电子转移过程[14](约200 ps)。接着就是通过邻近的色素血红基来实现一个较慢的、对氧化 P 的还原过程(约 270 ns)。在此阶段,跨膜的电荷分离已经实现,其效率几乎接近于

1。对所有这些过程的速度常数都已经测得,可归纳于图5-4。

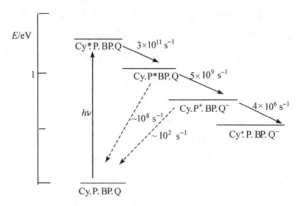

图5-4 四组分[Cy.P.BP.Q]体系在受光激发后的电荷分离过程

从图中可见,该4组分[Cy.P.BP.Q]的反应中心,在受光照激发时,作为天线的色素分子吸光,形成了 Cy^* 激发态,然后通过能量转移或迁移使P激发起来,形成 P^* 激发态,再经光诱导电子转移最终形成 $[Cy^+.P.BP.Q^-]$ 的电荷分离状态。研究中认识到要实现有效电荷分离的基本条件是:①中心各组分应在适当的空间和能量尺度上进行组织;②前进的电子转移过程必须成功地克服后退的电子转移。图5-4中可见,在光化学过程的中间阶段如:$[Cy.P^+.BP.Q^-]$ 其前进的速度常数为 $4\times10^6\ s^{-1}$,如式(5-4):

$$[Cy.P^+.BP.Q^-] \rightarrow [Cy^+.P.BP.Q^-] \quad k_f = 4\times10^6\ s^{-1} \quad (5-4)$$

而后退的速度常数则为约 $10^2\ s^{-1}$,如式(5-5):

$$[Cy.P^+.BP.Q^-] \rightarrow [Cy.P.BP.Q] \quad k_b = \sim10^2\ s^{-1} \quad (5-5)$$

充分说明前进的电子转移确是成功的克服了后退的过程。

从上面讨论可清楚地看到,在进行这类工作时,其难度是可以想像的。首先要将这一复杂的反应序列分解为各个单一的步骤。而更为困难的是要解开对速度常数有影响的各种因子(能量因子、电子和核因子等)对复杂动力学过程所做的贡献,才能合理地搞清前进和后退电子转移的动力学问题。因此要对自然体系进行类似的工作,其难度是可以想像的。为了能对自然界中复杂过程有较深入的了解,可以考虑通过超分子的方法,将体系中有关的组分进行模拟合成,并将它们按类似于自然体系内不同组分的安排情况进行适当的组织,得到类似于A-L-B的模型体系,则将十分有利于对这些复杂问题的认识和解决。事实上化学家们已模拟合成出与天然体系"给体-受体对"相仿的人工合成产物(包括其组分的化学性质,电子转移的能量关系、距离、取向,以及电子相互作用的程度等)。并通过这类研究不仅对生物体系复杂的电子转移过程有了更多的了解,同时也推动了超分子化学和光化学研究的进步。

从生物体系的研究中得知，分子的组织和其对动力学的控制是生物体系能具有有效功能的两个关键特征。生物体系的这两个特征是生物体系经长期进化过程而得以完成的。在原则上，经过合理的设计组织的人工超分子体系，也可能达到这样的水平。而这样的考虑应看作是人工合成分子器件的基础。

由于在光合作用过程中卟啉类化合物占有十分重要的位置，因此有必要对以卟啉为活性组分的体系进行适当的讨论。

5.1.1 以卟啉类化合物为活性组分的体系

由于卟啉类化合物在光合作用及其他生物过程中的大量存在，因此将它们引入 A-L-B 体系进行研究是完全可以理解的。自 1979 年的第一个这类工作的例子出现后，大量涉及含卟啉基的这类化合物的工作出现于文献之中。现介绍其中的几种。

Wasielewski 等[25,26]曾合成了如图 5-5 的化合物。

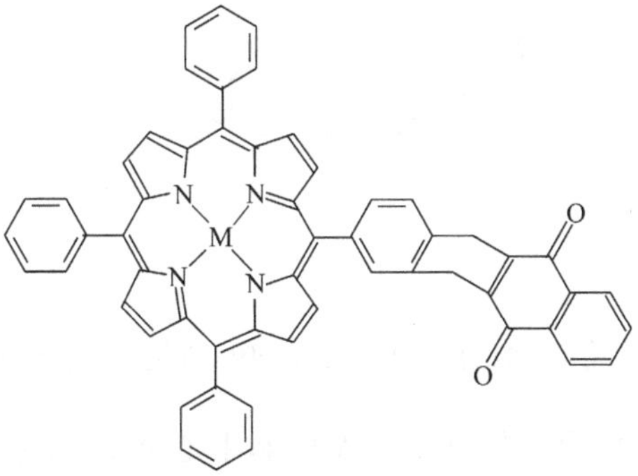

图 5-5 卟啉-醌超分子化合物

图 5-5 中的苯醌可以改为萘醌或蒽醌等，以及将中心的金属原子以氢取代，于是可得到具有不同电子转移驱动力的不同 A-L-B 体系。将上列化合物处于丁腈中，使卟啉基激发为其单重激发态，可引起光诱导的电子转移，并形成电荷分离态，然后再发生重合。这里的电荷分离过程是一个中等放能过程（exergonic）（0.0～0.9 eV），而电荷重合则是高度放能的（1.2～1.9 eV）。通过皮秒级瞬态吸收技术，可以测得上述两过程的速度常数处于：$1\times10^9 \sim 3\times10^{11}$ s^{-1} 的范围内。当以热力学驱动力 ΔG 与速度常数作图，同样可以得到和上列相似的钟罩形的关系曲线。其中的电荷分离数据是处于图中的正常区域，而重合过程的数据则处于 Marcus 理论的反转区。

此后，Hopfield、Dervan[27,28]等又合成了具有不同桥长的类似化合物体系，结构如图 5-6。

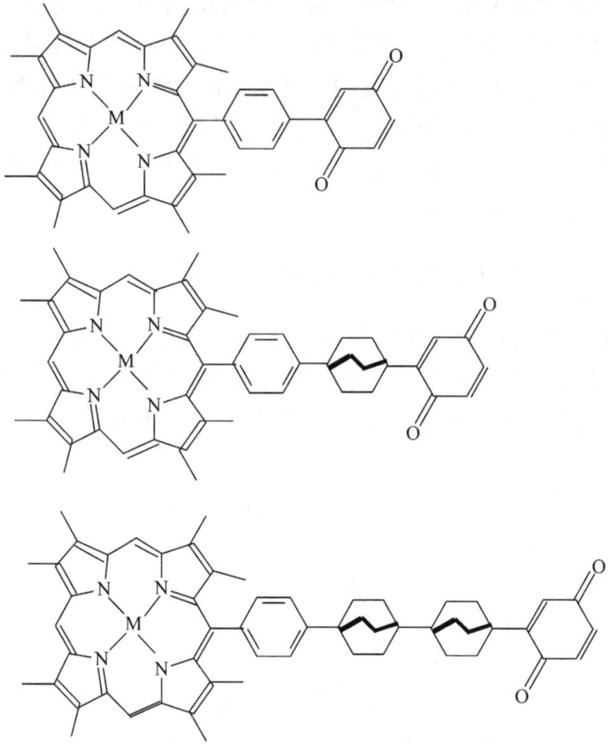

图 5-6 具有不同桥长的卟啉-醌超分子化合物

这类化合物的中心为锌原子,而从卟啉中心到达醌中心的距离则分别为: 6.5 Å、14.8 Å 以及 18.8 Å 不等。从卟啉单重激发态将电子转移到醌的速度常数,随着距离的增大而有着明显的降低(按荧光猝灭的数据计算得到),速度常数分别为:大于 10^{12} s^{-1},1.5×10^{10} s^{-1} 和小于 9×10^{6} s^{-1}。它们的 $\beta \geqslant 1.4$ Å^{-1}。

Wasielewski[29]等还合成了另一类卟啉-醌的 A-L-B 化合物,其中的 L 为一组不同长度全反式的多烯(polyene)共轭长链,下面列出的是有 5 个及 9 个双键的化合物(图 5-7)。如这里 L 为刚性体系,则电子给体与受体间的中心距离应分别为 23 Å 和 35 Å。

有趣的是,这里联结的 L 是一个大的共轭体系,它可看作是一根"分子导线"。化合物设计的目的是拟通过所提供强烈的电子给体与受体间的电子耦合,来研究长距离的光诱导电子转移问题。必须指出,这种共轭的桥,与饱和的或部分饱和的桥相比较,并非是该类联结体惟一的特征性质。联系到其较大的电子耦合能力,这类桥同时还具有较易于氧化或还原的性质(即易于得到或给出电子),以及存在着

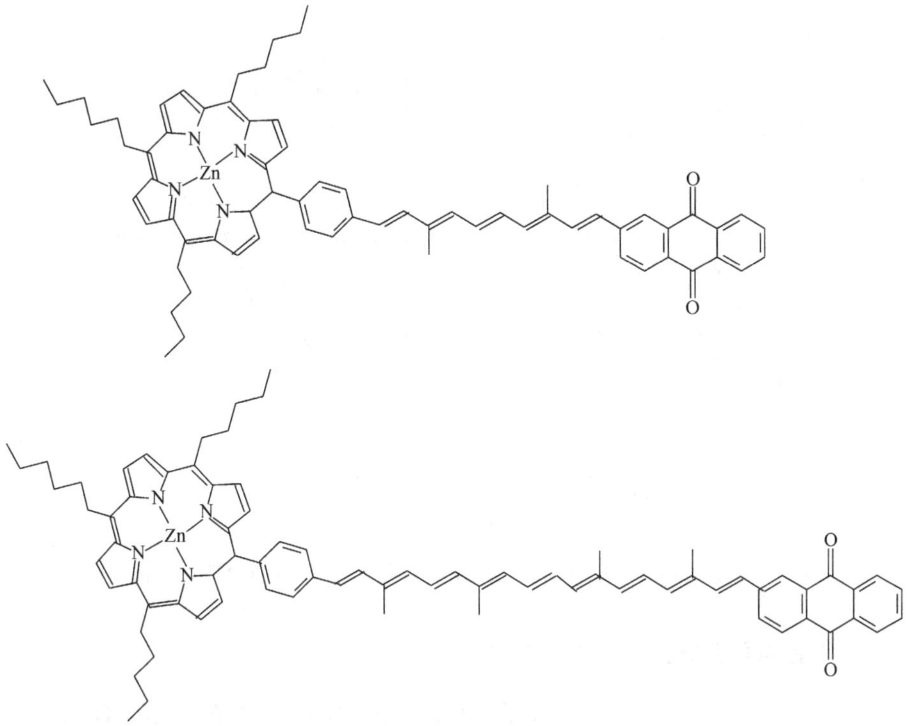

图5-7 具有不同长度共轭桥的卟啉-醌超分子化合物

较低能量的电子激发态。因此对于这类体系,事实上可看作为由三种活性组分所组成的超分子体系,通过对它们光物理行为的研究——包括其荧光猝灭以及皮秒级瞬态吸收的测定,得到如图5-8的结果。

图中可见,左侧为5个双键超分子体系的结果,而右侧则为含9个双键者。对于5个双键的体系的电荷分离是在激发后3 ps内发生的,而其电荷重合(约在10 ps内)则可通过两条相互竞争的途径来完成。一条途径是直接的长距离电子重合;另一条途径则是一两步的过程,包括形成多烯的阳离子自由基状态。虽说第二条途径存在着一个热活化的过程,但由于有较好的电子因子,因此仍然具有一定的竞争力。对于有9个双键的超分子体系,因桥的单重激发态低于卟啉,因此在整个过程中,开始的一个超快事件就是从能量给体将能量转移给桥,然后再从桥与受体间进行电子转移。随后发生的则可以是发生第二次的电子转移,使电荷进一步分离;或是发生电荷重合回到基态等两条途径的分配。可以看出似乎进一步的电荷分离有着更大的机会。和上面的情况一样,最后的电荷重合也存在两条途径的竞争。可以看出,对于含有这类共轭双键的体系其间的L不能简单的看作是"桥",它在实际上已表现为体系中第三个活性组分。

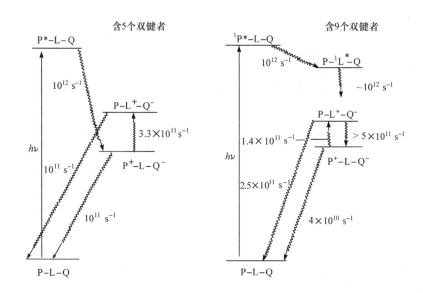

图 5-8 上述超分子化合物经光激发后的电子转移,电荷分离与重合过程

5.1.2 以金属配合物为活性组分的体系

金属配合物可看作是由某些亚单位(配体和金属)所组成的体系。我们在本书的前言中曾提到由于配位键一般较强,因此从严格意义上说,金属络合物不应属于由弱键作用而组成的超分子范畴。但在某些情况下,由于金属和配体间的"离域性"(delocalization)甚小,以至它们间可发生独立的氧化还原过程,使人们将配合物中亚单位看作是各自定域的。从这一点讲,它们和以 σ 共价键联结的超分子化合物相类似。正因如此,因而将金属配合物的激发态作为"电子转移"试剂的研究也随之得到发展,于是联吡啶钌 $Ru(bpy)_3^{2+}$ 就成为最早应用的金属配合物研究对象。随着对这类体系研究的发展,其他的金属离子也不断的得到应用,如 Os(II)、Re(II)、Cu(I)、Rh(III)、Ir(III)、Pt(II)以及 Pd(II)等,因此它们的配合物及其光化学研究也日趋发展,形成了一股颇有规模的潮流。

金属配合物的激发态可以分为:金属为中心的激发(metal-centered)、配体为中心的激发(ligand-centered)、金属到配体的电荷转移激发(MLCT)、配体到金属的电荷转移激发(LMCT)以及金属-金属到配体(MMLCT)的电荷转移激发等。可以看出金属配合物有着非常丰富的激发态,因此如何通过分子设计来调节、控制和利用它们就成为配合物光化学研究中重要的研究课题。

可对已充分研究的三(联吡啶)钌(II)[$Ru(bpy)_3^{2+}$]的性质作一简要讨论[30],如图 5-9。

在对 $Ru(bpy)_3^{2+}$ 配合物的电化学研究中确定,在电化学过程中,氧化反应是

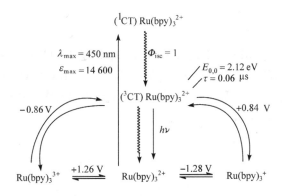

图 5-9 $Ru(bpy)_3^{2+}$ 的光谱，光物理和氧化还原性质

和金属离子相关联，而还原则与配体相关。要注意的是在还原态中，配体并非集体还原，而是将得获得的电子以振动形式附着于其中一个配体之上。于是在发生一个电子的氧化还原反应中，氧化态可写成 $Ru(III)(bpy)_3^{3+}$，而还原态则为 $Ru(II)(bpy)_2(bpy^-)^{2+}$。这就可以在近红外光谱区观察到配体-配体间的光学电子转移跃迁，并可在极性有机溶剂中估计出配体与配体间电子跳跃(Hopping)的活化能值，约为 1000 cm^{-1} 量级[31]。这种氧化和还原位点的局域性，决定了配合物激发态(MLCT型)的长寿命性质。并且其吸收和发射能量也可从电化学电位予以预示。

金属配合物也可作为超分子体系的组分之一，即它可和其他组分相结合来构筑新的超分子体系。在有这类有金属配合物参与的 A-L-B 型超分子中，以金属联吡啶配合物为发色团的体系，在无机光化学中起到最为重要的作用。多数配合物都是由 $4d^6$ 或 $5d^6$ 金属，如：Ru(II)、Re(I)、Os(II) 以及一个、二个或三个联吡啶或菲洛林等所组成。从上列的 $Ru(bpy)_3^{2+}$ 的光谱，光物理以及氧化还原性质图中可见，此类发色团有着低能位的 MLCT 三重态，因此易于从它们的发光中检测出。这些发色团的激发态通常是良好的还原剂和温和的氧化剂，因此当它们与作为猝灭剂的不同的电子给体与受体相结合时，可组成不同的超分子功能体系。

Meyer[32]等曾详细地研究了下列以 Re 配合物为组分之一，结合其他组分如甲基紫精(MQ)构成了如下列的超分子体系：

同时，除 Re 以外还对其他金属，如 Ru(II)[33]、Os(II)[34] 等的配合物也进行了相应的研究。结构式中的 X 可以是：—NH_2、—H、—COOEt 等基团。体系中有两个 MLCT 态，一个为 MLCT(Re→bpy)，另一个则是 MLCT(Re→MQ^+)。在吸收光谱中它们单重态的能量序是 MLCT(Re→bpy)＜MLCT(Re→MQ^+)。通过对化合物在溶液中的荧光以及瞬态吸收研究发现上述的能序在核构型弛豫后发生反转。结果如图 5-10 所示：

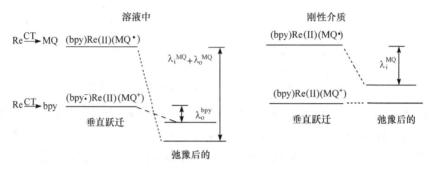

图 5-10　Re(II)配合物在溶液中两种 MLCT 跃迁能序在弛豫后的反转

这一结果是在下列实验基础上得到的。当配合物被激发后，原有的 MLCT(Re→bpy)的发光（当无 MQ^+ 存在时所观察到的发光）被猝灭了。而 MLCT(Re→MQ^+)态则得到布居（从瞬态吸收中可观察到 MQ 吸收的增多），这在实际上是发生了 bpy→MQ^+ 间的配体—配体电子转移。在液态中能级的反转可归因于两个因子：①体系中溶剂偶极的弛豫很快，这与存在着较大的电荷分离[和 MLCT(Re→bpy)相比，MLCT(Re→MQ^+)态有着大的电荷分离]相关；②内核坐标的弛豫，这主要是因 MQ^+ 得到电子发生还原时，所引起的由扭曲向平面的转换所致，对 MQ 而言这部分的贡献不容忽视。和在溶液中的情况相反，当上列配合物（X＝H 或 COOEt 时）处于刚性玻璃态（或为 77 K 或为室温）时，上述的 MLCT(Re→bpy)态发光的猝灭，以及 MLCT(Re→MQ^+)态的生成就不能被观察到，这表明：在刚性介质中，虽然内扭转的弛豫仍然存在，但由于溶剂再极化的模式被完全阻抑，因而导致 MLCT 能级的反转现象就不再出现。在这一体系中，MQ^+（甲基紫精）是一种常用的电子受体化合物，因此这一配合物可以看作是由 Re 的配合物 $(CO)_3Re(X_2-bpy)$ 发色团和猝灭剂 MQ^+ 组成的超分子体系。

另一些类似的以金属铼配合物为组分的超分子体系是由 Schanze、Netzel 等合成的，其结构[35,36] 列出如图 5-11。图中左侧的化合物和带 MQ^+ 的相比，联结的是一电子给体化合物，并以—CN—为 L。这一配合物是由 Schanze 和 Netzel 等设计合成的，可简写为：$[(bpy)Re(I)(CO)_3DMABN]^+$，其中的 DMABN 为二甲氨基对氰基苯。在这一配合物中，MLCT(Re→bpy)态的发光被完全猝灭，如在瞬

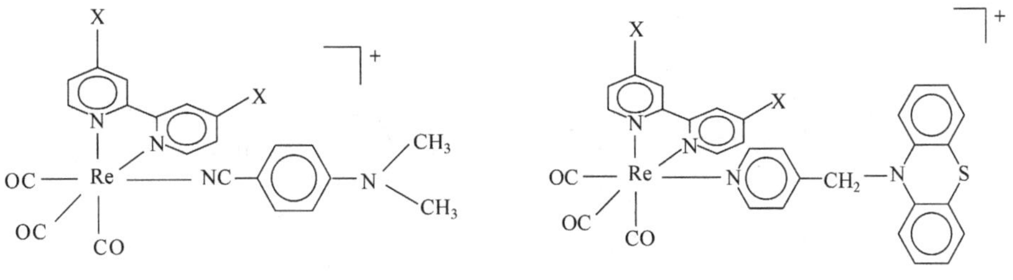

图 5-11 两种铼配合物组成的超分子 A-L-B 化合物

态吸收中所证实的,这是因 DMABN→Re 的电子转移所致。而最后的重合则是 LLCT,即配体到配体的电荷转移过程。如图 5-12 所示:

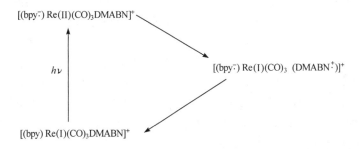

图 5-12 图 5-11 中左侧化合物的光诱导电子转移过程

图 5-11 中右侧的另一配合物带有吩噻嗪(phenothiazine,PTZ)基团,吩噻嗪同样为一电子给体组分。这一化合物也是由 Meyer 等所研究的。和前者不同的是这一体系可毫不含糊归入到两组分的超分子体系之中。因为在金属配合物和 PTZ 间存在一个亚甲基,使二者完全隔离。也即 PTZ 已完全脱离金属的配位环,而独立存在。这一体系的行为,在乙腈中,和带二甲氨基对氰基苯的[(bpy)Re(I)(CO)$_3$DMABN]$^+$ 行为基本相似。如其 MLCT(Re→bpy)发光可很快的(<10 ns)被分子内的电子转移过程(PTZ→Re)所猝灭。而在刚性介质中则猝灭被阻抑,表明为方便电子转移过程的实现,分子内某些核的运动是需要的(如假设吡啶和吩噻嗪间的折叠等)。

有关金属钌的配合物,在金属配合物的光化学研究中占有重要位置。它同样也可被用作为组分之一,并与其他组分一起,构成用于电子转移研究的超分子体系。下列的一种是由 Elliott 和 Kelley[37] 等提出,并进行过详细研究的化合物(图5-13)。

可以看出,在图 5-13 的超分子体系中,作为发色团的三(2,2-联吡啶)钌(Ⅱ)和作为猝灭剂的电子受体 2,2-联吡啶以共价键相联结。其中的亚甲基链的 n 值为 2、3、4 不等。将上列化合物的乙腈溶液通过皮秒级的吸收和发光测定表明:激发

4+
N
Ru
CH$_2$–CH$_2$
N$^+$— (CH$_2$)$_n$
N$_+$
CH$_3$

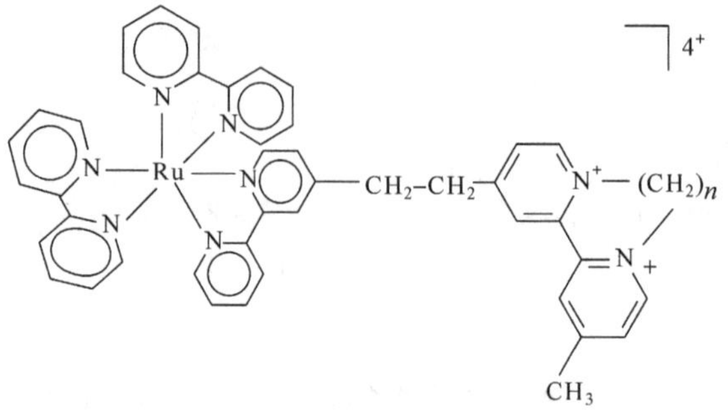

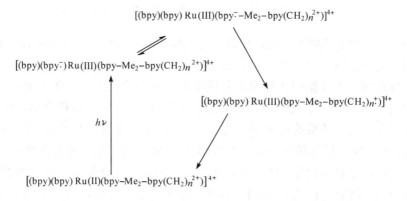

图 5-13　联吡啶钌配合物与 2,2-联吡啶盐组成的超分子化合物

了的联吡啶钌向作为猝灭剂的联吡啶发生了体系内的电子转移。其前进的电子转移发生于 80～1700 ps 的时间尺度内，而电荷重合则经常会很快的出现（$\tau<30$ ps）。这一过程的机制可假设为：电子转移首先是发生于与 Ru(II)相邻的（直接相连的）联吡啶配体，然后定域于不同配体上的 MLCT 态间发生很快的相互转换，直至到达作为猝灭剂的联吡啶，此为过程的决速步骤（rate determining）。前进电子转移的速率和反应驱动力间（当改变 n 值时，驱动力可在 0.2～0.6 eV 间可调）的关系，正如期望的，处于 Marcus 理论的正常区域内（此时的 λ 值为 0.8 eV）。可以将上述电子转移过程的机制表示为图 5-14：

[(bpy)(bpy) Ru(III)(bpy$^{\cdot-}$–Me$_2$–bpy(CH$_2$)$_n^{2+}$)]$^{4+}$
[(bpy)(bpy$^{\cdot-}$) Ru(III)(bpy–Me$_2$–bpy(CH$_2$)$_n^{2+}$)]$^{4+}$
[(bpy)(bpy) Ru(III)(bpy–Me$_2$–bpy(CH$_2$)$_n^{\cdot+}$)]$^{4+}$
$h\nu$
[(bpy)(bpy) Ru(II)(bpy–Me$_2$–bpy(CH$_2$)$_n^{2+}$)]$^{4+}$

图 5-14　图 5-13 中超分子化合物的光诱导电子转移与分离，重合过程

还可举出另一个以钌为中心的金属配合物所构成的超分子体系，其结构如图 5-15。

Schanze 和 Sauer[38] 等设计合成了以多肽齐聚物为中间联结体，通过它们将联吡啶钌和苯醌连接起来，构成了一类以钌的配合物为发色团的电子转移超分子体系。这一合成战略曾广泛地用于研究氨基酸与金属中心间的热驱动分子内电子转移问题。在齐聚多肽中，齐聚的 L-脯氨酸由于其侧链的环状结构可以限制分子的

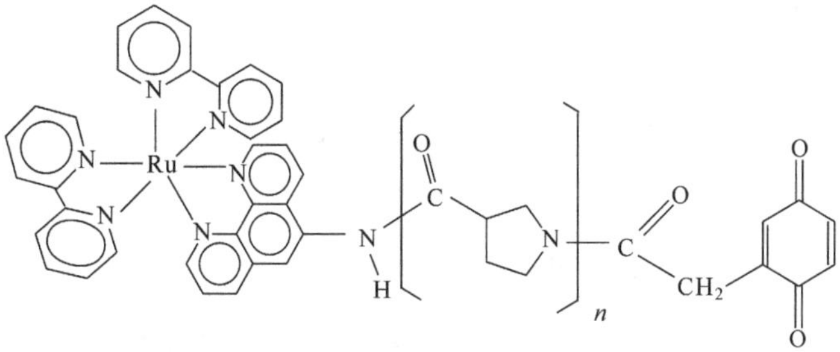

图 5-15 以多肽齐聚物为联结体的联吡啶钌配合物-醌超分子化合物

旋转和减慢构象异构体的内转换至 $\tau \approx 1$ s 时间之内,因此是一种很好的选择。在上列的超分子体系中,n 值分别为 0、1、2、3、4 不等。Schanze 及 Sauer[38]等对其光化学行为进行了系统的研究发现:所有的这些化合物在溶液中(二氯甲烷),作为发色团的多联吡啶钌(Ⅱ)的荧光能被强烈地猝灭。表明分子在激发后出现了发色团向醌的电子转移过程。而发光的寿命都属于多指数的衰变,因此可以建议在电子转移过程中有几种不同的构象异构体参与其中。很有趣的是,按照有着最大幅度(或比例)的寿命数据(相当于最优的电子转移构型)所计算得到的电子转移速度常数,随着 L-脯氨酸残基数的增多而迅速地下降。基于对发色团-猝灭剂间距离的估计,速度常数与距离间符合指数的依赖关系,而最低的 β 值约为 0.75 Å^{-1},它和饱和刚性桥的典型数值很好的相符。

在金属配合物的体系中尚有如双核以及多核的金属配合物等,在双核的体系中,两个金属配合物是通过桥键而相互联结。下面可举出由 Creutz 等[39]所提出的、代表这一领域内开拓性的双核配合物,结构如下:$(NH_3)_5Ru(Ⅱ)(pz)Ru(Ⅲ)(EDTA)^+$,其中的 pz 为吡嗪(pyrazine),可作为两个钌原子间的桥配体(bridging ligand, BL)。而所含的两个 Ru 分别有着不同的电价,因此这是一种具有混合价的物种。从光谱行为得知,配合物首先发生的是由金属到桥配体间[Ru(Ⅱ)→pz]的电荷转移,可写成 M(BL)CT,处于可见光部分,而 Ru(Ⅱ)→Ru(Ⅲ)间的价键转移(intervalence transfer, IT)跃迁则处于近红外的部分。对相当于充分还原了的 Ru(Ⅱ)-Ru(Ⅱ)物种,或单核"钌"的模型化合物 $Ru(NH_3)_5(pz)^{2+}$,用皮秒级激光光解法进行研究时发现:光照可引起基态吸收的瞬时褪色,寿命约为 0.1 ns,这应看作为 M(BL)CT 的特征。但对于混合价体系 Ru(Ⅱ)-Ru(Ⅲ),褪色就不太明显(约为前者的 1/10)。这些结果可按下列的途径予以解释(图 5-16)。

图中的 $(NH_3)_5Ru(Ⅱ)(pz)Ru(Ⅲ)(EDTA)^+$ 在受光激发后,可发生 M(BL)CT 的转移,然后经第二步由桥配体(BL)向金属[Ru(Ⅲ)]进行电子转移,使 M(BL)CT 态迅速猝灭,而实现最低 IT(价键转移)激发态的布居。最后再从该 IT 态通过金属与金属间的电子转移回到基态。从实验得到的衰变速度和按 Hush 理

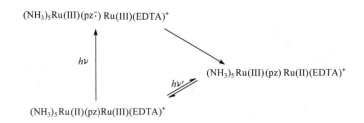

图 5-16　图 5-14 超分子化合物的光诱导电子转移与分离,重合过程

论及有关数据,包括氧化还原电位,光谱中 IT 带的参数,以及采用适当的溶剂重组频率因子等,所计算得到的数值,十分相符。然而,一个使人迷惑的结果是,当用近红外的激光脉冲直接激发体系实现 IT 态布居时,不能观察到有任何瞬态的褪色现象。作者提出的一个可能解释是认为通过吸光而直接布居的 IT 态可先于溶剂的弛豫而衰变回到基态。

多核金属配合物内的容广泛而丰富,特别是发展了既能用作桥键,又能作为端基的腈基(—C≡N—)配体,更有利于这类多核配合物的合成[40,41]。这里仅列出一些有关的结构式。而有关它们的光化学和光物理行为,已有详细报告,有兴趣读者可参看有关文献[41]。

上面主要讨论的是由两组分组成的 A-L-B 型超分子体系,下面再就三组分,甚至四组分的超分子体系进行适当的介绍和讨论。

在两组分的电子转移 A-L-B 体系中已表明,通过电子转移可以瞬态而高效的将光能(通过氧化还原过程)转化为化学能。然而在这些体系中,还原的受体与氧化了的给体间的电子转移逆过程能很快的在小于 10^{-8} s 的时间尺度内发生。这么一个快速的过程对于一实用体系来说是过于短了。因此,如何来增大电荷分离态的寿命,特别在对人工光合作用的研究中早已被人们所指出。1983 年,由 Arizona 的科学家 Gust 以及 Moore[42,43]等提出了第一个电荷分离的三组分体系(triad),具有如图 5-17 的结构。

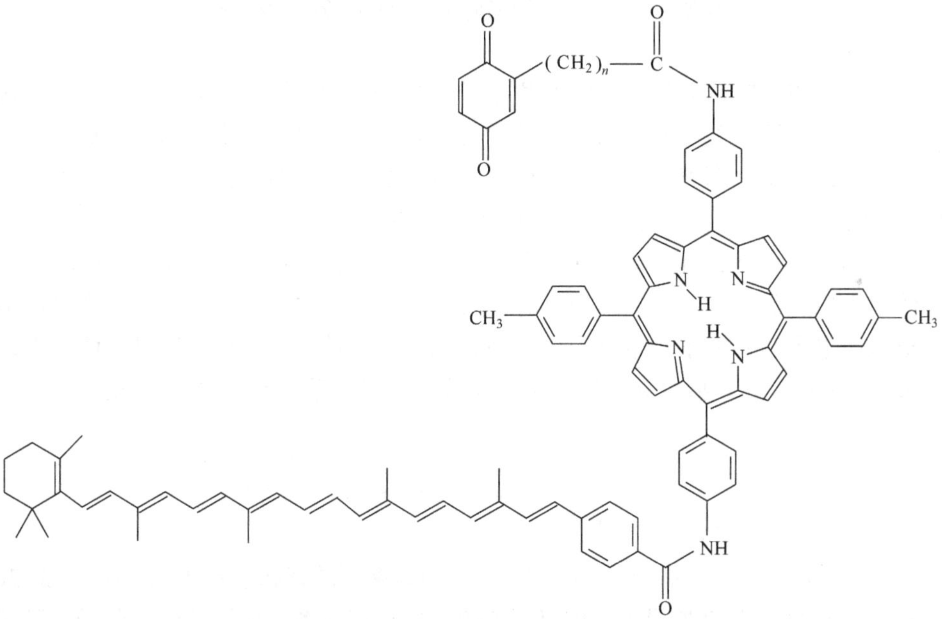

图 5-17 Gust 和 Moore 等提出的电荷分离三组分体系

该三组分体系是由卟啉(P),类胡萝卜素(C)以及醌(Q)所组成。其中的类胡萝卜素多烯(polyene)为电子给体,而连有不同长度亚甲基($n = 1 \sim 4$)链的醌为受体,卟啉则为吸光部分。其间都以酰胺基为桥,相互联结。该三组分体系的工作机理可由图 5-18 予以说明。

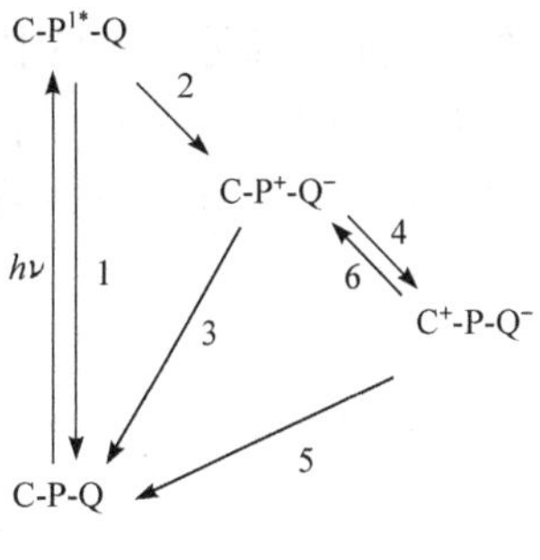

图中可以看出当卟啉受光激发后形成了卟啉激发单重态,紧跟着的是一个快速的电子转移至醌的过程,其转移速度则随亚甲基数目不同而有所不同($k_2=9.7×10^9 \sim 1.5×10^8$ s^{-1},当 $n=1 \sim 4$)。在竞争的条件下,随着第一次的电子重合过程(过程 3),从胡萝卜素(C)向氧化了的 P^+ 发生第二步的电子转移,形

图 5-18 上述三组分体系的电子转移,电荷分离与重合

成了一个新的电荷分离状态。而从此电荷分离状态回到基态的电子重合过程,由于正、负电荷间存在着大的空间,因此是相当慢的。当在二氯甲烷及丁腈中测定时,其寿命分别为 300 ns 及 2000 ns。有关生成电荷分离态的量子产率则是不同电子转移速度常数的复杂函数,并且和化合物中亚甲基的长度有关。曾对 $n=2$ 的化合物在二氯甲烷中,测得最大的电荷分离量子产率为 0.11。

5.2 共价联结的能量转移超分子体系

超分子体系中的能量转移问题和电子转移一样,是超分子光化学中的一个核心问题和人们经常关注的对象。这是因为它在自然界如光合作用中,以及在许多实际应用的问题上都离不开能量转移的应用。因此涉及能量转移的方面是多种多样的,当然在这里将着重对在超分子体系中的能量转移问题进行讨论。

在 A-L-B 型超分子体系的能量转移研究中,一些基本骨架仍可借用在电子转移体系中用过的某些"桥"的结构,如甾体化合物等,因此 Closs 和 Miller 等曾提出在类似于电子转移体系的超分子中,将两端的电子给体与受体,以能量给体与受体取代,构成了 A-L-B 型以共价键联结的超分子能量转移体系,如式(5-6):

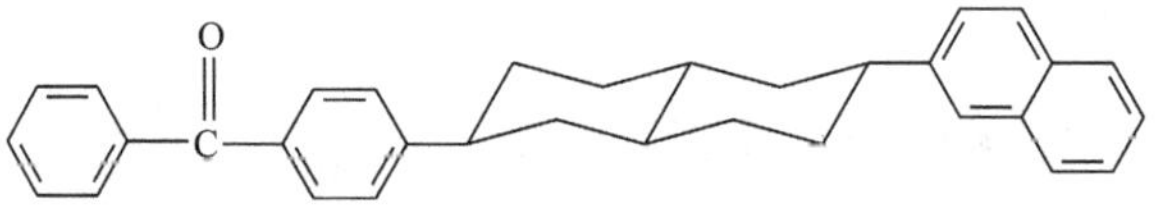

$$\text{（结构式）} \tag{5-6}$$

可以看出,在上列的化合物中,将原来在甾体两侧的萘和联苯(电子转移系统)改为萘和二苯酮,于是就构成了一种超分子的能量转移体系。该体系中二苯酮经激发后,可通过系间穿越到达三重态,形成了三重态的能量给体,而萘则成为三重态的能量受体。通过对二苯酮的脉冲激光激发,就可清楚的观察到二苯酮三重态的衰变和萘三重态的逐步建立。由于,一般说来,三重态的能量转移都是通过电子交换过程完成的。因此在超分子体系中,转移的速度将随着二苯酮和萘间—C—C—键数目的增多而逐步减小。与在电子转移中的情况一样,这种在速度上的降低也是按指数规律的原则。而其中的 β 系数为 2.6/键,这一数值约为从电子转移或空穴转移过程中得到的两倍[44]。

上面提到的 Verhoeven、Paddon-Row[45,46] 等用类降冰片为桥的电子转移超分子体系也曾经适当的修饰用以研究"桥"两端能量给体与受体间的转移问题。他们将羰基化合物来代替原来的二氰乙烯基,构成了以二甲氧基萘为能量给体,羰基为受体的超分子能量转移化合物。他们同样通过观察二甲氧基萘荧光随基团间—C—C—键数目的变化,来研究这类体系的单重态与单重态间的能量转移问题,发现随着基团间—C—C—键数目的增多荧光猝灭常数也按指数规律而降低,但当键数增大到 12 后,猝灭常数变得难于测定了。测得的 β 系数为 1.59/键,这一数值也约为类似体系的电子转移过程所测数据的两倍。单重态与单重态间的能量转移的机制,原则上既可为库仑的长程转移机制,也可为短程的电子交换机制。上述的指数规律不符合长程的与 $1/(r_{AB})^6$ 的依赖关系,因此应符合交换的转移机制,所以在以不同共价桥键结构联结的能量给体与受体间的转移机制是通过"桥"的逐步交换过程而完成的。

有关单重态与单重态以及三重态与三重态间的能量转移问题曾由 Rubin 以及 Speiser 等[47~49]进行过研究。他们采用了下列化合物为模型化合物,结构如图 5-19。

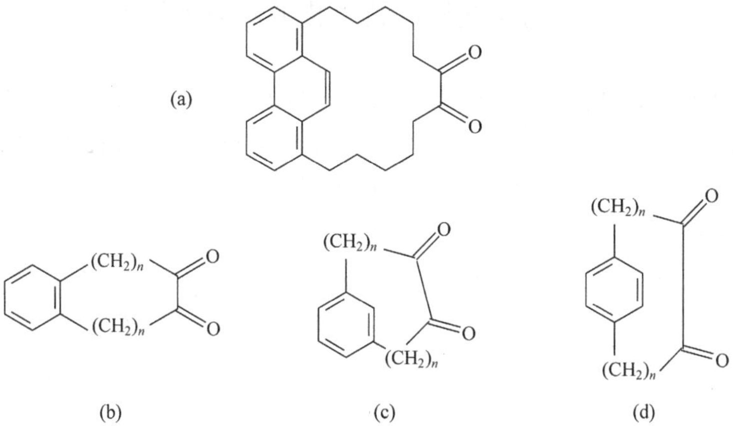

图 5-19　桥式芳基-α-二酮基超分子化合物

可以看出,合成的化合物是以芳香基为能量给体,而 α-二酮则为能量受体。上列(b),(c),(d)化合物中的 n 值为 2~6,尽管分子中存在着柔顺的聚亚甲基链,但分子中的"双桥"结构却严重地限制了体系的柔顺性,使分子内组分间的距离基本保持不变。在对芳基的激发下,体系显示有双重荧光,其中一个为芳基的发射,而另一个则为二酮的发光。这表明体系内芳基的激发可引起部分的单重态到单重态的能量转移。通过研究改变距离和温度对能量转移的依赖关系,可以认为这里的能量转移是属于交换机制。

法国科学家 Valeur[50,51]曾研究过下列具有柔性链为桥的能量转移体系,结构如下:

可以看出,在两个香豆素组分间有一柔顺的亚甲基链($n=3、4、6、12$),而香豆素中的一个,在 4 位处带有 CF_3 基团,以示差别。从上列化合物的激发和荧光光谱表明:在左侧的 7-羟基香豆素组分吸光后,可观察到右侧 4-三氟甲基-7-氨基香豆素的荧光发射。高的能量转移效率可能得益于链的柔顺性。由于在某些溶剂,如在丙二醇中,由于形成了 NH 基与氧间的氢键,因此,通过用相调制荧光仪测得的能量转移速度为 2×10^{10} s^{-1},并对 n 值的大小仅有很小的依赖关系。关于两个组分间距离分布的情况曾进行过计算,所得结果和按 Forster 能量转移理论框架所计算得到的数值,能很好的相符。

5.3 有关光致结构变化的超分子体系

在超分子体系中,其中某一组分具有光异构化能力者,可以构成一种光致结构变化的超分子体系。前面的章节中曾指出过一些具有光异构化能力的化合物,如:芪、偶氮化合物以及先经断裂、再发生异构化的螺吡喃化合物等。如式(5-7)~式(5-9)所示:

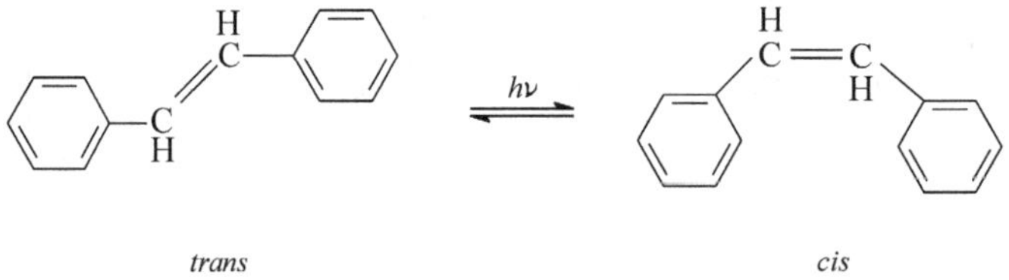

$$\text{trans} \xrightleftharpoons{h\nu} \text{cis} \tag{5-7}$$

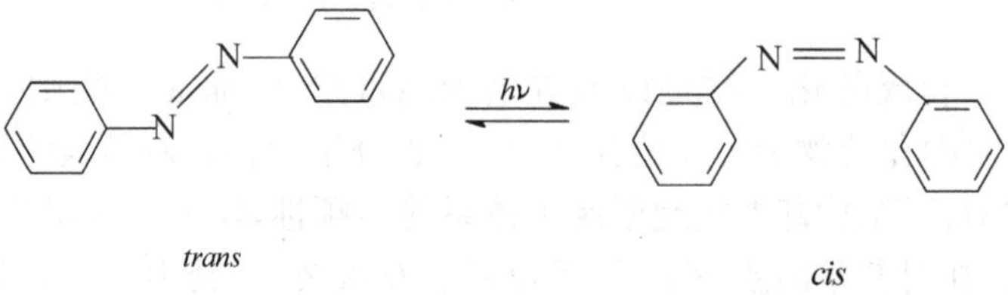

$$\text{trans} \xrightleftharpoons{h\nu} \text{cis} \tag{5-8}$$

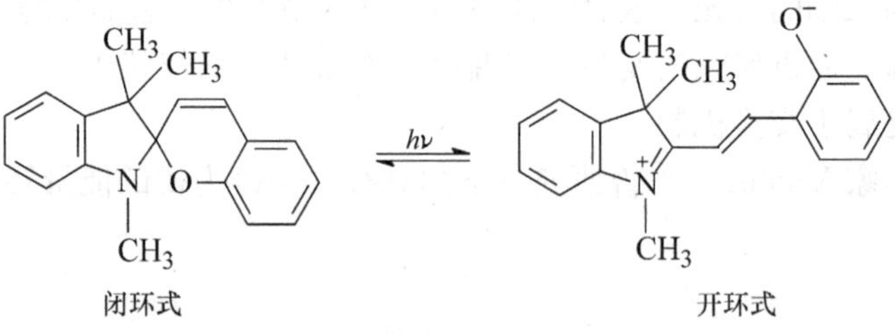

$$\text{闭环式} \xrightleftharpoons{h\nu} \text{开环式} \tag{5-9}$$

在一个人工合成光诱导结构变化的超分子体系中,将上述光异构化化合物作为组分之一引入,就可组成一种以共价键联结光响应的超分子体系。可以通过具体例子来说明这类体系的特征。如冠醚类化合物,作为一种多齿的金属或有机阳离子配体,当它与金属离子进行配合时,所形成配合物的生成常数是依赖于其腔体是否与金属离子的尺寸相适应。因此从对特定离子的选择性出发,腔体尺寸是可加以设计的。由于冠醚的柔顺性,因此其构型易于变更,于是当它和具有光致异构化能力的组分相结合构成超分子体系时,在异构化发生时,就有可能得到尺寸可变的冠醚组分,来捕获不同尺寸的金属离子。有关冠醚组分对离子键合能力可控的超分子体系,不仅有光控的体系,还有如用氧化还原进行控制、用酸碱变化控制以及温度控制等,这里不一一予以说明介绍。下面就光控体系以 Shinkai 等[52]合成的超分子化合物,举例说明如下:

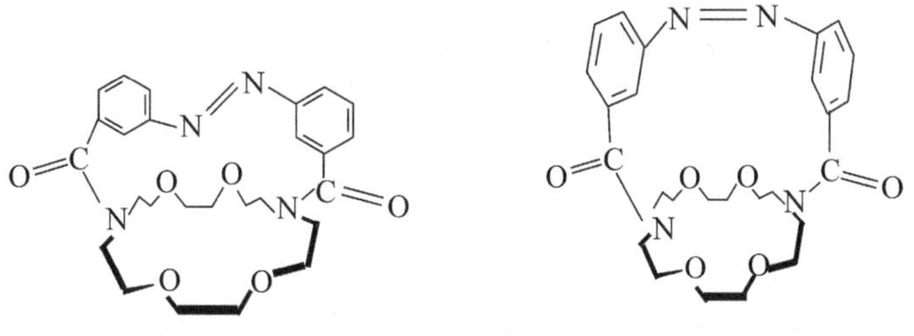

trans　　　　　　　　　*cis*

可以看出,上述化合物是以偶氮苯基与冠醚相结合的超分子体系,超分子体系内联结的为一种二氮杂冠醚,当偶氮基处于反式结构(trans)时,冠醚仅能与较小尺寸的金属离子,如 Li^+ 或 Na^+ 等相结合,而当化合物经光照、偶氮基发生异构化后,则空腔尺寸有所变化,使形成的右侧结构化合物可以容纳较大尺寸的金属离子,如: K^+ 和 Rb^+ 等。说明这里的光异构化反应所起到的是扩充冠醚腔体的作用。

另外,通过二芳烯光致变色反应也可将体系用作为光开关应用,如式(5-10)所示:

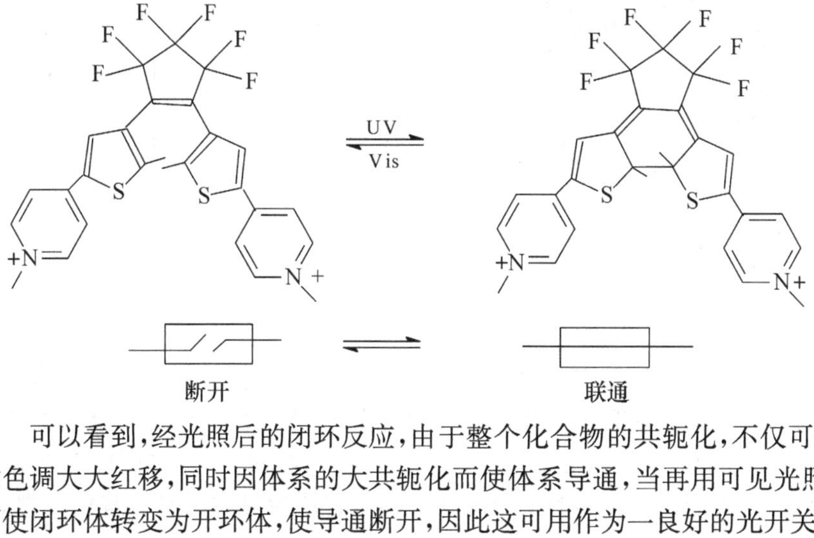

$$\xrightarrow[\text{Vis}]{\text{UV}} \tag{5-10}$$

断开　　　　　　　　　联通

可以看到,经光照后的闭环反应,由于整个化合物的共轭化,不仅可使化合物的色调大大红移,同时因体系的大共轭化而使体系导通,当再用可见光照射时,又可使闭环体转变为开环体,使导通断开,因此这可用作为一良好的光开关体系。

下面再举出一种通过光照控制腔体大小的超分子体系[53]，是利用肉桂酸可逆的二聚合反应来实现类似于上列体系功能的。其结构如式(5-11)：

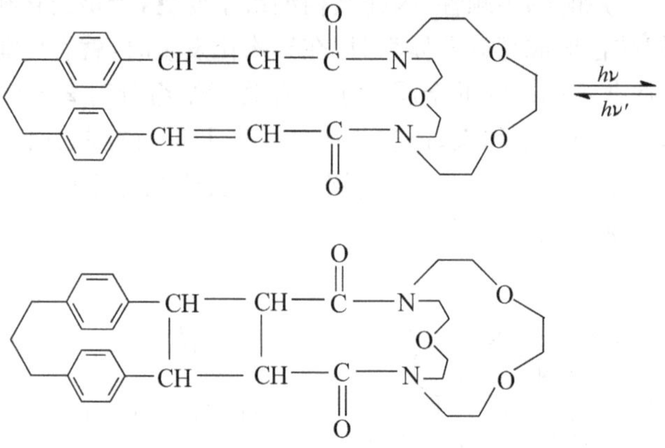

$$\text{[结构式]} \underset{h\nu'}{\overset{h\nu}{\rightleftharpoons}} \text{[结构式]}$$

(5-11)

可以看到这是一个光控的可逆过程，左侧化合物通过光合加成反应，形成四元环结构，并能在另一波长光的照射下回到原状。由于在两个肉桂酸的端基通过酰胺与氮杂冠醚相连接，因此该冠醚所能利用的空间就和体系是否二聚合相关，达到了光控的目的。

通过光异构化实现光控，主要是它能引起某些作为主体(host)的配体化合物几何尺寸的变化而实现的。上面几个例子都是和冠醚相联系的。在超分子化学中另一种重要的主体化合物——环糊精(CD)同样也可通过与能发生异构化反应的组分相结合，构成共价结合的光控超分子化合物。例如下列化合物[54]：

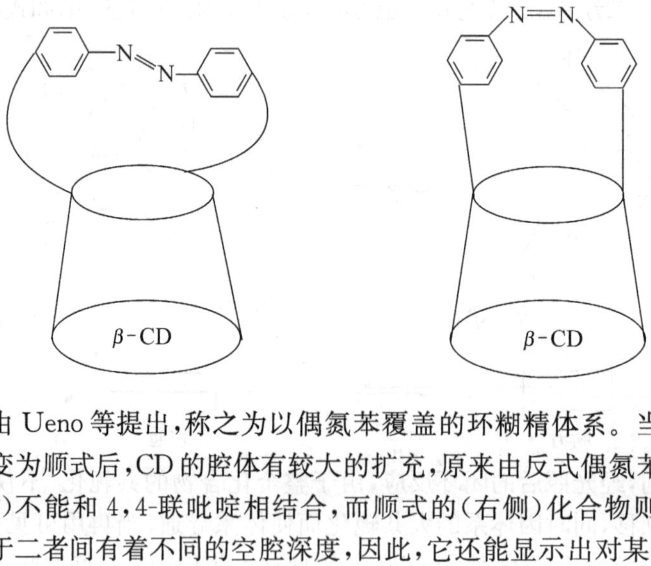

这一体系是由 Ueno 等提出，称之为以偶氮苯覆盖的环糊精体系。当化合物经光照由反式转变为顺式后，CD 的腔体有较大的扩充，原来由反式偶氮苯覆盖的体系(左侧化合物)不能和 4,4-联吡啶相结合，而顺式的(右侧)化合物则能与之相结合。另外由于二者间有着不同的空腔深度，因此，它还能显示出对某些化合物如：

硝基苯基醋酸酯的水解反应有不同的催化能力。表现体系具有对催化活性的控制性。

上节讨论的涉及主-客(host-guest)体系的问题。虽然主/客体系也属于超分子体系的一种,是经过弱的相互作用使二者相结合而形成的,但它不属于以共价键连接的超分子体系。而本节中,我们主要讨论的则是功能性的主体化合物,即在光的作用下可以实现调节或控制的主体体系,因此二者间是有差别的。通过光化学来研究主/客体系,或通过主/客体系的形成,导致其光化学或光物理行为上发生变化,这在分子(客体分子)识别问题上特别有用。有关这一方面的问题,在荧光化学敏感器一章中将有详细的介绍。下面将介绍一种具特殊结构的主体化合物。当与客体物种结合时,能向外部提供有关光化学信息的超分子体系。化合物结构如下:

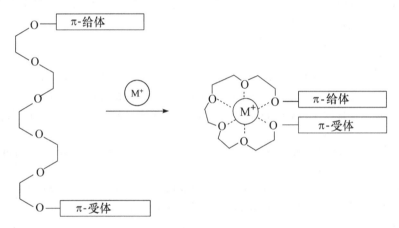

这是一类由聚醚形成的开链式"冠醚"化合物,在其两端分别联有 π-给体和 π-受体,当体系中引入碱金属离子就可形成如图中所示的变化。即可形成如冠醚状的结构体系。由于一些特殊设计的端基化合物(如两端分别为萘和二硝基苯甲酸)则当它们相互靠拢并有碱金属存在时,将会产生很深的色调,给人以深刻的印象[55]。

5.4 结　语

在本章中,我们对以共价键联结不同功能类型的超分子体系从三个基本方面进行了讨论。它们分别是光诱导电子转移、能量转移以及有关光致结构变化的超分子体系等。从列出的众多例子可以看出:对于这类将几种不同活性组分,通过共价键联结组成的体系,除了少数用于理论性的研究外,大多是用于各种不同的功能性场合。包括如光谱敏化、天线效应、光能转换以及不同的光化学分子开关器件等。在多数的例子中还是以 A-L-B,即以两组分所组成的体系为主,并对它们的光化学光物理行为进行了必要的讨论。但其中也适当地介绍了三组分体系或含有更多组分体系的问题。因为对某些复杂功能的体系,如光电转换——太阳能利用的问题,往往需要采用较复杂的体系,才能解决问题,因此也就需要更多活性组分的参与并进行合作和协同。通过本章的讨论,相信将对在序论中提到的 A-L-B 共价联结的超分子化合物可用作为研究工作的重要平台的看法,将会有进一步的深入理解。

参 考 文 献

[1] Jortner J. J. Chem. Phys., 1976, 64:4860
[2] Ulstrup J. Charge transfer process in condensed media. Springer, 1979
[3] McConnell H M. J. Chem. Phys., 1961, 35:508
[4] Miller J R, Beitz J V. J. Chem. Phys., 1981, 74:6746
[5] Zhou Shengze, Shen Shuyin, Zhou Qingfu, Xu Huijun. J. Chem. Soc. Chem. Commun., 1992, 669
[6] Salemme F. R., in Chance B., De Vault D. C., Frauenfelder H., Mrcus R. A., Schrieffer J. R., Sutin N. (eds) "Tunneling in Biological Systems" 1979, Academic
[7] Michel-Beyerle M E. Antenna and reaction centers in photosynthetic bacteria. Springer, 1985
[8] Breton J, Vermeglio H. The photosynthetic bacterial reaction center-structure and dynamics. Plenum, 1988
[9] Deisenhofer J, Epp O, Miki K, Huber R, Michel H. J. Mol. Biol, 1984,180: 385
[10] Chang C H, Tiede D M, Tang J, Smith U, Norris J, Schiffer M. FEBS Lett., 1986, 205:82
[11] Allen J P, Feher G, Yeates T O, Komiya H, Ress D C. Proc. Natl. Acad. Sci. 1987, 84:5730
[12] Bixon M, Jortner J, Michel-Beyerle M E, et al. Chem. Phys. Lett., 1987, 140:626
[13] Marcus R A. Chem. Phys. Lett., 1987, 133:471
[14] Kirmaier C, Holten D, Parson W W. Biochim. Biophys. Acta., 1985, 810:33
[15] Closs G L, Miller J R. Science, 1988, 240:440
[16] Calcaterra L T, Closs G L. Miller J R. J. Am. Chem. Soc., 1983, 105:670
[17] Paddon-Row M N. Acc. Chem. Res., 1982, 15:245
[18] Pasman P, Rob F, Verhoeven J W. J. Am. Chem. Soc., 1982, 104:5127
[19] Hush N S. Coord. Chem. Rev., 1985, 64:135
[20] Oevering H, Paddon_Row M N, Heppener M, Oliver A M, Cotsaris E, Verhoeven J W, Hush N S. J. Am. Chem. Soc., 1987, 109:3258
[21] Hush N S, Paddon-Row M N, Cotsaris E, Oevering H, Verhoeven J W, Heppener M. Chem. Phys. Lett. 1985, 117:8
[22] Heitele H, Michel-Beyerle M E. J. Am. Chem. Soc., 1985, 107:8068
[23] Heitele H, Finckh P, Weeren S, Pollinger F, Michel_Beyerle M E. J. Phys. Chem.,

1989, 93:5173
[24] Finckh P, Heitele H, Volk M, Michel_Beyerle M E. J. Phys. Chem., 1988, 92:6584
[25] Wasielewski M R, Niemczyk M P. J. Am. Chem. Soc., 1984, 106:5043
[26] Wasielewski M R, Niemczyk M P, Svec W A, Pewitt E B. J. Am. Chem. Soc., 1985, 107:1080
[27] Joran A D, Leland B A, Geller G G, Hopfield J J, Dervan P B. J. Am. Chem. Soc., 1984, 106:6090
[28] Joran A D, Leland B A, Felker P M, Zewail A H, Hopfield J J. Nature, 1987, 327:508
[29] Wasielewski M R, Johnson D G, Svec W A, Kersey K M, Cragg D E, Minsek D W, Norris J R Jr, Meisel D. Photochemical energy conversion. Elsevier 1989
[30] Juris A, Balzani V, Barigelletti F, Belser P, Von Zelewski A. Coord. Chem. Rev., 1988, 84:85
[31] De Armond L K, Hanck K W, Werze D W. Coord. Chem. Rev., 1985, 64:65
[32] Westmoreland T D, Le Bozec H, Murray R W, Meyer T J. J. Am. Chem. Soc., 1983, 105:5952
[33] Sullivan B P, Abruna H, Finklea H O, Salmon D J, Nagle J K, Meyer T J, Sprintschnik H. Chem. Phys Lett., 1978, 58:389
[34] Chen P, Curry M, Meyer T J. Inorg, Chem., 1989, 28:2271
[35] Perkins T A, Pourreau D B, Netzel T L, Schanze K S. J. Phys. Chem., 1989, 93:511
[36] Perkins T A, Humer W, Netzel T L, Schanze K S. J. Phys. Chem., 1990, 94:2229
[37] Cooley L F, Headford C E L, Elliott C M, Kelley D F. J. Am. Chem. Soc., 1988, 110:6673
[38] Schanze K S, Sauer K. J. Am. Chem. Soc., 1988, 110:1180
[39] Creutz C, Kroger P, Matsubara T, Netzel T L, Sutin N. J. Am. Chem. Soc., 1979, 101:5442
[40] Bignozzi C A, Roffia S, Scandola F. J. Am. Chem. Soc., 1985, 107:1644
[41] Bignozzi C A, Paradisi C, Roffia S, Scandola F. Inorg. Chem., 1988, 27:408
[42] Gust D, Moore T A. Science, 1989, 244:35
[43] Gust D, Moore T A, Liddell P A, Nemeth D A, Makings L R, et al. J. Am. Chem. Soc., 1987, 109:846
[44] Closs G L, Piotrowiak P, McInnis J M, Fleming G R. J. Am. Chem. Soc., 1988, 110:265
[45] Oevering H, Verhoeven J W, Paddon_Row M N, Cossaris E, Hush N S. Chem. Phys. Lett., 1988, 143:488
[46] Oevering H, Verhoeven J W, Paddon_Row M N, Cossaris E, Hush N S. Chem. Phys. Lett., 1988, 150:179
[47] Getz D, Ron A, Rubin M B, Speiser S. J. Phys Chem. 1980, 84:768
[48] Hassoon S, Lustig H, Rubin M B, Speiser S. J. Phys Chem., 1984, 88:6367
[49] Speiser S, Hassoon S, Rubin M B. J. Phys Chem., 1986, 90:5085
[50] Bourson J, Mugnier L, Valeur B. Chem. Phys. Lett., 1982, 92:450

[51] Mugnier L, Valeur B, Gratton E. Chem. Phys. Lett., 1985, 9119:217
[52] Shinkai S, Nakaji T, Nishida Y, Ogawa O. J. Am. Chem. Soc., 1980, 102:5860
[53] Akabori S, Kumagai T, Habata Y, Sato S. J. Chem. Soc. Chem. Commun., 1988, 661
[54] Ueno A, Takahashi K, Osa T. J. Chem. Soc. Chem. Commun., 1981, 94
[55] Lohr H G, Vogtle F. Acc. Chem. Res., 1985, 18:65

第6章 具有荧光发射能力有机化合物的光物理和光化学问题

6.0 引　言

具有荧光发射能力有机分子结构和性能关系的研究具有重要的意义。它不仅在理论上对激发分子衰变过程的深入探讨有所帮助,同时也因这类化合物在结构上的特殊性,使之能在多种特殊功能的材料上得到应用。一般认为,具有刚性结构、电子离域的化合物,如芳香类化合物——萘、蒽、芘、䓛等是良好的发光材料;而另一类更为重要的发光化合物就是本章中要讨论的,共轭的分子内电荷转移化合物。从超分子光化学角度来讨论这一问题具有双重意义。首先,如在本书序论中提到的,与非共轭的超分子化合物 A-L-B 相对应,存在着一类共轭的类似化合物 A-π-B,前者在光照下可发生分子内的电子转移过程,而后者在光照下发生的则是分子内的电荷转移过程。前者的光照结果因发生光诱导的电子转移,形成了两种离子自由基,而后者的光照结果则因发生了光诱导电荷转移,而引起分子的强烈极化。于是,前者将导致荧光猝灭,而后者则将引起强烈的荧光发射。可以从分子结构出发对两类化合物作进一步讨论。对于非共轭的 A-L-B 化合物,其间的 L 显然是饱和的 σ 键,而当两端的 A 和 B 分别为电子给体(donor,D)和电子受体(acceptor,A)时,则由于 D 和 A 受 σ 键的隔离,它们间并不共轭,电子定域于各自的区域,彼此间仅有微小的扰动。因此,它们的光谱行为在很大程度上仍保持给体与受体固有的光谱特征。相反,对于共轭的 A-π-B 化合物,它们以 π 键来联结两端的基团,其中一端为拉电子基(electron withdrawing group)而另一端为推电子基(electron donating group)。于是在以双键将该两基团连接后,就可构成整个分子电子离域的极性化合物。显然,这类化合物因体系的共轭,使基团间发生了强烈的互扰,导致形成了具有新的光谱特征的新化合物。值得强调的是,这是一类具有很高荧光量子产率的化合物,它们已被广泛地应用于一系列重要的光-电子材料如荧光染料、激光染料、非线性光学材料、上转换材料以及光折变材料等方面,并对这类化合物的设计、合成以及性能等方面的研究出现持续不断的热情和努力。另一方面,这类化合物与超分子光化学中某些功能体系有着十分密切和重要的关系,如在与分子识别相关的荧光化学敏感器的研究中,作为该器件的信号输出部件,就必须根据器件的实际需要而设计合成各种不同的发光化合物,以满足敏感器在检测灵敏度上的各种要求。而要正确地使用它们,并使之在荧光敏感器中起到更为灵敏的作用,则涉及到大量的光化学和光物理知识,以及对它们的工作机制的深入了解。因此,可以看出在超分子光化学一书中列出专门的一章对它进行讨论是完全必要的。

6.1 基本概念

光致发光(photo-luminescence)过程是指:化合物分子在受光激发下,所形成的分子激发态,通过发射光子而回到基态的所谓辐射跃迁过程。可写作式(6-1):

$$M^* \longrightarrow M + h\nu \qquad (6-1)$$

辐射跃迁是发光化合物分子吸光过程的逆过程。为了和受激发射(stimulated emission)的激光发射过程(laser)相区别,它常被称为自发辐射(spontaneous emission)。发射作为吸收的逆过程,因此它和吸收有着相同的自旋和对称选择规则。对于自旋-允许的辐射跃迁,用光化学的语言,称之为荧光(fluorescence),而对自旋不允许的发射则称为磷光(phosphorescence)。在辐射衰变过程中,Franck-Condon 因子的作用和吸收一样,将决定光谱的带宽或带的形状。这可从图 6-1 中[1]看出其间的关系。

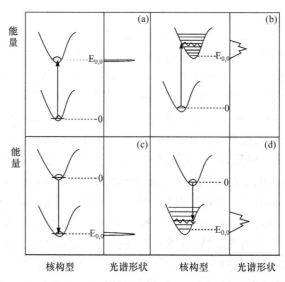

图6-1 吸收[(a)和(b)]和发光[(c)和(d)]带的带宽与激发态扭曲的关系

图 6-1 中列出了扭曲激发态和非扭曲激发态的吸收和发射间的区别。可以看到对于非扭曲激发态的辐射,将产生锐线型的 0-0 态发射,而对于扭曲的激发态则呈现出较宽的类高斯状的发光带,其峰值发射将小于 0-0 态的能量。由于 Stoke's 位移是以吸收和发射光谱间峰值波长的差来确定的,因此 Stoke's 位移的

大小,可反映分子激发态的扭曲程度。

能发生"允许"跃迁的化合物存在着所谓"允许性"或允许程度的问题。这可用振子强度(f)来加以表示,如式(6-2)。

$$f \propto \int \varepsilon d\nu \sim \varepsilon_{max} \Delta \nu \tag{6-2}$$

式中,ε 和 ε_{max} 分别为不同频率或频率极大时的摩尔吸收系数;ν 为光波频率。可以看出,振子强度(f)是整个吸收频率范围内摩尔吸收系数的总和。对于具"最充分允许"跃迁,即($f=1$),的化合物,其摩尔吸收系数(ε_{max})可高达 $10^4 \sim 10^5$。而最弱的"允许"跃迁,其(ε_{max})值约为 10,即相当($f \approx 10^{-4}$)。可以看出不同化合物的吸收存在很大的差别[2]。

和分子的荧光发射直接相关的物理参数有:(1)辐射速率常数 k_e^0;(2)发光量子产率 Φ_e;(3)荧光寿命 τ。它们的定义如下:

按经典理论,激发分子的辐射速率常数 k_e^0(即光发射概率)可用式(6-3)表示:

$$k_e^0 \propto \nu_0^2 \int \varepsilon d\nu \approx \nu_0^2 f \tag{6-3}$$

可以看出,辐射速率常数与振子强度 f 以及最大吸收波长的能量 ν_0(cm^{-1})有关。而按经典理论得到的 f 值,可用一个与量子力学跃迁矩阵元 $\langle H \rangle$ 相关的公式予以联系,如式(6-4):

$$f = (8\pi \, m_e \nu_0 / 3he^2) \langle H \rangle^2 \tag{6-4}$$

式中,m_e 为电子质量;h 为普朗克常数。可以看出用这一公式可将经典理论和量子力学理论联系起来了。

发光的量子产率 Φ_e 可按式(6-5)得到:

$$\Phi_e = \Phi^* k_e^0 (k_e^0 + \sum k_i)^{-1} = \Phi^* k_e^0 \tau \tag{6-5}$$

式中,Φ^* 为激发态的形成效率,$\sum k_i$ 为除辐射衰变以外所有其他衰变过程速率常数的总和。而 $(k_e^0 + \sum k_i)^{-1} \equiv \tau$ 为荧光寿命。

关于分子结构与 k_e^0 间的理论关系,应和上列各式有关。由于 $\langle H \rangle$ 与 k_e^0 二者均与分子内电子的跃迁轨道,以及分子基态和激发态的核构型等有关,因此 k_e^0 值和分子结构间有着较直接的关系。至于量子产率 Φ_e 和荧光寿命 τ 则因还与分子激发态的无辐射跃迁相关,因此分子结构和量子产率及荧光寿命间的关系就更为复杂,它们间并非直接而仅有间接的关系。十分显然,对这些理论关系的逐步明确,将大有利于指导和促进合成工作的进展。

6.2 有机化合物光致发光过程的讨论

有关化合物分子结构和其发光行为的关系因机制的复杂,难于从理论上给出定量的关系,但大量实际研究工作的结果给予人们许多经验性的认识。它们不仅为设计和合成高效发光化合物提供有用的参考,也为今后的理论研究提供了重要的思路。对具有荧光(或磷光)发射能力有机化合物的分子设计和合成以及对其结构与性能关系的研究,历来是一个备受关注的科学问题。有机化合物分子在受光照激发后可形成激发单重态,或经"系间窜越"过程(inter system crossing, ISC)形成三重态,然后通过辐射衰变释出荧光(或磷光)并使化合物分子回到基态。这是光致发光(photo-luminescence, PL)化合物的基本工作(发光)过程。对这些过程机制的深入研究,搞清过程的细节,十分显然,可为合成高效发光化合物提供重要的理论依据。

分子激发态的衰变(decay),是光化学和光物理研究中的基本问题。一个化合物分子激发后的衰变过程可简略的分为下列两个方面:

$$M \xrightarrow{h\nu} M^* \begin{array}{l} \xrightarrow{k_r} M + h\nu' \quad \text{辐射衰变} \\ \xrightarrow{k_{nr}} \left. \begin{array}{l} M + \Delta H(\text{热反应}) \\ M' \quad (\text{化学反应}) \end{array} \right\} \text{非辐射衰变} \end{array}$$

即衰变过程可区分为辐射与非辐射的两个过程。在非辐射衰变过程中,又可分为热衰变和化学反应衰变等,因此十分明显,如何控制上述衰变过程,即开拓和扩展辐射衰变的途径以及堵塞或截断非辐射衰变过程,将大有利于提高化合物分子的荧光发射能力。式中的 k_r 及 k_{nr} 分别为辐射衰变及非辐射衰变的速度常数。它们可通过测定化合物的发光量子产率 Φ_f 以及化合物激发态的发光寿命 τ_f 等,按式(6-6)和式(6-7)进行估算:

$$k_r = \Phi_f / \tau_f \tag{6-6}$$

$$k_{nr} = (1 / \tau_f) - k_r \tag{6-7}$$

一个化合物分子激发态衰变过程的进行,除和分子的结构及其固有特性有关外,分子周围环境对其衰变也有重要的影响。下面将分别对有关问题进行讨论。

可先从下列分子势能曲线来了解激发态衰变过程的概貌[3]。

从图6-2中可看到分子基态 A 和激发态 A* 的能量及其核坐标间的变化关系。可以看出,在分子基态和激发态核坐标变动不大的区域——即在所谓的光谱构型区内,激发态的衰变主要为辐射衰变,即激发分子的辐射衰变常发生于其构型无较大变化的区域。而当分子激发态的构型能发生较大程度的变化时,则往往会导致化学变化的发生,从而使化合物分子所吸收的能量耗失于化学反应之中,使分子的发光大为减弱。从这一观点出发,可以理解为什么一些具有刚性结构的芳香化合物如萘、蒽、芘等有着较强的荧光发射能力,就是和它们的激发态不易发生构象变化有关[4]。但具体到某一化合物的荧光发射效率大小,问题还不那么简单,即

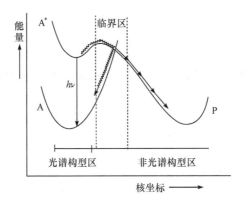

图 6-2 发光化合物基态和激发态的势能曲线图

以刚性结构的化合物为例,如萘和蒽相比,它们的荧光量子产率分别为 0.2 和 0.4。其原因是和萘的 $S_0 \to S_1$ 跃迁存在"轨道对称禁阻"有关。由于萘分子的良好对称性,以至光的电矢量难于找到一个与之相应的电子振动轴,因此它的摩尔吸收系数甚小,$\varepsilon_{max} \approx 10^2$,而荧光发射的速度常数 k_F 又因禁阻的关系,使之和禁阻的 $S_1 \to T_1$ 的系间串越常数 k_{ST} 相接近,均为 10^6 s^{-1} 量级,因此发光的量子产率较低,而生成 T_1 态的比例就较大。相反,蒽的 $S_0 \to S_1$ 跃迁是对称允许的(即蒽的长轴可成为吸收光电矢量引起分子电子振荡最佳的轴)。于是其 $\varepsilon_{max} \approx 10^4$,$k_F \approx 10^8$ s^{-1},使其荧光量子产率甚大。由此可见,虽然化合物同为刚性结构的芳香稠环化合物,但不能简单的同一视之。一系列有关的分子参数如:分子结构的对称性和取代基的性质(卤素或羰基的引入)都将给化合物的发光行为带来重大的影响。此外在图 6-2 中还可见到,分子激发态可通过临界区域释放热能回到基态,也可通过临界区进一步改变分子构型而生成产物 P。因此,要使一种化合物的激发态主要通过辐射衰变形式回到基态,必须限制化合物分子构型的变化,并使其能在激发态的寿命范围内,经辐射跃迁回到基态。对于如何限制化合物分子的构型,即如何增大分子发生构型变化的能垒以阻止变化的发生,除可通过改变分子结构,如在分子中引入桥键,以阻止分子的旋转等外,通过外部环境的改变,来增大构象变化的能垒也是一种可以利用的方法。这实际上已涉及化合物分子的发光和其所处环境间关系问题的研究。应当指出,化合物分子总是处于一定的环境之中,因此激发态衰变过程的研究也就离不开它所处环境的影响,包括环境的各种特征——如极性,黏度等对衰变过程的影响。对这一问题的深入研究具有重要意义:它不仅只是对这类影响所具规律的了解,并且还可通过掌握的规律来调节和控制分子激发态的衰变过程,以实现人们希望达到的目的。利用环境特性的变化来实现对激发态衰变的控制,应当认为是超分子光化学研究中一个重要的研究方面。即通过非共价的相互作用、来实现环境对化合物分子激发态衰变的影响,包括空间受限条件下的化学反应等。

6.3 典型化合物——芪(stilbene)激发态的衰变问题

可以用化合物芪(stilbene)分子为例,来具体讨论一个激发分子在衰变过程中所涉及的不同衰变过程和应当注意的问题(图6-3)。

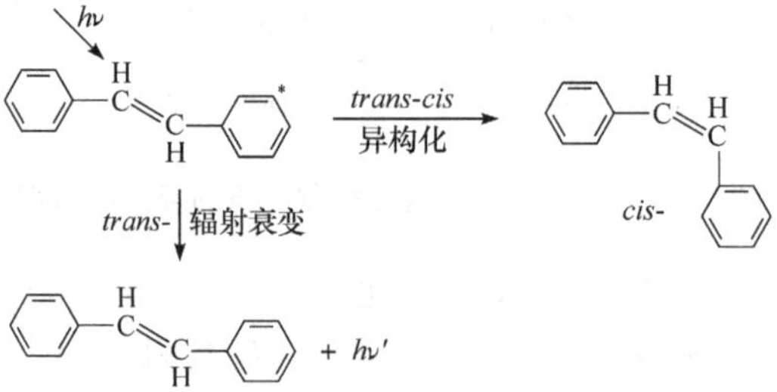

图6-3 芪激发态的辐射衰变与非辐射衰变

从图中可以看出,芪激发态存在着两种可能的衰变过程,一种是辐射衰变,而另一种则是非辐射衰变,并使反式(trans)芪经异构化过程而变为顺式(cis)。因此就存在着竞争,即两种过程的速度常数何者为大,或当分子被激发后,何种过程将处于优先地位。如果发光过程的衰变速度大于异构化反应的速度,则过程将以发光衰变为主,反之,则应以异构化反应为主。图6-4中列出了化合物芪的基态和激发态的势能曲线[5]。

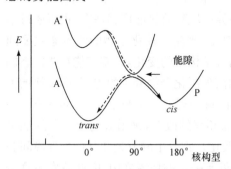

图6-4 芪类化合物的基态与激发态势能图

从图中可以看出,芪分子在基态条件下因存在着C=C双键,因此当双键相对旋转90°时,体系出现了势能值的极大。然而当分子处于激发态时,则因双键发生断裂而形成由单键联结的双自由基,此时C—C键可发生90°的旋转并出现能量的极小。可见,由于激发态的形成,可使分子的夹面角在发生90°的改变时,变基态的能量极大为激发态的能量极小。因此在势能图上就出现了一个狭小的能隙(energy gap),或称光化学漏斗区,使激发态能量可大量的从此处耗失,其结果或使化合物分子回到基态(反式芪)或形成了顺式芪(异构化反应)。上面的讨论还表明,反式芪分子在受光照激发后,可导致分子的能量,电荷密度以及反应的活性等发生变化,从而可使分子的双键断裂形成双自由基。其结果是使激发态可以回到原初的分子状态,或发生反应(即进一步改变核构型)形成顺式芪。因此为防止芪类化合物激发态不发生上述的双键断裂或断裂后仍能回到原初分子状态,应当成为提高化合物激发态辐射衰变过程的重要思路之一。

在自然界中,"自然"可通过光子来进行工作,并已使两种重要的工作历程[6]得以顺利进行。一个历程就是在光合作用(photosynthesis)中出现的所谓长距离的光诱导电子转移和电荷分离。而另一种则是视觉过程中的视黄醛双键的异构化反应。前者是自然界通过光化学过程实现能量储存和积累,是当前如何利用太阳能和实现太阳能转换与储存研究中的基本问题。而后者则是通过光化学反应实现信息的传递和记录,是信息科学中的基本问题。这两种在自然界广泛存在的基本光化学反应,彼此间是相互独立的,但又有相互联系。近年来发展起来的所谓"双自由基型电荷转移态"(bi-radicaloid charge transfer state,BCT)[7]可使扭曲的双键和单键在单一的认识框架内来加以理解。典型的双自由基类型的物种有着一对或几对近于简并(degeneration)的单重态或三重态构型,这是和一种确定分子轨道"态-态"间仅有很小交换积分值 k 的情况相关。近年来通过对一些模型化合物实验的研究,得到如下的认识:即激发态的扭曲(如异构化),事实上可导致电荷分离,这就充分说明上述两种机制间——异构化和电荷分离,存在着密切的联系。有关的理论模型用以支持和解释上述的实验结果也已得到相应的发展。一个模型就是"扭曲的分子内电荷转移(TICT)"[8]而另一个更一般化的模型就是"双自由基型的电荷转移态(BCT)",它可用来描述具有扭曲单键或扭曲双键或上述两种状况间的分子内电荷转移问题。在双自由基型的电荷转移态(BCT)中,其电子对可以是 S_0 态(↓↑)或"T_0"态(↑↑)。一种具有简并特征的 dot-dot 排布体系实际上就是"正式"的双自由基,如 1,3-双自由基,或90°扭曲的乙烯以及平面的环丁二烯等。

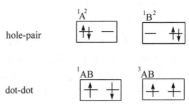

图 6-5 两个 π 电子激发态体系可能的电子排布模式

因此,凡带有单重态或三重态电子对的激发体系,均可称为双自由基类型体系。如"扭曲乙烯基"就是一种已得到详细研究的双自由基体系。对于有两个 π 电子的激发态体系,除存在 dot-dot 型电子排布方式外还存在着 hole-pair 的电子排布方式,因此可以构筑出如图 6-5 的三个单重态和一个三重态的电子排布模式。

可以认为这两个电子的不同排布方式,事实上就是化合物发生异构化和发生电荷转移的基础。在烯类化合物照光激发使双键断裂所形成的 dot-dot 双自由基,是烯烃异构化的前兆,它可使化合物从反式(trans)变为顺式(cis)。现在的问题是在何种条件下,会出现另一种电子的排布方式,即出现 hole-pair 型的排布,而这种排布方式则应是电荷转移和电荷分离的基础。它在一定程度上可避免异构化反应的发生,从而使辐射衰变过程的可能性加强。

从计算得知,扭曲的乙烯和氨基硼烷的局域轨道[9,10]和它们的相对能量有如图 6-6 的关系。

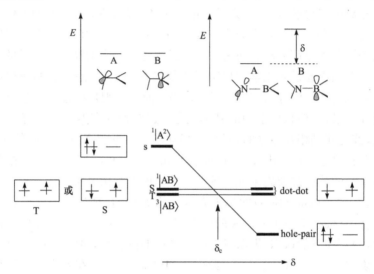

图 6-6　有关扭曲乙烯和氨基硼烷[1*]的局域轨道及其相对能量(上部)及电子占有模式(下部)

注:1* 氨基硼烷的最低能态(基态)为一双电子占有的氮原子轨道,即为 hole-pair 结构$[^1A^2]$(A 和 B 在亚体系中为闭壳结构)因此和 dot-dot 间有一个大的能差 δ。当对称性乙烯的电子排布以 hole-pair 模式出现时,则同样会因电子排斥的原因而使能级提高到$[^1A^2]$态,但处于低能态"共价的"或 dot-dot 模式(亚体系为开壳结构),则常以相互靠近的简并形式存在。可以看出,对于扭曲的乙烯体系,hole-pair 的电子占有模式有着比 dot-dot 较高的能位,这是因扭曲乙烯的两个 π 电子同处于一个中心时,相对于它们各自处于不同中心是一种不稳定的状态,在这种条件下,两个电子之间因存在着强烈的排斥,可使体系的能量升高。

从上面的讨论可以理解,为避免烯烃激发态具有 dot-dot 电子构型,以减少双键的异构化,使激发能量通过非辐射衰变而耗失的途径得以堵塞,就必须创造使烯烃激发态具有 hole-pair 的电子构型条件。

实现这一方案的办法是在烯烃化合物分子的两端分别引入推—拉电子基团,以减小两种电子排布方式间的能差。使 hole-pair 排布方式易于实现。因此就有

如下的对芪(stilbene)类化合物进行化学修饰的大量工作出现。

芪(stilbene)及其衍生物,除了它能发生光化学的顺-反异构化反应外[11,12],其发光行为特别受到人们的关注。它们一般具有很短的激发态寿命(约在 100 ps 附近)并有较高的荧光量子产率。值得注意的是:其顺式(cis-)结构虽能发射荧光,然而与反式(trans-)结构相比较,二者发光强度的比值约为 1:600,即顺式结构的发光几乎可以忽略。已知对于扁长型的反式化合物分子,当处于低黏度的溶剂内时,其旋转弛豫的时间与第一激发单重态的平均寿命相接近,因此在很低黏度溶剂的条件下就易于观察到相当显著的荧光各向异性[13]。由于存在着下列事实:即对位取代芪分子的跃迁矩和分子主轴的取向相一致,因此对这类分子弛豫过程的理解和描述相对比较方便[14]。同时,分子内电荷转移程度的大小以及相对于未取代芪分子电偶极矩的变化,均和芪分子 4,4′位取代的电子给体和电子受体基团的性质相关[15]。如从一系列在 4′位处有不同取代基的 4-二甲氨基-trans-芪类化合物的 ^{1}H-和^{13}C-NMR谱研究中可明确的得出,由芪骨架 4′位取代而引起分子内电子密度分布发生较大的变化,是由取代基间的电子相互作用所决定,而静电作用并不重要[16]。所以以不同拉电子基为 4′位取代基的 4 二甲氨基-trans-芪类化合物的偶极矩大小是严格和取代基的化学活性参数 δ_p(Hammett 常数)相联系的[17]。

在表 6-1 中列出了一系列由溶致变色法[18]测得的取代反式-芪的偶极矩值,

表 6-1 取代反式芪的基态 μ_g 与单重激发态 μ_e 的偶极矩值

序号	反式芪		δ_p	偶极矩		
	R	R′		μ_g $(10^{-30}$C·m, deb$)$	μ_e $(10^{-30}$C·m, deb$)$	$\Delta\mu$ $(10^{-30}$C·m, deb$)$
1	N(CH$_3$)$_2$	NO$_2$	+0.788	24.0(7.2)	77.0(23.1)	53.0(15.9)
2	N(CH$_3$)$_2$	CN	+0.66	23.2(6.95)	74.4(22.3)	51.2(15.3)
3	N(CH$_3$)$_2$	Ph$_2$PO	+0.51	25.0(7.5)	67.0(20.1)	42.0(12.6)
4	N(CH$_3$)$_2$	Br	+0.23	18.7(5.6)	50.7(15.2)	32.0(9.6)
5	N(CH$_3$)$_2$	Cl	+0.22	18.7(5.6)	46.4(13.9)	27.7(8.3)
6	N(CH$_3$)$_2$	F	+0.06	18.0(5.4)	44.7(13.4)	26.7(8.0)
7	N(CH$_3$)$_2$	OCH$_3$	−0.27	13.7(4.1)	34.4(10.3)	20.7(6.2)
8	H	Ph$_2$PO		13.3(4.0)	28.3(8.5)	15.0(4.5)
9	OCH$_3$	Ph$_2$PO		22.0(6.6)	62.0(18.6)	40.0(12.0)
10	OCH$_3$	NO$_2$		18.3(5.5)	69.7(20.9)	51.4(15.4)
11	NH$_2$	NO$_2$		21.7(6.5)	69.0(20.7)	47.3(14.2)

以及它们的 Hammett 常数。如期望的那样,当这类化合物 4-位的推电子基均为 -N(CH$_3$)$_2$ 时,则无论基态或激发态的偶极矩(μ_g 或 μ_e)值,均随 $4'$-位取代基拉电子能力的增强而增大。

如以测得的偶极矩值和取代基的 Hammett 常数作图,可以看出其间存在良好的线性关系(图 6-7)。

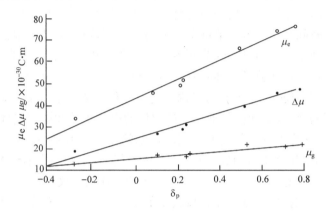

图 6-7 偶极矩和 Hammett 常数间的关系图[18]

图中可见不同态的偶极矩及其差值和 Hammett 常数间存在着良好的线形关系。此外也可知道,和芘的情况相类似,取代的偶氮苯类化合物也存在同样的关系,即其基态和激发态的偶极矩及偶极矩的变化和 Hammett 常数间有着良好的线性关系。表 6-1 中列出的基态和激发态偶极矩值,其中的一些数据(表中的 1、2、10、11)是由 Kawski 等用量子力学的 Pariser-Parr-Pople 方法[19](PPP 法)计算得到。而多数则是通过溶致变色(solvatochromism)法对发光峰值波长位移的测定,以及用下节有关公式计算得到。

为读者方便起见,将有关溶致变色效应的物理基础作如下说明:众所周知,化合物的单重激发态的寿命 τ 约为 10^{-9} s,而许多有机溶剂在室温下的介电取向弛豫时间 τ_R 约在 $10^{-12} \sim 10^{-10}$ s 的范围内,即在室温下溶剂的取向弛豫时间 τ_R 短于单重激发态发光分子的平均寿命(即 $\tau_R \ll \tau$)。在这种情况下,溶质分子和溶剂介质间新的平衡将在溶质分子被激发后,先于荧光发射而重新建立起来,由于新平衡的建立将会使部分的激发能量转移给介质,因此荧光发射的峰值波长就会移向长波。又因不同极性溶剂和溶质分子间的相互作用会因溶剂极性的不同而有所变化,因而可导致消耗于建立新的平衡所需能量的不同,而出现峰值波长红移程度的不同。这就是所谓"溶致变色"行为的物理基础。

按照 Onsager 的反应场概念,相当于第 i 个平衡态的反应场 E^{eq}_i 可表述如式(6-8):

$$E_{Rj}^{eq} = E_{ROi}^{eq} + E_{REj}^{eq} \tag{6-8}$$

式中，E_{ROi}^{eq} 和 E_{REj}^{eq} 分别为取向（惯性）的组分和诱导（非惯性）的组分。当溶质分子受光激发，发生电子跃迁（$i \to j$），则诱导反应场就会发生改变，而在 Franck-Condon j 态的反应场可以写成式（6-9）：

$$E_{Rj}^{FC} = E_{ROi}^{eq} + E_{REj}^{FC} \tag{6-9}$$

而其中的 E_{ROi}^{eq} 项则保持不变。

可以采用两种能级的类型来说明有关问题，如图 6-8 所示[20]：

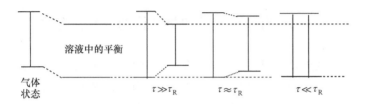

图 6-8　发光化合物分子在溶液中电子能级构型与激发态寿命和溶剂分子取向弛豫时间 τ_R 的关系

图 6-8 中列出了发光化合物分子在气相和液相中的电子能级图，可以看到由于溶剂分子与发光分子间的相互作用，因此出现了能级下降的现象。由于激发态寿命 τ 和溶剂取向弛豫时间 τ_R 有着不同的衰变速度，因而就有分子激发态的寿命大于、等于或小于溶剂取向弛豫时间 τ_R 等三种情况。特定电子跃迁的波数取决于基态-激发态间的能差，因此，当体系满足 $\tau \gg \tau_R$ 条件时，就可观察到"溶致变色"的效应。但如基态溶质分子在溶液中与溶剂分子相互作用后的能级位置较激发态与溶剂分子作用的能级降得更低时，则就可观察到电子光谱的蓝移现象，反之则可看到光谱的红移。当溶质分子在所处状态的偶极矩越大时，溶质和溶剂间的相互作用也就越强，能级也就降得更低。因此就有 $\mu_e < \mu_g$ 为蓝移，而 $\mu_e > \mu_g$ 为红移的情况发生[21]。

有关分子在基态或激发态偶极矩重组的能量，二者具有相同的数量级。因重组而引起的荧光带相对于吸收带的红移会随溶剂分子取向极化能力的增大而增大。如激发态的电偶极矩 μ_e 大于基态的偶极矩 μ_g 则可观察到荧光带向长波发生位移（红移）。而如 $\mu_g > \mu_e$ 则虽能看到荧光带有一定的红移，但体系中因两种影响因素的同时存在（吸收带蓝移），使位移发生部分的抵消，则将导致溶剂对荧光峰值位置只有较小程度的影响。

另一种情况，是 τ_R 和 τ 处于同一数量级时，此时的荧光峰值位置应处在相当于 $\tau \gg \tau_R$ 及 $\tau_R \gg \tau$ 等二种极限状况之间。在 $\tau_R \approx \tau$ 的条件时，体系可在溶剂发生固态化的所有温度范围内应用。因为一般说来，温度的降低可引起 τ_R 的增大，

但 τ 值则并不随温度变化而有较大的改变,于是降低温度常可使体系从一种极限状况,如 $\tau \gg \tau_R$ 经 $\tau_R \approx \tau$ 而向另一极限状况 $\tau_R \gg \tau$ 转变。其结果是使 $\tau_R \gg \tau$ 条件在冷冻的刚性溶液中呈现出来,使发光可以从 Franck-Condon 态回复到原初基态的跃迁情况下发生。

发光化合物分子的溶致变色效应,除上述的可对激发分子与环境介质间的相互作用进行研究外,还可进一步将化合物作为荧光探针,用以检测分子所处环境(包括微环境)的极性大小等,有关这一问题的细节将于下面讨论。

6.4 具有反式苯乙烯类结构的发光化合物

除了芪化合物外,另一种广泛用于考察分子内电子相互作用及其激发态弛豫过程的研究对象,是反式苯乙烯类的化合物。其基本的结构如下:

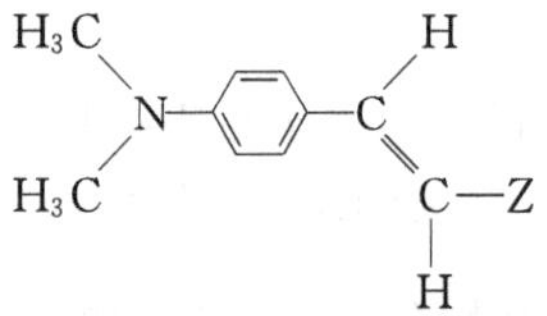

当上列化合物分子内的 Z 取代基发生改变时,或固定 Z 位取代基不变,而改变另一端的推电子基,都可观察到化合物偶极矩的变化。有兴趣者可参看有关文献[22],这里不再赘述。

6.4.1 化合物分子内电荷转移和发光的关系

根据上述分子内电荷转移化合物在受光激发后可引起分子极化和激发态偶极矩的改变,显然是和化合物分子因激发而引起的分子内电荷密度分布的变化相关联,即激发可使分子内的电荷分布集中于分子的两端,并同时导致分子的双键部分电荷密度的降低,这就可联系到化合物因取代基的改变,而导致化合物经异构化反应而发生衰变概率的变化。作为非辐射衰变的异构化反应过程减小,就能提高化合物激发态经辐射过程发生衰变的概率,于是这种通过引入取代基的方法就可作为提高化合物发光量子产率的重要方法之一。可以从下列几种化合物(同样也是反式苯乙烯类的衍生物)的发光能力比较中看到:

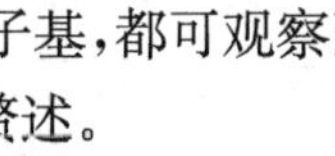

芪 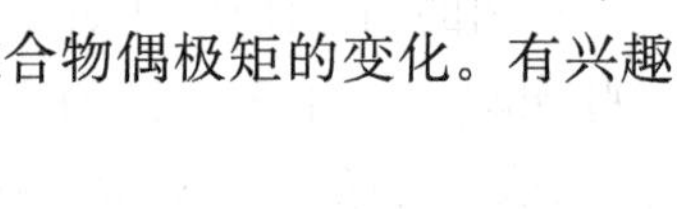   4-氰基-4′-N,N 二甲氨基-芪

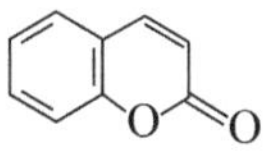

第6章 具有荧光发射能力有机化合物的光物理和光化学问题

香豆素 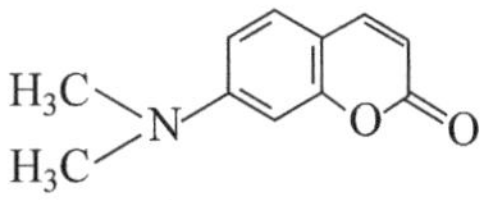   7-N,N二甲氨基香豆素

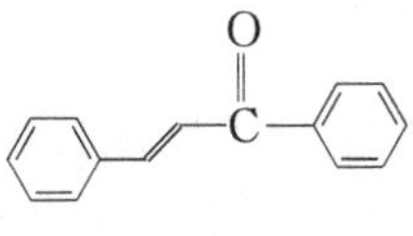

查尔酮 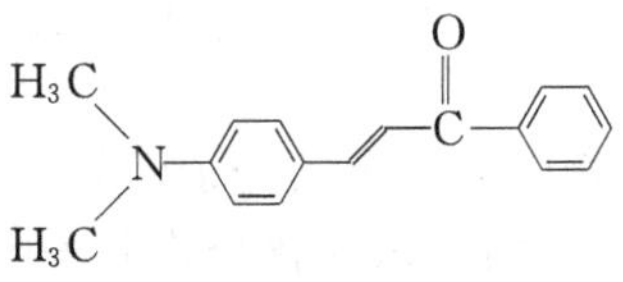   4-N,N二甲氨基查尔酮

上面列出的三组化合物分别为芪、4-氰基-4′-N,N-二甲氨基-芪、香豆素、7-N,N二甲氨基香豆素、查尔酮以及 4-N,N-二甲氨基查尔酮等。三组化合物中的每一组,其中一种均为其另一种带推电子取代基的衍生物。实验表明,带取代基的衍生物都有较强的发光量子效率。如芪与 4-氰基-4′-N,N 二甲氨基-芪二者的发光量子产率分别为 0.04 与 0.11[23],而 7-位处带有推电子基-N,N 二甲氨基的香豆素化合物则因具较高发光量子产率,已被广泛用作商品激光染料;相反,一般的香豆素则并不具备强的发光能力,也就不能用作激光染料。同样查尔酮和 4-N,N 二甲氨基查尔酮也是如此,即带有取代基的化合物有着较强的发光能力。因此在设计、合成具有高发光量子产率的化合物时,首先注意到的就是应如何在化合物分子的两端引入推-拉电子基团,使化合物分子能在激发时发生强烈的分子极化,而使电子云密度集中于分子两端,以避免化合物发生如光异构化或光二聚合(dimerization)反应,以提高激发分子的辐射衰变比例,促进化合物荧光量子产率的提高。在对发光化合物分子设计和合成中,另一个值得注意的问题是如何进一步减少非辐射衰变过程发生的途径,从而来提高发光的量子产率。

6.4.2 分子结构的受阻和桥键的引入

从图 6-2 激发态的势能面上已知,保持核构型不变,可使激发态的衰变过程发生于化合物的光谱构型区,从而将大大有利于辐射衰变的发生。因此,如何在结构上对发光化合物分子进行如上述要求的设计,保持其激发态的核构型不变或小变,以实现化合物荧光量子产率的提高,是一个值得注意的研究方向。从下列的一组化合物及其荧光量子产率的比较中可以看出:

(1) $\Phi_f = 0$

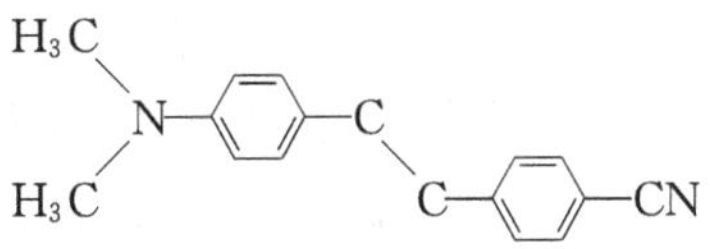

(2) $\Phi_f = 0.11$(乙腈中)

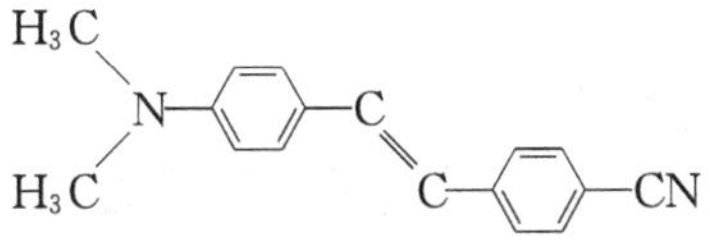

(3) 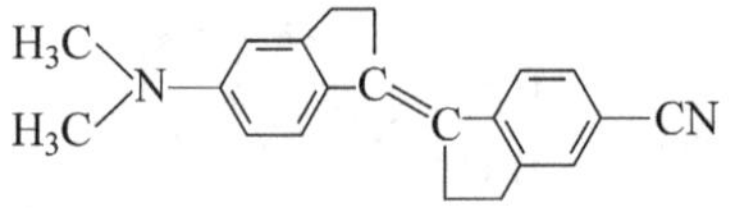 [结构式：H₃C-N(CH₃)-苯基-C=C-苯基-CN，带桥环] $\Phi_f = 0.006^{[23]}$（乙腈中）

(4) 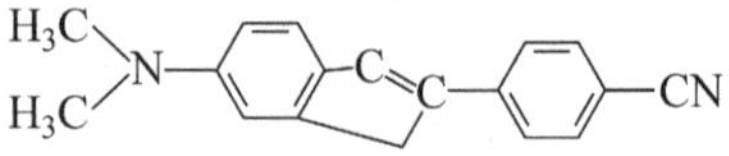 [结构式：H₃C-N(CH₃)-苯基-C=C-苯基-CN，带桥环] $\Phi_f = 0.85^{[24]}$（乙腈中）

上列的化合物(1)，由于其分子内的双键为单键所代替，因此它并非为分子内共轭的电子转移化合物，这一化合物分子内的推-拉电子部分因 σ 键的隔离而成为独立定域的电子给体及电子受体，于是在受光照激发后，分子内两个互不相扰的部分就可因光诱导而发生分子内的电子转移，引起激发分子的荧光猝灭，于是就有其荧光量子产率 $\Phi_f = 0$ 的结果。但列出的其他三种化合物均为共轭的发光分子，但同样由于结构的不同而呈现出不同的发光行为。化合物(2)、(3)、(4)中，后两种化合物均为结构受阻的共轭分子体系。例如，以化合物(2)的量子产率为标准，可以看出化合物(3)的 Φ 值小于化合物(2)，而化合物(4)的则大于(2)。比较它们的结构可以发现，对化合物(3)，引入的桥键结构可使两个苯基间单键旋转受阻，而化合物(4)桥键的引入则可导致两苯基间的双键受阻。因此联系它们的发光量子产率可以明确的作出结论：要提高化合物的发光效率，在分子中应引入能防止双键打开和旋转的桥键化结构，将是十分有效和至关重要的。说明即使引入了桥键，它所阻抑的只是单键的旋转，则对提高化合物的发光效率并不有效；相反，由于因乙烷基或其他阻碍结构的引入，造成新的失活途径（如更多的振动损耗等），不仅使荧光量子产率不能增加，而且使其发光效率变得比未加阻抑结构时更低。因此，在对发光化合物进行化学修饰，特别是引入桥键结构时，必须十分谨慎小心，以免误入歧途。

可以更仔细地对典型的分子内电荷转移化合物 4-氰基-4′-N,N 二甲氨基-芪化合物的衰变途径用如图 6-9 的势能图说明[25]。

这是芪类化合物三态弛豫的势能面图，即该类化合物的激发态可有三种不同的几何构型，而存在着三种不同的弛豫过程回复到基态。图 6-9 中可见，化合物 4-氰基-4′-N,N 二甲氨基-芪的激发态 S_1 可通过辐射衰变，经 A^* 态或 E^* 态的途径回复到其基态 S_0，相反它也可经非辐射衰变的 P^* 态，回到基态。其他两种单键或双键受阻的化合物(3)及(4)的衰变过程可用图 6-9 中的反应式看出。化合物(3)因单键受阻，因而不能经 A^* 态的途径通过辐射衰变回到基态，而仅能通过 E^* 和 P^* 的途径衰变，因此其荧光量子产率要小于化合物(2)。而化合物(4)则因双键受阻，因而使其避免通过有较大能量损耗的 P^* 态途径，而只能经 E^* 和 A^* 态的路径，通过辐射衰变而回到基态，因此化合物(4)就有比化合物(2)更高的荧光量子产率。

有关通过双键受阻提高化合物荧光量子产率，事实上，在上面提到的香豆素等荧光染料时就可看出：比较肉桂酸酯和香豆素的结构可见(图 6-10)，香豆素是肉桂酸的内酯,事实上它就是肉桂酸酯的结构受阻化合物。正因香豆素分子内的单键和双键均因环化而受阻,因此其发光效率也得到较大程度的增长。

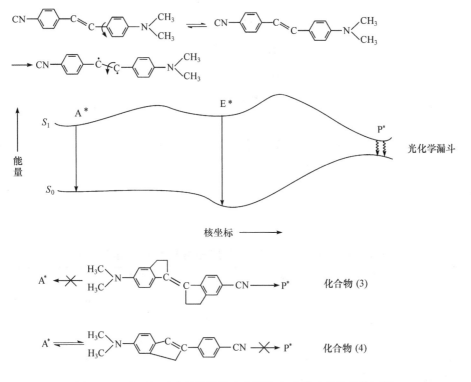

图 6-9　受阻与不受阻芪类化合物激发态弛豫过程的势能面图

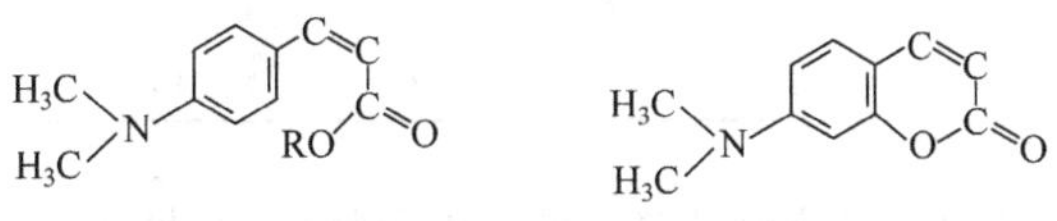

图 6-10

4-N,N-二甲氨基肉桂酸酯　　7-N,N-二甲氨基香豆素

下面进一步列出了一系列具烯酮结构的化合物[26]来说明双键受阻对提高化合物荧光量子产率的重要意义。从列出化合物的结构可以看出,从化合物 I→IV,它们的分子结构中的受阻程度逐步加强,即从具有三个自由单键和一个自由双键的查尔酮(I),经引入桥键使成为具一个单键和一个双键的茚酮类化合物(II),再进一步的桥键化则可成为仅有一个自由单键的黄酮类化合物(III)和最后形成完全受阻的苯并吡喃类化合物(IV)。从实验测得它们在不同溶剂中的荧光量子产率列于表 6-2。

$$\text{N}-\!\!\!\!\!\!\bigcirc\!\!\!\!\!-\text{CH}=\text{CH}-\text{C}(=\text{O})-\bigcirc \qquad (\text{I})$$

$$\text{N}-\!\!\!\!\!\!\bigcirc\!\!\!\!\!-\text{CH}= \text{茚酮} \qquad (\text{II})$$

$$\text{N}-\!\!\!\!\!\!\bigcirc\!\!\!\!\!-\text{色酮} \qquad (\text{III})$$

$$\text{稠环色酮结构} \qquad (\text{IV})$$

表6-2 不同结构烯酮化合物在不同极性溶剂中的荧光量子产率[26]

溶剂	经验性溶剂参数 $E_T(30)$	荧光量子产率 Φ_f			
		I	II	III	IV
环己烷	31.2	0.0007	$<10^{-4}$	0.007	0.50
甲苯	33.9	0.037	0.039	0.76	1
乙醚	34.6	0.054	0.046	0.87	1
乙酸乙酯	38.1	0.21	0.11	1	0.95
四氢呋喃	37.4	0.24	0.12	1	0.91
丙酮	42.2	0.33	0.077	—	—
乙腈	46.0	0.13	0.045	1	0.86

从表6-2可以看出,当溶剂为乙醚时,化合物(I)的量子产率大于化合物(II)。这是因化合物(II)虽其分子结构得到一定程度的受阻,但受阻部分并未涉及关键部位,即未对其双键加以阻抑。相反,因引入了亚甲基增大了无辐射损耗,因此其量子产率反比化合物(I)为小。值得注意的是,化合物(III)因其双键受阻,因而其荧光量子产率则表现出有较大幅度的增长。如当以乙醚为溶剂时,其 Φ_f 从化合物(II)的0.046增大至化合物(III)的0.87,几乎在一个数量级以上(对其他溶剂中也可看到类似的情况)。当化合物的结构再进一步的受阻,如化合物(IV),其量子产率则继续增大,甚至接近于1。这些结果清晰地说明发光分子在受光照激发后,激发态发生辐射衰变与非辐射衰变的主要途径是什么,以及如何来防止非辐射衰变的发生和促进辐射衰变过程的进行。

有关上述化合物荧光量子产率的变化,以及化合物(III)分子内的双键受阻而引起荧光量子产率有较大程度的改变等,可用图 6-11 表示。

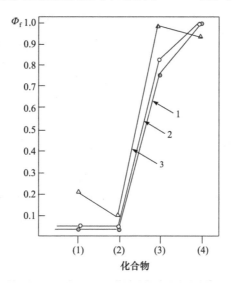

图 6-11 四种化合物在不同溶剂中的荧光量子产率
1:甲苯;2:乙醚;3:醋酸乙酯。

图中可清楚的看到双键的受阻对于化合物发光所产生的巨大影响。表 6-2 中还可看出四种化合物的荧光量子产率随所用溶剂极性的增大,或 $E_T(30)$ 值的增大,出现了一个量子产率从小到大,然后又减小的过程,这一现象涉及到下面即将讨论的"负"和"正"的"溶致动力学"行为。由于这里所研究的几种化合物都是酮类化合物,因此其激发态易于出现 $\pi-\pi^*$ 和 $n-\pi^*$ 跃迁能级因相互靠拢而发生所谓邻近效应(proximity effect),以及由此而引起的"负溶致动力学"行为[27]。关于此将在下面章节中作进一步讨论。

可将讨论过的和一些尚未讨论的发光化合物结构演变情况归纳如表 6-3。希望能有利于读者对这一问题的了解。

可以看出,许多列出的发光化合物都是结构受阻的体系,而它们的前体,如席夫碱、二苯胺等,则往往发光能力不强,只有在对它们作进一步的修饰、成环使其结构受阻,在形成了吡唑啉和苯并噁唑后,才能呈现出强的发光能力。

可将上面的讨论简要的归纳。一种具有强发光能力的化合物,其分子结构应:
(1) 具有分子内的共轭平面结构;
(2) 在分子的两端具有推-拉电子基团,以增强分子内的电荷转移能力;
(3) 引入桥键化结构,使化合物分子内的双键结构受阻。

上述三点是提高化合物荧光量子产率的重要途径,因此在设计合成新型发光化合物时必须注意及此。

表 6-3　受阻与非受阻两类化合物结构的比较

无结构受阻的化合物（低 Φ_f）	结构受阻的化合物（高 Φ_f）
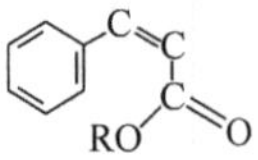 肉桂酸酯	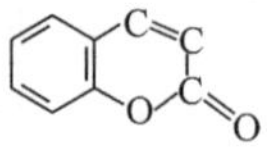 香豆素
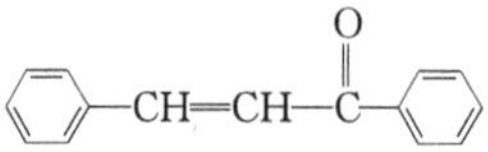 查尔酮	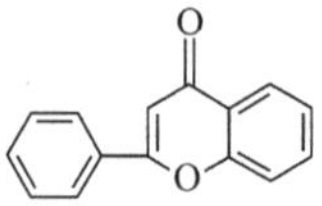 黄酮
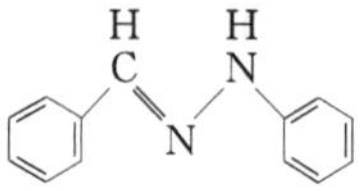 二苯腙	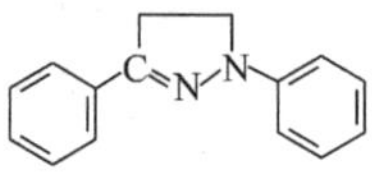 吡唑啉
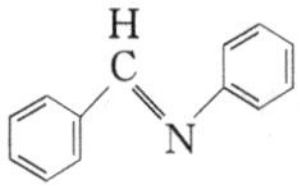 席夫碱	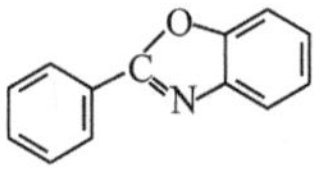 苯并噁唑

在讨论了发光化合物分子内存在的双键对化合物激发态弛豫过程的种种影响，以及如何改善和克服它所引起的问题和进而促进化合物的荧光发射能力后，另一个呈现于人们面前的问题是：在发光分子中除双键外，分子内所含的单键对化合物的发光有着怎样的影响呢？另外，上面提到推拉电子取代基的引入，可增大分子内的电荷转移能力，导致荧光发射波长红移，但过强的电荷转移，是否可引起分子内电子转移的发生（即使分子从部分的电荷转移转变为电子转移）？并引起荧光猝灭？这些都是值得进一步讨论和研究的问题。

6.5　扭曲的分子内电荷转移问题

1962 年 Lippert[28]在对下列化合物溶液荧光研究中发现：该化合物具有双重荧光的现象。化合物的结构如下：

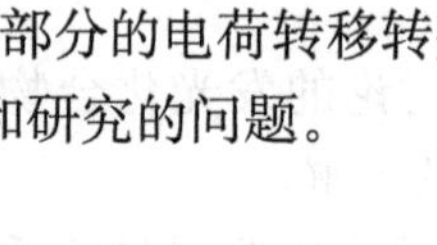

可以看出，该化合物因存在强烈的推-拉电子基团而具有的很强的电荷转移能

力。同时在荧光光谱中可观察到有两个发射带(A 和 B)明显的双重荧光(dual fluorescence)出现。经仔细研究发现,在短波处的 B 带有着正常的光谱特征,而长波处的 A 带则有异常的光谱行为。一个突出的表现是该带的发射强度具有强烈的温度依赖性,即随着温度的升高,荧光强度会随之增强,这和正常的发光现象恰恰相反。因为在一般正常情况下,温度升高会引起分子热运动加强,导致能量耗失,而使荧光减弱,因此荧光随温度而升高的现象,显然不是一种正常的行为。可用图 6-12 表示：

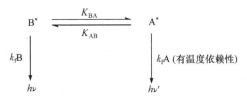

图 6-12　对氰基 N,N-二甲基苯胺的双重荧光关系式

1979 年波兰化学家 Grabowski[29] 等及以后德国的 Rettig[30] 等对上述化合物作了进一步研究,提出了下列的看法：

(1) 由于强烈的电荷转移可导致分子内二甲氨基的扭曲松弛。即使原来共轭的电荷转移结构体系,变成二甲氨基和氰基苯平面相互垂直正交的电子转移结构。

(2) 这是因强烈的电荷转移而引起电荷分离——即发生了二者间的电子转移。为保持这一电荷分离的结果,于是就出现了扭曲的分子内电荷转移体系(twisted intramolecular charge transfer,TICT)。

(3) 对于这一现象可称之为 π 体系的自去偶(self-decoupling)现象。

(4) 由于发生了分子内的电子转移,因此可导致化合物荧光的自猝灭(fluorescence self quenching)。但由于分子的热运动(包括分子内基团的运动——振动,转动等)可引起上述垂直正交平面离开正交的位置,使两个正交平面的电子云离开"结点"而发生部分重叠,于是就在 A 带处出现所谓"反常的"温度效应。

上述结果表明,在发光化合物中引入推-拉电子取代基,可以增强分子内的电荷转移和分子的极化能力,它在一定程度上有利于增大化合物的发光强度。但过强的电荷转移,将导致电子转移的发生,并随之发生上述 π 体系的自去偶(self-decoupling)结果,引起荧光的自猝灭,显然这对化合物的发光是不利的。

为了确认上述化合物分子在受光激发后双重荧光的出现和分子发生了扭曲的电子转移态 TICT,曾合成出一系列的化合物,并仔细地研究了它们电子光谱中的 A、B 两类谱带,得到了明确的结果。这些化合物有：

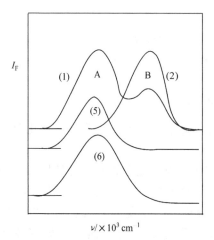

图 6-13 不同结构 N,N-二甲基-对氰基苯胺的荧光光谱图

可以看出在上列的诸化合物中,化合物(1)为起始化合物,应能呈现双重荧光(A,B)。而化合物(2)、(3)[31]则由于二甲氨基的平面的固定化而不能扭曲,因此光谱中仅能观察到 B 带的正常荧光,而化合物(4,5,6)则因在氨基的邻位处引入受阻基团,使分子不能平面化,因而只能以扭曲形式存在,于是在它们光谱中仅能观察到扭曲的 A 带反常荧光,而不能看到正常的 B 荧光。如图 6-13 所示。

上列结果充分表明化合物(1)出现双重荧光的原因是由于分子中的二甲氨基发生扭曲松弛,使分子内强烈的电荷转移变成为电子转移,引起分子中二甲氨基与氰基苯平面的正交化所致。如图 6-14[29] 所示。

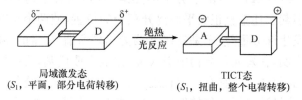

局域激发态　　　　　　　　　　　　　TICT态
(S_1,平面,部分电荷转移)　　　　　　(S_1,扭曲,整个电荷转移)

图 6-14 TICT 的扭曲示意图

值得指出的是,这是一个自发进行的过程,只要分子内的电荷转移达到一定程度时,这种自动去偶的扭曲过程即可发生。因此也称之为绝热的光化学反应。

在自然界中的一些自发进行过程具有重要的意义,如亲水/亲油的两亲化合物分子在水溶液中可通过自组装(self assembly)过程形成胶束(micell),以及在一定条件下形成不同种类的微集合体,如微乳液(micro emulsion)、脂质体(lipsome)、囊胞(vesicular)以至细胞(因细胞膜也是由亲水亲油的磷酯所组成)等。显然,这种过程在自然界,以至在对生命起源的研究中都有着十分重要的意义。同样在本节中所讨论的"自去偶"过程,在自然界的光化学反应如光合作用,视觉过程中也起到重要的作用。

为防止过强的分子内电荷转移引起 TICT 现象的出现导致荧光猝灭,人们除对引入基团的推-拉电子能力大小注意控制外,同样还可利用基团扭转受阻的方法以促进荧光强度的增强。如图 6-15 所示。

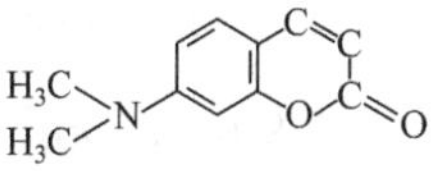

7-N,N-二甲氨基香豆素 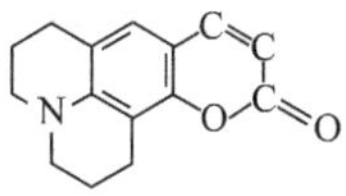　　　　久洛啶香豆素

图 6-15　香豆素染料的基团扭转受阻

已知 7-N,N-二甲氨基香豆素为很好的激光染料,但由于因存在强烈的分子内电荷转移(特别在化合物的 3-位处引入 F 原子时),因此当处于强极性环境中时,分子内的 N,N-二甲氨基有可能发生扭转出现 TICT 而导致荧光减弱。为避免 TICT 的出现,将 N,N-二甲氨基基团固定于分子之中,形成久洛啶(julolidine)香豆素是一种颇为有效的提高荧光量子产率的方法。

利用上面讨论过的知识还可对常见的三苯甲烷类染料的荧光发射问题进行讨论。三苯甲烷类染料具有如图 6-16 的结构。

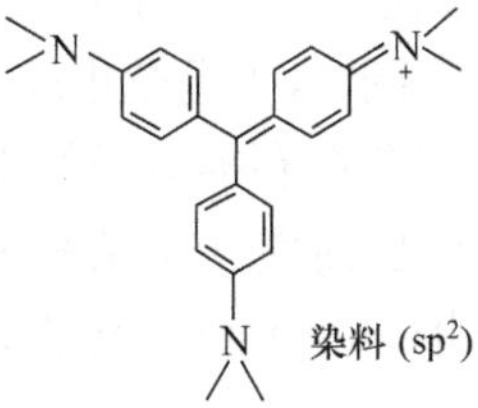

染料 (sp^2) 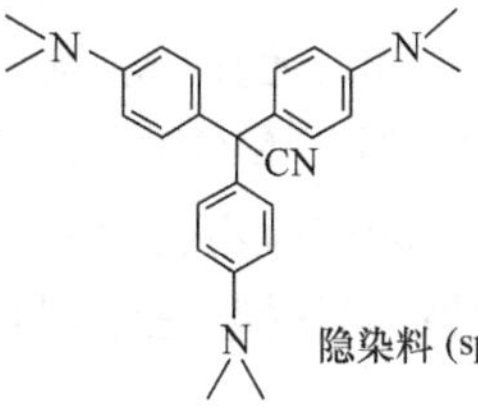　　　　隐染料 (sp^3)

图 6-16　三苯甲烷染料及其隐染料

可以看出三苯甲烷隐染料(leuco-dye)为 sp^3 杂化的四面体结构,分子并非处于一个平面之上,因此它不是一种发光化合物。但在一定条件下它可转变为 sp^2 的杂化结构,则就使分子处于同一平面之上,导致其吸收和发射光谱都将发生巨大的改变。以结晶紫(crystal violet)和孔雀绿(malachite green)两类染料化合物为例(图 6-17)。从它们分子结构不难看出,受阻与不受阻的两类染料是在它们的分子中两个苯环间,是否存在有亚异丙基相联结为准。此外,两类染料在结构上的差别是,结晶紫的三个苯环均带有二甲氨基,而孔雀绿分子仅有两个苯环带二甲氨基,另一个苯环则不带。在图中的虚线代表该处的二甲氨基可以进一步受阻而形成类

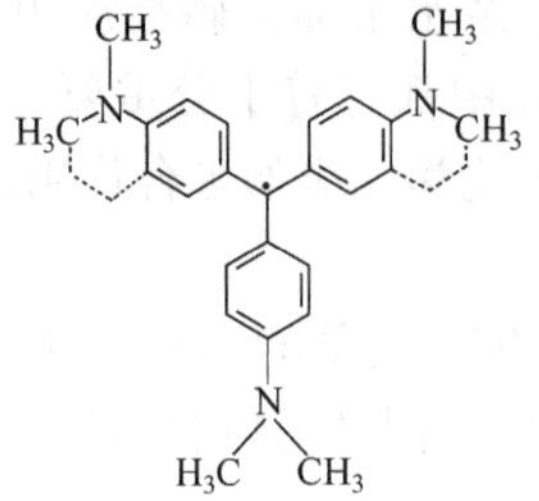

CV
结晶紫

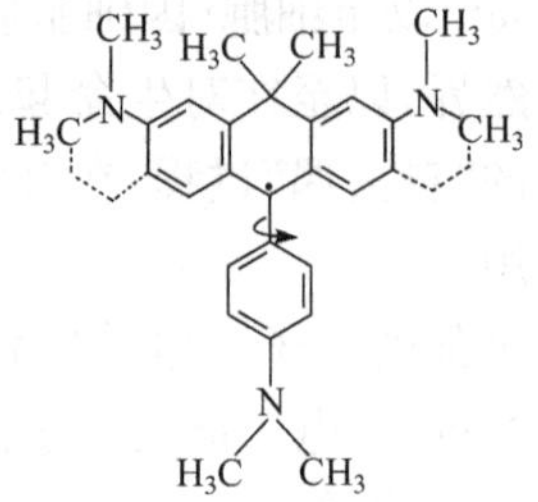

CVB
受阻结晶紫

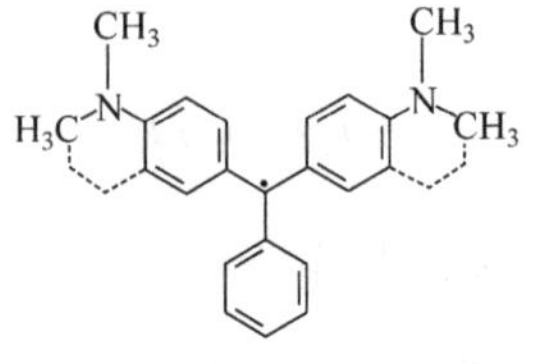

MG
孔雀绿

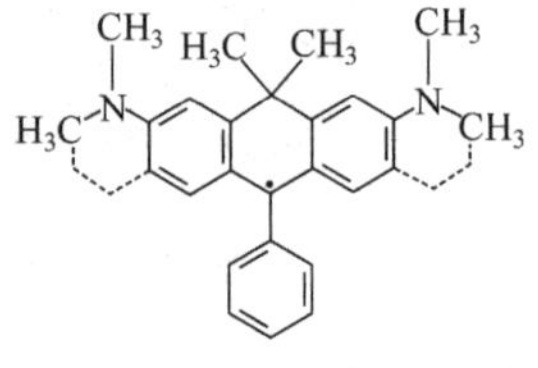

MGB
受阻孔雀绿

图 6-17　受阻的三苯甲烷染料举例

似于久洛啶(julolidine)的结构。实验结果表明:氨基受阻的 CVB 衍生物相对于受阻的 MGB,在较低黏度的溶剂中仅有很低的荧光发射强度,而 MGB 则有着较强的发光量子产率。其原因就是在 CVB 分子中的三个苯基均带有二甲氨基,而 MGB 中则有一个不带二甲氨基的苯基。因此 CVB 在光照下,可引起强烈的电荷转移,易于导致 TICT 的形成(见图 6-17 中的旋转指示),于是就出现了强烈的荧光猝灭[31]。相反对于 MGB 来说,因它的自由苯环不存在有推电子的二甲氨基,分子内较弱的电荷转移就不会引起 TICT 的形成,因此反而使其荧光发射增强。

可以再对另一类受阻三苯甲烷染料——罗丹明(rhodamine)体系的发光行为讨论如下:

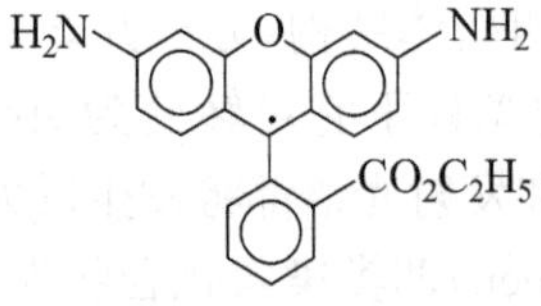

Rh-A

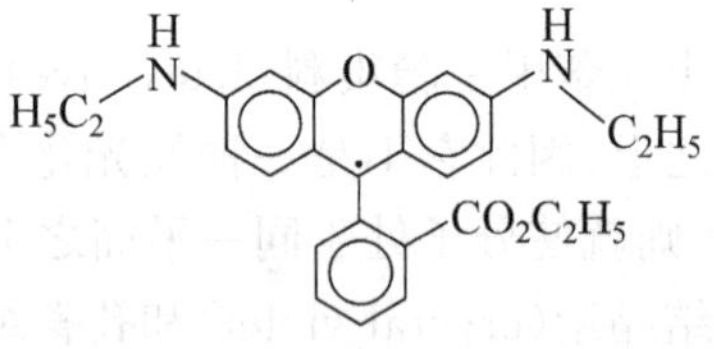

Rh-EA

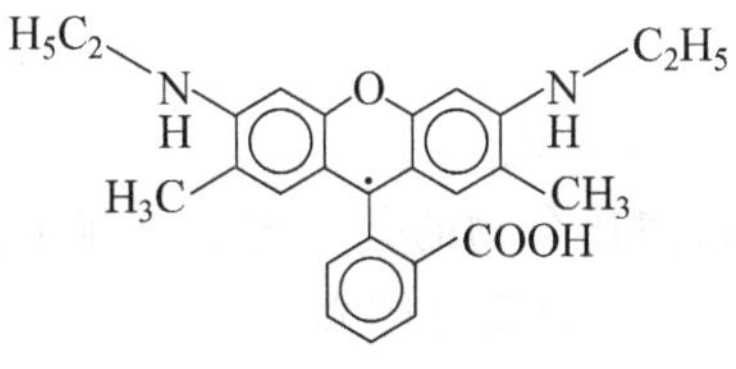

Rh-6G

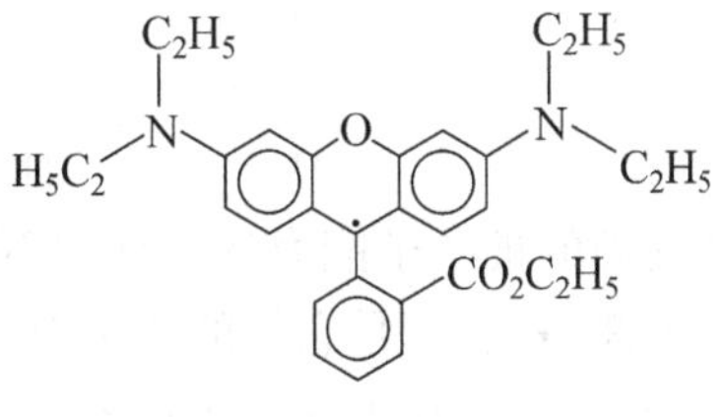

Rh-B

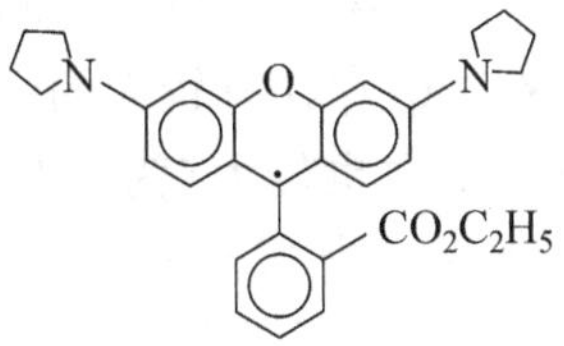

Rh-PYR

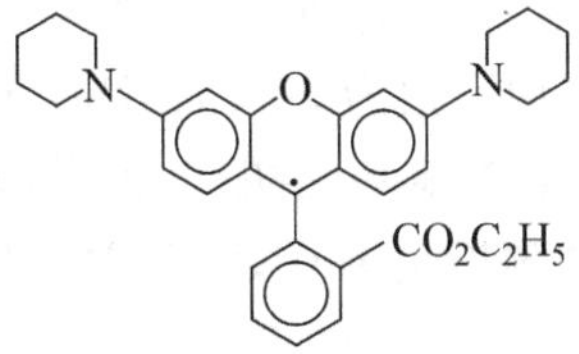

Rh-PIP

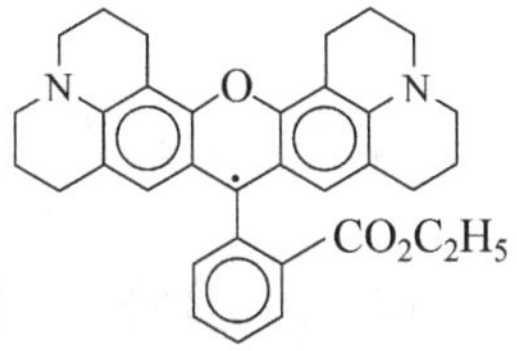

Rh-101

上面列出了 7 种具有不同结构的罗丹明染料，它们有着不同的非辐射衰变速度常数。这些数据是在罗丹明化合物的溶液中(二甲基亚砜)于 90 ℃下通过荧光衰变实验而测得的。具体数据如表 6 - 4 所示。

表 6 - 4　罗丹明体系化合物的非辐射衰变常数

化合物	Rh-A	Rh-EA	Rh-101	Rh-B	Rh-Pyr	Rh-Pip
$K_{nr}/10^7\ s^{-1}$	0.6	1.5	1.5	175	27	339

表中结果可见，Rh-A、Rh-EA 及 Rh-101 的非辐射衰变常数较小，而 Rh-B、Rh-Pyr 及 Rh-Pip 均较大。这显然是和后三者有着强的分子内电荷转移能力，导致 TICT 的形成有关。前三者中的 Rh-A 和 Rh-EA 非辐射衰变常数小的原因是和它们仅有小的电荷转移能力相关。而 Rh-101 小的原因，则和化合物分子中氨基的受阻使 TICT 不能形成有关[32,33]。可以看出这类化合物分子中的氨基受阻是提高化合物发光能力的重要途径。

比较三种带不同取代基罗丹明化合物的非辐射衰变常数，有如下的序列：

$$\text{Rh-A}\ (0.6) < \text{Rh-EA}\ (0.15) < \text{Rh-B}\ (175)$$

而它们的取代基则分别为

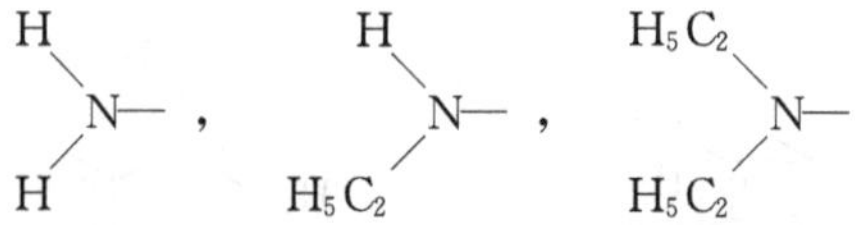

即它们的推电子能力从左到右不断增强,使化合物的分子内的电荷转移能力随之也不断增大,于是它们的非辐射衰变速度常数也随之增大[34]。

比较化合物 Rh-Pyr 及 Rh-Pip 的分子结构可以看出,两种化合物中前者以含氮五员环为取代基,而后者则为含氮的六员环。这里存在一个预设角问题,对于 Rh-Pip 其预设角为 30°,而 Rh-Pyr 则为 0°,正因 Rh-Pip 存在有较大的预设角,也就易于发生哌啶基的扭转,因此其非辐射衰变速度常数也较大(为 339)。反之,Rh-Pyr 的预设角为 0°,因而它的非辐射衰变常数就较小(为 27)。从上面的讨论可以看出 TICT 生成的现象是相当广泛的存在于许多发光分子激发态的衰变过程之中,它在很大程度上已成为控制化合物发光量子产率大小的关键因子。

6.6 环境因素对有机化合物发光行为的影响

上面的讨论中已对分子内电荷转移化合物在不同溶液(或环境)中的发光问题有所涉及,如对溶致变色效应的初步讨论等。下面将对此作进一步的研讨。

6.6.1 溶致变色效应[35]

上面已对发光化合物的溶致变色效应有所提及,并讨论了与之相联系的对激发态偶极矩的测定问题。"溶致变色"化合物指的是以这类化合物为溶质,当改变溶剂的极性时,溶液的颜色将发生变化。典型的溶致变色化合物可通过用两个极端的共振结构形式加以描述:一种是非极化的醌式结构(quinoidal);而另一种则是极化的正/负离子型(zwitterionic)结构[36],如式(6-10)。

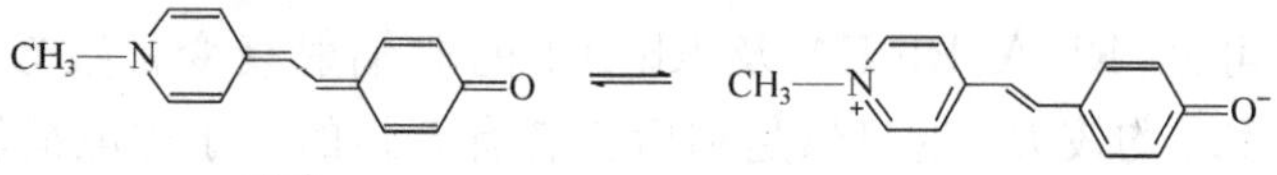

$$\text{醌式 (quinoidal)} \rightleftharpoons \text{正负离子 (zwitterionic)} \qquad (6-10)$$

随着溶剂极性的变化,溶致变色化合物溶液的吸收带强度,位置以及吸收带的形状均将发生改变,吸收带可以发生红移(bathochromic)也可以发生蓝移(hypsochromic)分别称之为正溶致变色和负溶致变色化合物。在溶剂极性的增大过程中,有时可出现红移向蓝移的转变,或反之,蓝移向红移的转变,均被称为可逆的溶致变色现象[37](reverse solvato-chromism)。溶致变色化合物的吸收或发射谱带位置随溶剂性质的改变而变化的现象,可以使化合物用作荧光探针,用于检测溶剂的某些性质,如溶剂极性等。关于溶剂极性一词已有精确的定义,其要点是涉及其总的溶剂化(solvation)能力。这里所谓的溶剂化,指的是除了质子化、氧化还原以及络合反应等与化学变化相关作用以外的,所有溶剂和溶质间各种相互作用的加和效应。

已知一系列取代的芪类衍生物具有明确的溶致变色效应,因此在讨论溶致变色(solvatochromism)现象时,可从常用作检测标准的菁染料变色问题开始。菁染料作为敏化剂在感光材料工业中的应用和重要性已为人们熟知。从其结构可以看出,菁染料化合物分子有着和取代芪类化合物相类似的结构。

| 推电子基 | 共轭部分 | 拉电子基 |

它是一类电荷不对称的体系,可呈现出强烈的分子超极化性(Hyperpolarizability)和非线性光学特征,而且种类繁多,因此用菁染料化合物为溶致变色化合物有其方便之处。近年来更发现菁染料在神经生理学(neurophysiology)研究领域中有着重要的潜在应用价值[38]。这是由于这类化合物具有对电压的敏感性(voltage sensitive),因此它可用于监视单个神经元和大的神经网络系统。迄今为止,对几百种化合物的研究中发现,菁染料具有最大的电压敏感性。另外,又由于菁染料具有电致变色的行为(electro-chromism),使它能快速而完整地在表征膜电位的工作中发挥作用。因此它也可用作为一种探针,用于对膜电位的检测。在溶致变色方面,菁染料显示出具有最大的光谱红移现象,即其吸收或发光光谱的峰值波长强烈的依赖于溶剂的极性大小。为此在这一领域工作的许多先驱者都首选用菁染料为溶致变色研究的探针化合物。

首先利用溶致变色化合物作为荧光探针对溶剂极性进行系统研究的是Kosower[39]于1958年开始的。以后Dimroth及Reichardt[40]等也用菁染料为溶致变色化合物来研究不同极性的溶剂。在探针染料的选择中,除了对化合物的基本结构要求,如共轭性、电荷转移能力等外,一个重要的条件是该化合物应具备能溶解于多种不同极性溶剂中的能力,只有能满足这一条件,它才有可能对较多品种的不同溶剂进行比较研究。

除了具有芪类型的染料外,人们还对带偶氮份菁染料[41](stilbazolium dye)的溶致变色行为进行了研究。这类化合物有如下的结构:

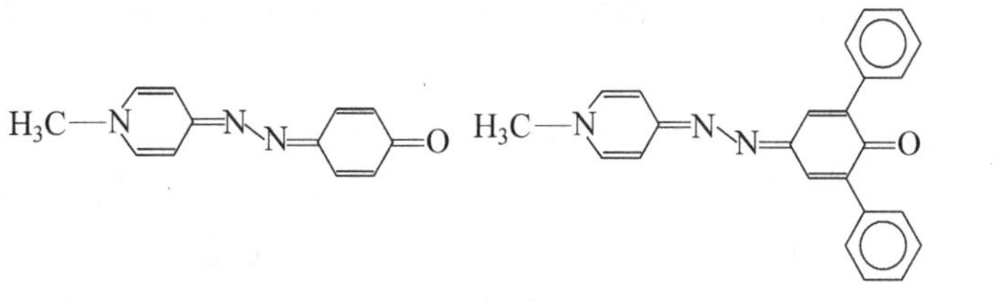

对这类偶氮份菁化合物在几十种不同溶剂中的溶致变色行为研究中发现,存在着如上述的逆向溶致变色特性。如图6-18所示。

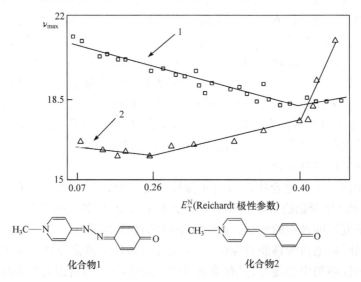

图6-18 化合物1和2在不同极性溶剂中的发光峰值频率

长期以来,人们已认识到溶剂效应主要是和分子处于激发态时的偶极特征变化相关。按照化合物在基态与激发态时偶极特征的变化,可将份菁染料分为三类,如表6-5。

有人曾对上列化合物作过研究指出,化合物2在极性较弱的溶剂中,可看作为中等极性的化合物,而在强的极性溶剂中则成为一种很强的偶极化合物。这种溶致变色现象系来自化合物电子构型的变化,即化合物会因溶剂极性的变化而导致其结构从醌式(quinoidal)转变为苯式(benzenoid)。Botrel[42]等曾对某些化合物作过计算指出,在极性较小的溶剂中计算得到的偶极矩为$\mu_g < \mu_e$,而在强极性

溶剂中则有 $\mu_e < \mu_g$。当将化合物的分子结构作适当改变时，如以—N═N— 代替—C═C—，则会因结构变化而引起其他效应，并可从图 6‑18 中可以看出。结果可归纳如下：

表 6‑5　三种主要类型份菁染料在不同极性溶剂中的性质一览

染料类型	基态		激发态		位移
	极性	键长变化	极性	键长变化	
弱　偶极	低	大	增加	减小	红移
中　偶极	中等	小	稍稍变化	稍稍变化	
强　偶极	高	大	减小	减小	向蓝移

(1) 化合物 2（芪型）在弱的极性溶剂中（$E_T^N = 0.0 \sim 0.26$）呈现出红移现象，因而可建议化合物 2 为弱偶极染料。

(2) 化合物 2 在较高极性溶剂范围内（$E_T^N > 0.26$）可以逆转其溶致变色现象，呈现出蓝移。表现为高度偶极化染料的特征。

(3) 相反，当化合物 1（偶氮芪型）在溶剂极性为（$E_T^N = 0.0 \sim 0.41$）范围内，呈现出红移现象，为弱偶极染料的特征。

(4) 而化合物 1 在溶剂的极性参数为（$E_T^N = 0.41 \sim 0.8$）范围内，仅稍稍呈现出逆向的溶致变色，表现为中等偶极染料的特征。

图 6‑18 的意义是在于对这两大类份菁染料，特别是以—N═N— 代替—C═C—后，光谱行为的完整表述。可以看出，对于偶氮份菁染料在溶剂极性变化时，是由弱偶极型向中等偶极型的转变。而芪型份菁染料随溶剂极性的变化则是：弱偶极型 → 中等偶极型 → 强偶极型。图中还可看出，偶氮型化合物的吸收波长要比芪型相类似化合物的为短，如化合物的 a：X ═ CH，其峰值吸收为 554 nm；而 b：X ═ N，峰值吸收则为 454 nm。

6.6.2　溶剂极性大小的标尺

有关溶剂与溶质分子间的相互作用，从溶剂的角度加以考虑，可以简单的分为"一般性"的溶剂效应和"特殊性"的溶剂效应两类。

一般性的溶剂效应——在分子内电荷转移化合物溶液中的一般性溶剂效应，指的是极性溶质和非极性溶剂间的相互作用。所谓一般性效应主要是指溶质分子和周围溶剂分子间由色散力以及经典的静电相互作用所引起的效应。在色散力中，相互作用分子的极化率起着重要的作用，并引起发光分子的吸收和荧光光谱发生微弱的"红移"。然而对于强的极性分子，如两端联有推‑拉电子基团的芪类化合物，则它们在极性溶剂中的光谱位移，将大于在非极性溶剂中的结果。这是和激发

态的电偶极矩 μ_e(它远大于基态条件下的偶极矩)有关。

另一种是特殊性的溶剂效应,指的是极性溶质和极性溶剂间的相互作用。它往往以偶极和偶极间的相互作用,包括诸如离子-偶极力、氢键作用力、电子转移相互作用力以至质子转移相互作用等。由于后一种相互作用的情况比较复杂,很难用一些简单的模型从理论上予以概括,因此就出现了所谓的经验性溶剂参数的尝试和应用。

有关用于计算分子激发态偶极矩的理论公式是在有机发光分子的吸收和荧光光谱研究基础上提出来的。这是由于在溶液中,一个具有永久偶极矩的发光分子系处于它自己的电作用场——即 Onsager 场[43]——之中,它和外加的电场一样将对溶质分子施以影响,使其电子光谱(吸收或荧光光谱)的谱带发生位移、强度发生变化或偶极矩改变等。由于在液体溶剂中内场对于溶质谱带位置、强度等的影响要显著地大于(在实验室条件下)所能得到的外加电场的影响,因此溶剂极性影响就明显的呈现出来。这就是所谓的"溶致变色效应"。

Onsager 反应场依赖于周围溶剂分子的类型和其瞬时取向(temporary orientation)。在简单的近似下,可将溶剂看作为连续而均匀的,折射率为 n 以及介电常数为 ε 的介质。而在此介质内,半径为 a 的球形溶质分子分布于其中,并以点状电偶极进行相互作用。在这样假设的前提下(即对溶剂与溶质间某些非一般性的——即特殊的相互作用都不加以考虑),就可导出所谓的 Onsager-Bottcher 理论并给出有关的简化公式。

显然,对那些存在特殊相互作用的体系,这样的描述——即仅考虑溶剂的介电常数 ε、折射率 n 以及温度 T,就过于简单。一般说来它们都十分复杂,因此对于复杂的体系只能借助于经验公式来解决这一困难。

利用溶致变色效应来计算激发态的偶极矩是在测得发光化合物的 Stoke's 位移基础上,用公式(6-11)和公式(6-12)而计算得到的[44]。在公式(6-11)和(6-12)中可看到 Stoke's 位移($\nu_A - \nu_F$)和与偶极矩相关函数 m_1 与 m_2 间的关系。

$$\nu_A - \nu_F = m_1 f(\varepsilon, n) + 常数 \tag{6-11}$$

$$\nu_A + \nu_F = -m_2[f(\varepsilon, n) + 2g(n)] + 常数 \tag{6-12}$$

式(6-12)中

$$m_1 = (\mu_e - \mu_g)^2 / \beta a^3 \tag{6-13}$$

$$m_2 = \mu_e^2 - \mu_g^2 / \beta a^3 \tag{6-14}$$

式中的溶剂作用参数 $f(\varepsilon, n)$ 和 $g(n)$ 则可表示如式(6-15)及式(6-16):

$$f\left(\varepsilon, n, \frac{\alpha}{a^3}\right) = \frac{\dfrac{\varepsilon-1}{2\varepsilon+1} - \dfrac{n^2-1}{2n^2+1}}{\left(1 - \dfrac{1}{4\pi\varepsilon_0}\dfrac{2\alpha}{a^3}\dfrac{\varepsilon-1}{2\varepsilon+1}\right)\left(1 - \dfrac{1}{4\pi\varepsilon_0}\dfrac{2\alpha}{a^3}\dfrac{n^2-1}{2n^2+1}\right)^2} \tag{6-15}$$

$$g(n, \frac{\alpha}{a^3}) = \frac{\frac{n^2-1}{2n^2+1}\left(1 - \frac{1}{4\pi\varepsilon_0}\frac{2\alpha}{a^3}\frac{n^2-1}{2n^2+1}\right)}{\left(1 - \frac{1}{4\pi\varepsilon_0}\frac{2\alpha}{a^3}\frac{n^2-1}{2n^2+1}\right)^2} \quad (6-16)$$

$\beta = 2\pi\varepsilon_0 hc = 1.105\,110\,440 \times 10^{-35} C^2$ 为一通用常数。

在各向同性分子极化的情况下,式中的 $2\alpha/a^3 \cdot 1/4\pi\varepsilon_0 \approx 1$,于是式(6-15)和式(6-16)可得以简化:

$$f(\varepsilon, n) = (2n^2+1)/(n^2+2)[(\varepsilon-1)/(\varepsilon+2) - (n^2-1)/(n^2+2)] \quad (6-17)$$

$$g(n) = 3/2\,(n^4-1)/(2n^2+2)^2 \quad (6-18)$$

如将溶质的极化能力加以忽略,即 $\alpha = 0$,则由 Lippert 等所导出的公式可简化成式(6-19):

$$\nu_A - \nu_F = m_1[(\varepsilon-1)/(\varepsilon+2) - (n^2-1)/(2n^2+1)] + 常数 \quad (6-19)$$

因此当以溶剂作用参数和 Stoke's 位移作图可得直线关系,而根据直线的斜率就可算出发光化合物基态和激发态偶极矩的差,如基态偶极矩可用其他方法测得,就可方便的测出激发态的偶极矩值。如图 6-19 所示。

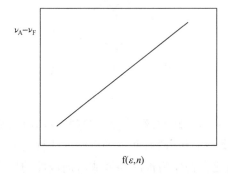

图 6-19 溶剂-溶质一般性相互作用条件下光谱 Stoke's 位移与溶剂极性参数的关系

图中的 $f(\varepsilon,n)$ 及 m_1 见下式。

$$\nu_A - \nu_F = m_1 f(\varepsilon, n) + 常数$$
$$f(\varepsilon, n) = (2n^2+1)/(n^2+2)[(\varepsilon-1)/(\varepsilon+2) - (n^2-1)/(n^2+2)]$$
$$m_1 = (\mu_e - \mu_g)^2/\beta a^3$$

为定量地研究溶剂对某些反应的影响,曾建立起一系列的不同的尺度来对此进行考察。这些尺度是基于某些物理化学的性质,如平衡常数、反应速度常数、电子光谱的位移等。对于这些尺度可以采用单参数的方法,或用多参数方法进行设计,现分述如下。

1. 单参数法(single-parameter)

在单参数方法中,所谓的经验极性参数特别值得注意,它可以和许多不同的物化过程相关联,如包括通过平衡过程而测定的有 $D_1^{[45]}$、$K_{O/W}$、$\pi_x^{[46]}$ 以及 $D_N^{[47]}$ 等。以及通过动力学过程而测定的有 $Y^{[48]}$、$\lg k_1^{[49]}$、$\lg k_2^{[50]}$ 以及 $X^{[51]}$ 等。在光谱测定中也有一系列的经验参数可用如:$Z^{[52]}$、$E_T^{[40]}$、$S^{[53]}$、$G^{[54]}$、$A_N^{[55]}$、$Py^{[56]}$、χ_R 和 $\chi_B^{[57]}$ 等。

经验的极性参数 $E_T(30)$ 值是由 Reichardt[40] 提出的,这是一种由下列化合物为标准用以表征溶剂极性的一种经验参数,它适用于多种不同的极性溶剂,并呈现出良好的线性关系。这在上面讨论有关烯酮类化合物在不同极性溶剂中的发光现象时已有所提及。

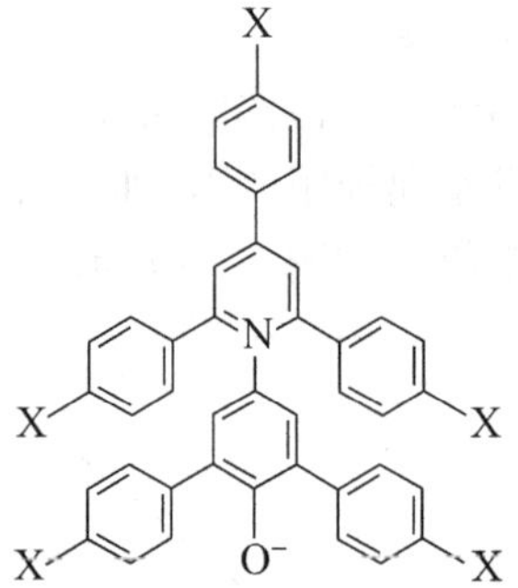

X=H, C(CH_3)_3

由于 $E_T(30)$ 值是一种良好的、经验性的溶剂极性参数,显然,它能相当广泛地应用于多种不同结构类型的化合物,并得到良好的线性关系。因此,当利用某种已测定 $E_T(30)$ 值关系的化合物作为检测环境或溶剂极性的探针时,就可利用这种关系较准确的推断有关的结果。但是,如要通过 $E_T(30)$ 的关系对化合物结构或与结构相关的特性进行分析和预测时,则就难于实施,原因就是因为它不是从化合物的结构特征中得出的理论性结果。

表6-6中列出了部分溶剂的 $E_T(30)$ 数据。更多的数据可参看由 C. Reichardt 编著的"Solvent Effects in Organic Chemistry"(Verlag Chemie, Weinheim, New York, 1979)。

由于这里用来表征溶剂极性尺度的标准是由单参数所确定,而溶剂与溶质间的相互作用或所谓的溶剂化是一个相当复杂的作用过程。因此如假定溶剂与上列参考溶质间的作用和其他各种特殊底物间的作用完全相同,显然并不合适。由于这种处理方式过于简单,因此就有多参数方法的出现。

表 6-6 不同溶剂的经验性极性参数 $E_T(30)$ 值

溶 剂	$E_T(30)$值
环己烷	31.2
甲苯	33.9
乙醚	34.6
乙酸乙酯	38.1
四氢呋喃	37.4
丙酮	42.2
乙腈	46.0

2. 多参数法(multiparameter)

在单参数法的实际应用中,无论在准确性或普适性两个方面都存在不足,因此就出现了一系列的多参数法公式,用以联系无论是特征性的或非特征性的溶剂与溶质间的相互作用。在这类方法中可以用一个一般化的公式对不同的溶剂化问题进行考察。如下式:

$$A = A_0 + yY + pP + eE + bB \tag{6-20}$$

式中,A 为溶质在所研究系列溶剂中,某一物理化学性质的值;A_0 为溶质在气相或在惰性溶剂中的相应值,可以用作为一参考状态;Y 为溶质的极化度;P 为溶剂的极化能力;E 为路易斯酸度;B 为路易斯碱度。式中的常数:$y、p、e、b$ 则为上列诸参数对性质的相对贡献[58]。除用上列公式的方法外,尚有其他的多参数方法得到报道[59]。

在多种方法中由 Kamlet、Abboud、Taft 和 Abraham[60]等所提出的 π^* 尺度法受到特殊的关注。这一方法采用的不是一种化合物的光谱数据,而采用多种化合物的平均光谱行为。因而就可避免由选定的某种化合物所固有的光谱异常性。溶致变色比较的方法(SCM)也可应用于此,用来说明溶剂/溶质间专一的与非专一的相互作用,并且可将它扩充用作一种联系宏观与微观量的溶度参数。许多溶解度以及与溶剂相关的性质可用 XYZ 项[相似于式(6-20)]加以表述,即用三个不同项的形式通过线性组合而成的 XYZ 项表述。如式(6-21):

$$XYZ = (XYZ)_0 + 笼项(\text{cavity}) + 偶极项 + 氢键项 \tag{6-21}$$

式中,"笼项(cavity)"系用以量度分离溶质分子所需的自由能或焓;"偶极项"则用于量度溶剂与溶质,偶极与偶极以及偶极与诱导偶极间的相互作用;"氢键项"则用以反映氢键给体 HBD(溶剂)和氢键受体 HBA(溶质)间的络合放热效应,分别以 α_1 及 β_2 量度表示。可将包括溶致变色参数的关系式[61,62]表达如式(6-22):

$$XYZ = (XYZ)_0 + A(\delta_H^2)_1 V_2/100 + B\pi_1^* \pi_2^* + C\alpha_1(\beta_m)_2 + D\beta_1(\alpha_m)_2 \tag{6-22}$$

式中的下标1,2分别代表溶剂和溶质。当考虑的仅为一种溶质存在于系列的溶剂中时,即所有的溶质参数均为常数,则可根据不同溶剂的极化能力,并引入可极化能力的校正项δ,于是溶致变色公式可简化如式(6-23)[60]。

$$XYZ = (XYZ)_0 + s(\pi^* + d\delta) + a\alpha + b\beta + h(\delta_H^2) \quad (6-23)$$

式中,π^* 为溶剂的偶极和可极化能力的量度;δ_H 为 Hildebrand 的溶度参数;s、a、b 及 h 均为溶致变色系数。这一方法的提出对于联系溶剂的偶极/可极化能力和氢键间的相互作用具有重要意义。通过 α 及 β 可给出不同溶剂氢键形成能力的定量化量度。在制作 π^* 尺度法时,Taft 及其合作者以溶剂的氢键形成能力(分为非氢键 NHB、氢键受体 HBA、氢键给体 HBD)以及既可为给体又可为受体的两亲体系(amphiprotic)对溶剂进行区分。他们选择了七种均含硝基的芳香化合物,作为原初溶质。将这些溶质在选定的非氢键溶剂中的光谱数据以"Round robin parameter optimization"程序进行处理,得到一组 28π^* 值的序列,如:环己烷 $\pi^* = 0.00$,二甲基亚砜 $\pi^* = 1.00$,然后用公式(6-24)

$$\pi_i^* = \nu_{max} - \nu_o / s \quad (6-24)$$

将其余溶剂的 π_i^* 值求得[60,61]。

在有关 π^* 溶剂极性参数的方法出现后,有大量研究工作的继续对改进这一标度使之完善和进步有很大作用。但总的说来由于种种限制和标度法固有的不足,因此未能有令人鼓舞的突破性进展。但应当指出,多参数方法肯定是一条正确而有意义的途径。虽然在工作中对溶剂的分类有一定的任意性,如将溶剂分为氢键给体、氢键受体,及按偶极度和极化能力等进行区分,但这对不同溶剂的分析还是颇有意义的。总的说来,从多种不同的溶质出发,对溶剂参数进行均化处理,所得的参数在避免出现线性关系的偏斜上,显然比由一种参数方法所得结果为好。由于所选作为溶剂极性标度的标准溶质总是有限的,它不可能在结构上代表众多化合物的结构,因此要建立一个通用性的溶剂极性标度(universal solvent polarity scale)可以说为时尚早,这应当是一个长远的工作目标。

6.7 有机化合物发光行为和溶剂极性的关系

分子内共轭的电荷转移化合物作为一类重要的有机发光化合物。在光的激发下发射荧光的基本原则已如前述。下面将具体地对该类化合物一些重要的实例在溶液中的发光行为,结合其特点进行讨论。

在有机化学中烯酮是一类重要的化合物,例如在植物中广泛存在的黄酮化合物就属于该类体系。通过对该类化合物适当的化学修饰,借以增强化合物分子内的电荷转移能力,就有可能提高其发光特性,使之能在多方面得到应用。对这类化合物在不同极性溶剂中的光谱行为研究[63~67],不仅是该类化合物作为发光分子能在许多方面得到具体应用的基础,如用作分子荧光探针可方便地用以检测微小环境如胶束、囊胞、脂质体、细胞等天然或人造特殊环境内的物理化学特征,包括如环境的极性、黏度或其他的物化行为等,或在其他方面的应用。特别值得提到的是,对烯酮类化合物光谱行为的研究[68],由于其结构上的特点,还为我们提供了一类新的研究光谱和光物理现象的体系。如在下面的篇幅中将会提到的如负的溶致动力学行为等。

前面已经提到黄酮(flavone)类化合物可通过化学修饰,如引入推电子基团来强化化合物的分子内电荷转移特性,使之能发射较强的荧光,如下列结构:

由于在分子中引入了二甲氨基,使化合物分子表现出较强的电荷转移特征,因此它在不同的极性溶剂中有着不同的光谱行为,其峰值波长将随溶剂极性的增大而不断红移。如图 6-20 所示。

图 6-20 中可见,在不同极性溶剂中测得的光谱,除了其峰值波长会随溶剂极性增大而红移外,化合物的荧光发射强度也会随溶剂极性增大而不断降低。可以看到黄酮化合物在水中时,几乎完全不发射荧光,而在极性较小的溶剂中则有较强的荧光发射。荧光强度随溶剂极性增大而降低的现象,可用化合物在极性溶剂中能级的下降导致激发态与基态间能级差(energy gap)的减小,引起无辐射跃迁增大来加以解释。这种发光强度随溶剂极性增大而降低的现象被称为溶致动力学效应(solvato-kinetic effect)。由于上述因溶剂化而引起激发态能级下降,导致能级差减小和无辐射跃迁增大,是一种常见的现象,因此,这种溶致动力学效应被称为"正"溶致动力学效应。而和它相反的结果是"负"的溶致动力学效应,即在溶剂极性增大时可引起化合物发光强度的增大。这种现象在研究

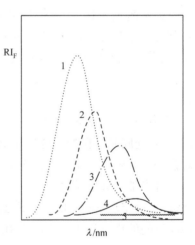

图 6-20 黄酮衍生物在不同极性
溶剂中的荧光光谱
······ 四氢呋喃　　------ 乙醇
—·—·— 丙酮　　—— 乙腈
〜〜〜 水

过的化合物中,一般较少出现。而在烯酮化合物中则相对容易的观察到这一现象。

可以将溶剂的 $E_T(30)$ 值与在不同溶剂中光谱的峰值频率 ν 值作图,得到如图 6-21 的结果。

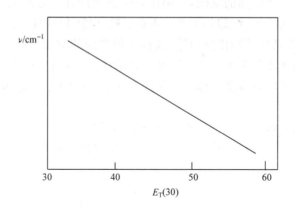

图 6-21 黄酮化合物发光峰值波数与溶剂 $E_T(30)$ 值的关系

图中可见化合物的发光峰值波数和 $E_T(30)$ 间,存在着良好的线性关系。如将黄酮化合物作为探针用以检测表面活性化合物溶液内胶束内核的极性,可将少量的黄酮加入其中,由于探针化合物的疏水性,因此它处于胶束的内核(即油相部分),于是在对胶束溶液的荧光光谱测定中就可发现溶液有很强的荧光(相反,当黄酮化合物处于水相中时,则几乎不能观察到有荧光发射),表明化合物分子已进入胶束内核。再根据光谱的峰值波长(或频率)就可测得胶束内核的极性状况。

负溶致动力学效应[26,69,70](negative solvato-kinetic effect)常在一些 π-π^* 和 n-π^* 跃迁同时存在的化合物光谱中出现。有时也可在带有双键化合物的光谱中观察到。其原因可用下列的有关效应加以解释。

许多带有 n 电子,如 —N═,═O 基的化合物,在激发时所形成的多个激发态能级,常会出现 π-π^* 和 n-π^* 跃迁能级间的相互靠拢,即出现所谓的邻近化[71]。这种能级间的重叠和相互作用会引起能量的损耗,使发光量子产率降低就可称之为邻近效应(proximity effect)。但由于溶剂对不同能级有着不同的影响,如随溶剂极性的增大可强烈引起 π-π^* 能级的降低,但溶剂极性的增大对 n-π^* 能级的变化则影响甚小,因此当溶剂的极性逐步增大时,可使 π-π^* 和 n-π^* 能级不断分离,使原有的邻近效应影响大大降低,使因邻近效应所引起的能量耗损效果减小,于是就出现了发光强度随溶剂极性增大而增大的现象。

另外,有关带有双键化合物的负溶致动力学效应,则是因这类化合物在弱的极性溶剂中双键的异构化反应易于发生。相反,在强的极性溶剂中时,因发光分子的极化现象变得比较突出,导致双键的异构化反应减少,因此也就有荧光量子产率随溶剂极性增大而增强的结果。

有关正、负溶致动力学的实验现象可从图 6-22 作进一步说明。图中列出的是具有负溶致动力学行为化合物在不同极性溶剂中的光谱峰值荧光强度的变化。可以看出,在非极性或弱极性溶剂的区域内,发光强度随溶剂极性增大而逐步提高,但当达到一定程度后,由于激发态的能级下降过多,使激发态和基态间的能隙变得很小,于是非辐射衰变的机会大大提高,使溶致动力学行为由负变正,出现了如图 6-22 的实验结果。

可用上面讨论过的四种不同刚性结构烯酮类化合物的溶致动力学结果,来考察上述的溶致动力学问题。化合物的分子结构同上,这里不再列出。

在对四种烯酮类化合物在不同极性溶剂中的荧光光谱测定中均可观察到正、负溶致动力学共存的结果,如图 6-23 所示。图中可以清楚地看到化合物的荧光发光强度随溶剂极性的变化,存在着极性开始增大时的荧光变大(负溶致动力学现象)和在溶剂极性增大到一定程度时,荧光强度的逐步变小(正溶致动力学现象)的结果,如图 6-23[69] 所示。

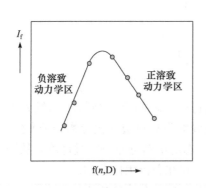

图 6-22 溶致动力学行为由负变正的变化图

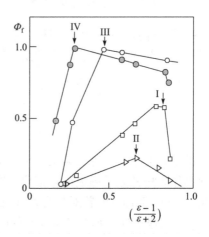

图 6-23 四种烯酮化合物在不同极性溶剂中的荧光量子产率

图中可清晰地看到不同化合物正、负溶致动力学行为转折点的溶剂极性各不相同,其极性序列是:(I)>(II)>(III)>(IV),从化合物的结构可以看出化合物结构的刚性是:(IV)>(III)>(II)>(I)。即柔性分子如(I)需要在很强的极性溶剂中方能出现正的溶致动力学行为,相反,对于刚性分子,如(IV),则仅需很弱的极性溶剂,即有正的溶致动力学行为出现。对于这一有趣的现象可有如下的认识:化合物出现正溶致动力学行为表明化合物激发态的能级受溶剂影响已降低到相当的程度,使无辐射跃迁变得十分强烈,致使正溶致动力学行为成为化合物发光的主要控制因素。当然也存在第二个原因,即不同化合物的 π-π^* 和 n-π^* 两能级的分离相对比较容易,或 π-π* 跃迁能级易于极化,因而在较弱的极性溶剂中已使邻近效应降低到甚小的程度,使正溶致动力学行为明显地呈现出来。上述两种因素相互间存在一定关系,即负的溶致动力学行为的减小和正的溶致动力学行为变大都能引起上述转折的出现,但何者应是主要控制因素仍是一个尚未解决的问题,需作进一步工作。然而化合物的刚性程度和电荷转移能力的大小,无疑应是较快出现正、负溶致动力学行为转折点的主要原因。

6.8 发光化合物的分子构象和发光行为的关系

下面将对几种发光化合物激发态的分子构象对其发光行为的影响进行讨论。应该说这在某种程度上是对发光问题更深入一步的讨论。希望能引起更多的关注。

6.8.1 吡唑啉(pyrazolin)化合物

吡唑啉(pyrazolin)化合物和二苯腙具有相似的结构。二苯基吡唑啉可看作是受阻抑的二苯腙衍生物。它们的基本结构如下:

1,3-二苯腙　　　　1,3-二苯基吡唑啉

由于吡唑啉是一种受阻的二苯腙,因此它比二苯腙有着强得多的发光能力。吡唑啉作为一种分子内电荷转移化合物在受光激发后可引起化合物分子发生强烈极化。J. O. Morley[72]曾对化合物基态和激发态的电荷分布进行过计算。从图 6-24 看出,吡唑啉分子基态和激发态的电荷分布存在着巨大的差别。

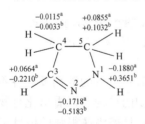

图 6-24 吡唑啉分子在基态和激发态时的电荷分布
a:基态;b:激发态。

从图 6-24 中可见,在化合物中 1 位 N 原子到 3 位 C 原子是该分子的共轭部分,并与 4,5 位的 C—C 相隔离。从图中各原子基态和激发态电荷密度值的变化,可以看出 1 位处的 N 原子为该化合物分子的电子给出部分,而 3 位的 C 原子则为电子接受部分。这可从 N^1 处的电荷密度从基态到激发态、由 -0.1880 改变为 $+0.3651$,和 C^3 处的电荷密度从 $+0.0664$ 变为 -0.2210 中看出。而 4,5 位处的两个 C 原子的电荷密度则因它们和共轭部分相隔离,因此它们的变化不大。

从 1,3-二苯基吡唑啉的结构可以看出,它在 1,3 位处联结着两个可旋转的苯基。对于它们的存在,将给化合物发光带来何种影响并不清楚。为此合成出下列

的几种化合物,分别将1位及3位的苯基予以适当固定,如使之与中心吡唑啉环处于同一平面,或使它与吡唑啉平面间存在着一定的夹角[73~75]。如下所示:

DPP

O-TPP

PBHI

PDPB

可以看出,上列4种化合物中仅DPP的两个苯基均可自由转动,而PBHI和PDPB等两化合物则分别只有一个苯基——1位的或3位的能自由转动。至于化合物O-TPP则由于在邻位处甲基的存在,致使1位苯基不能和中心吡唑啉环处于同一平面,而只能以扭曲的方式存在。

将上列化合物溶解于极性基本相同,黏度各不相同的溶剂体系中,测定它们的荧光量子产率,得到如表6-7的结果。

表6-7 吡唑啉化合物在不同黏度溶剂*中的荧光量子产率(Φ_f)

混合溶剂	S1	S2	S3	S4	S5	S6	S7	S8	S9	S10	S11
黏度(cp)	0.98	1.16	1.41	1.77	2.58	2.98	4.05	5.84	8.78	13.9	23.6
DPP	0.83	0.84	0.85	0.85	0.89	0.88	0.92	0.91	0.93	0.94	0.97
PBHI	0.78	0.79	0.79	0.83	0.84	0.84	0.85	0.87	0.86	0.90	0.89
O-TPP	0.83	0.83	0.84	0.83	0.82	0.83	0.84	0.83	0.84	0.85	0.83
PDPB	0.72	0.72	0.73	0.74	0.73	0.75	0.73	0.76	0.75	0.77	0.75

*:不同黏度的混合溶剂由不同体积比的液体石蜡和N-己烷组成。

从表中数据可以看出,DPP和PBHI化合物在不同黏度溶剂中的荧光量子产率随着溶剂黏度的增大而逐步增大,相反,O-TPP及PDPB二者的荧光量子产率则基本上不随黏度而变。值得注意的是,后两种化合物分子的1-位苯基均有一定程度的受阻而不能自由旋转,然而前两种化合物的1-位苯基则是完全自由的,但3-位苯基则一种是自由的(DPP),另一种则完全受阻(PBHI)。根据所得的结果可以认为:从化合物的结构看,对1,3-二苯基吡唑啉化合物的发光行为的黏度控制具有重要影响的,应是化合物分子在1-位处的苯基是否受阻,如1-位的苯基受阻,则相关化合物的发光强度将不能随黏度而发生变化。相反,如1-位苯基可以自由旋转,则不论3-位苯基的受阻与否,体系黏度的大小将对化合物发光强度带来影响。还可对上述结果作进一步的推断:即1位苯环与吡唑啉环间应存在着一个有利于发光的最佳夹面角,荧光量子产率的结果表明,对于1-位未受阻的化合物

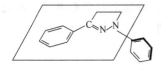

图6-25 1,3-二苯基吡唑啉化合物的最佳发光构象

DPP 和 PBHI 有着比 1-位受阻化合物 O-TPP 及 PDPB 较高的荧光量子产率,而 1-位苯基和吡唑啉环处于相同平面(即夹面角为 0)的化合物 PDPB,恰只有最小的 Φ_f 值,这说明最佳的发光构象应是 1-位苯基处于和吡唑啉环的某种适当夹面角处。正因如此,就可说明化合物 DPP 和 PBHI 所以有着较高的荧光量子产率,就是因为它们在 1-位处的苯基是自由地存在着,因而可以在其弛豫过程中回到其最佳的发光构象的位置有关。按上述看法可将 1,3-二苯基吡唑啉化合物的最佳发光构象图示如图 6-25。

此外,上面曾提到吡唑啉化合物的 4,5 位与其 1→3 的共轭体系相隔离。因此化合物的发光系来自 1→3 的激发和辐射衰变。但十分有趣的是,当在其 5-位处引入取代基时,则可构成一种分子内既存在电荷转移部分(发光部分)又存在着电子转移部分(可引起荧光猝灭)的双机制型的化合物[76]。具有如下结构:

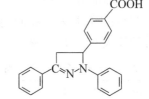

1,3,5-三苯基吡唑啉　　　　1,3-二苯基-5-苯甲酸基吡唑啉

已知吡唑啉化合物的 1→3 位为共轭体系,其中 1-位氮原子为给电子部分,而 3-位的碳原子则为拉电子部分。如果在分子的 5-位处联有另一基团,则将可能引起 1-位与 5-位间的光诱导电子转移,如 5-位所联基团具有强的拉电子能力,则 1-位氮原子上的电子就会转移至 5-位基团,从而引起化合物荧光的猝灭——如 1,3-二苯基-5-苯甲酸基吡唑啉[77]。有趣的是当将该体系的 pH 调整至碱性,即使苯甲酸的—COOH 变为—COO⁻ 基时,使原来作为电子受体的苯甲酸基转变为电子给体(羧基负离子),于是就可引起化合物发光行为的恢复。可见这一体系将可用作为灵敏检测环境"酸-碱"状况的敏感元件。

有关这类化合物的光物理研究包括其发光机制[78~80]、不同溶剂极性和黏度的影响[81]、溶剂 pH 的影响以及将其用作荧光探针,或用作光敏引发聚合体系[82,83]等都已有工作报道,有兴趣的读者可参看相关文献。

6.8.2 苯乙烯基吡嗪化合物结构受阻与其发光行为的研究

苯乙烯基吡嗪类化合物在结构上和芪相似[84],有如下的结构式:

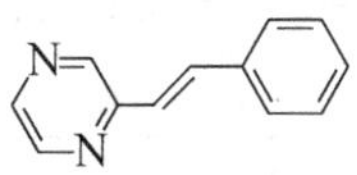

(1) 苯乙烯基吡嗪

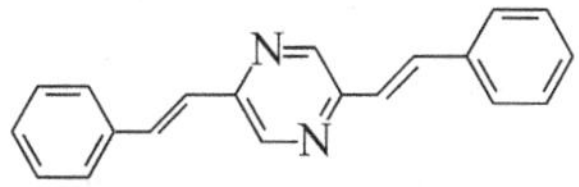

(4) 二苯乙烯基吡嗪

一般说来吡嗪基和吡啶一样具有拉电子性质,因此苯乙烯基吡嗪应看作为一分子内共轭的电荷转移化合物,具有较强的光致发光能力。和芪一样该类化合物的两个芳基间有着两个自由的单键和一个自由双键,因此同样可通过分子的桥键化、使化合物的发光行为得以进一步的改善。可以有两种不同的桥键化构成方式[85,86],如下所示:

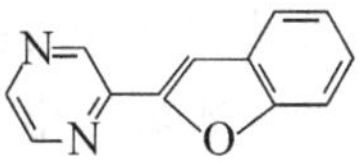

(2)

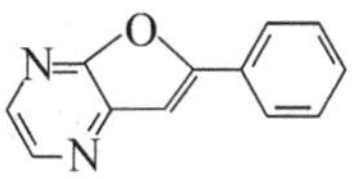

(3)

可以看出,该化合物的结构受阻,既可通过在吡嗪环处联结氧桥,也可通过在其苯环处进行联结,分别获得化合物(3)和化合物(2)[87,88]。对二苯乙烯基吡嗪(4)同样也可通过化学修饰得到如下列化合物(5,6)。

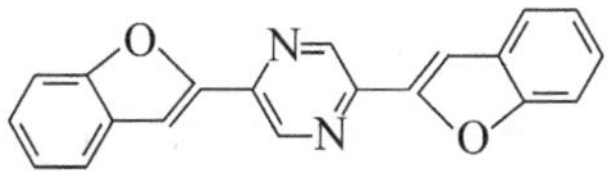

(5)

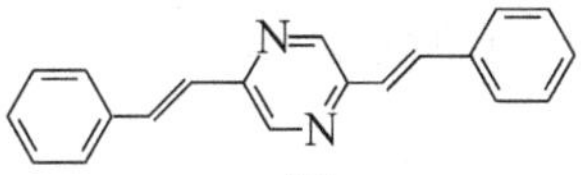

(6)

在不同溶剂中测定了化合物(1)、(2)、(3)的吸收和荧光光谱,并将得到的结果分别列于表 6-8 和表 6-9 中[89]:

表 6-8 苯乙烯基吡嗪类化合物在不同溶剂中的吸收峰值波长(nm)

	环己烷	乙醚	四氢呋喃	乙酸乙酯	乙腈
化合物 I	316	316	316	316	316
化合物 II	377	378	382	380	378
化合物 III	326	326	327	327	327

表6-9　苯乙烯基吡嗪类化合物在不同溶剂中的荧光光谱特性

	环己烷		乙醚		四氢呋喃		乙酸乙酯		乙腈	
	λ_{max}	Φ_f	λ_{max}	Φ_f	λ_{max}	Φ_f	λ_{max}	Φ_f	λ_{max}	Φ_f
化合物 I	376	0.0017	379	0.0051	386	0.0056	382	0.0057	390	0.019
化合物 II	421	0.45	423	0.49	428	0.49	426	0.47	429	0.41
化合物 III	364	0.066	367	0.073	372	0.12	370	0.14	370	0.23

从表中数据可清楚的看出，三种化合物的吸收峰值波长，以化合物(II)为最长，表明化合物(II)有着最大的共轭特征或最佳的共平面性。相反，其他两种化合物(I)(III)均只有较短的吸收峰值波长或较差的共面性。奇怪的是化合物(III)和化合物(II)一样，也是一种结构受阻的化合物，但却表现出只有较差的共平面性。一个合理的解释是，该化合物分子的左侧部分即与吡嗪环相联的单键和 C=C 双键具有较强的刚性，它和吡嗪环，即使在未桥键化时，似已处于同一平面。在这种情况下，该键的受阻与否，对整个分子的共平面化，就无太大影响。相反，在分子的右侧，即苯基及和它相联的单键与分子的其他部分并不处于同一平面，因而它的结构受阻(使它和分子其他部分强制的处于同一平面)，就可引起分子的吸收峰值波长明显的移向长波。这一结果同样表明，对于分子构象的研究将对于正确理解化合物的发光行为有着十分重要的作用。

值得注意的是该类化合物和聚(亚苯基-亚乙烯基)[poly(phenylene-vinylene), PPV]有着十分类似的结构，它们也可用作为有机电致发光材料。

类似的还有如席夫碱类化合物分子，经结构受阻而形成包括如苯并噁唑[90~92]或苯并噻唑等化合物，如图 6-26 所示。

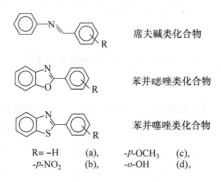

图 6-26　席夫碱及其结构受阻衍生物的结构

已知席夫碱类化合物无荧光发射，但经化学修饰在分子中引入氧或硫桥，形成苯并噁唑或苯并噻唑则其荧光量子产率就可有大幅度的增长，如表 6-10 所示。

表 6-10　几种苯并噁唑类化合物的荧光峰值波长和量子产率[91]

	a		c		d	
	λ_{max}/nm	Φ_f	λ_{max}/nm	Φ_f	λ_{max}/nm	Φ_f
环己烷	322	0.75	342	≈1.0	500	0.03
甲苯	339	0.83	347	≈1.0	500	0.055
乙醚	333	0.77	342	≈1.0	500	0.016
乙酸乙酯	336	0.74	343	≈1.0	500	0.019
乙腈	339	0.71	346	≈1.0	500	0.012

从表中数据可以看出，席夫碱化合物经桥键化修饰后，其荧光量子产率有着大幅度的提高。

至于表中未列出的化合物 b，因分子中带有硝基基团而使荧光很弱，表中未予列出。化合物 d 则因在其邻位上带有羟基，因此可形成具有六元环的分子内氢键结构，引起分子发生酮式(keto)和烯醇式(enol)的互变异构反应，导致峰值波长红移以及荧光量子产率的降低。互变异构反应如下[92]：

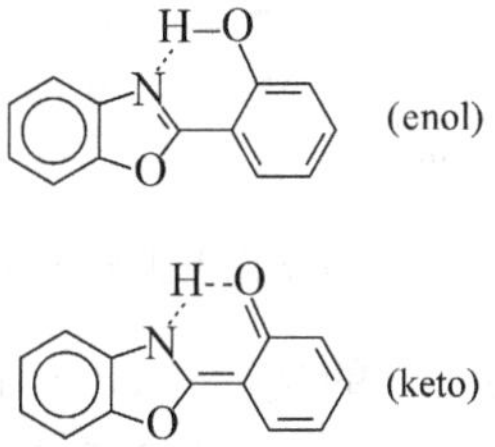

邻羟基苯并噁唑化合物的互变异构化

正是由于席夫碱化合物的桥键化可以起到阻抑分子内存在的一些耗能运动，从而达到提高化合物量子产率的目的。值得注意的是，这些结构常被用于如菁染料化合物结构中的一部分。

6.8.3　氧鎓盐化合物的发光问题

鎓盐类化合物如碘鎓盐，硫鎓盐等的兴起是和它们可有效的用作光诱导阳离子聚合的引发体系有关。氧鎓盐化合物具有发光特征，因此对它的发光机制引起人们的兴趣[93~98]。典型的氧鎓盐，如三苯基氧鎓盐有下列结构：

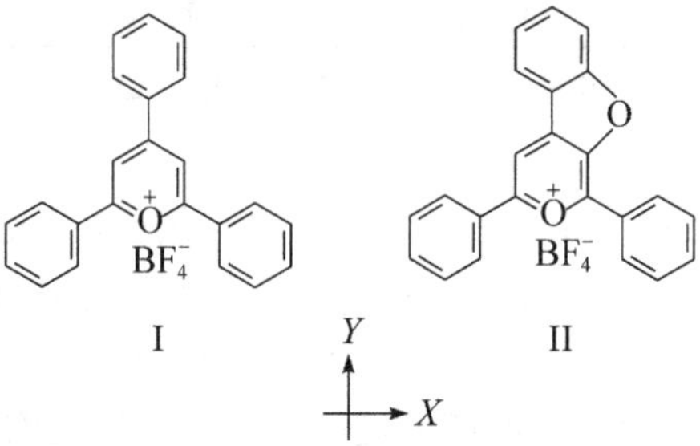

上列的化合物(I)为 2,4,6-三苯基氧鎓盐,而化合物(2)则为 4-位苯基受阻的三苯基氧鎓盐。一般认为,该化合物分子存在着 X 和 Y 轴。X 轴为发光跃迁轴,Y 轴则不是,且能通过它耗失能量。如 4-位苯基对位处联有 N,N-二甲基氨基时,则荧光强度大为降低,并认为这是由于形成了 TICT,导致分子内发生了电子转移所致。人们曾对三苯基氧鎓盐分子作过如下的量子化学计算[99],即将在 2,6 位的苯基和中部的氧鎓盐环固定于同一平面,则 4-位苯环和上述平面间有着何种的夹面角(dihedral angle)时,方能使整个分子的能量处于极小。经在基态条件下的计算,得到如图 6-27 的结果

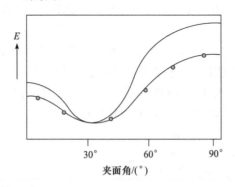

图 6-27 三苯基氧鎓盐分子 4-位苯基与分子其他部分平面的夹面角与分子能量大小的关系

图中可以看出,当 4-位苯环和上述平面间的夹面角(dihedral angle)为 35°时,分子具有最低的能量。因此如将化合物(I)4-位处的苯环固定于氧鎓盐核,即强制的使该苯环和氧鎓盐核处于同一平面时,则化合物 2,6 位的苯环是否会发生适当的旋转以保持整个分子体系处于能量最低状态。这是一个尚未解决的问题,值得加以注意。可以通过实验对此问题予以考察。下面列出了两种化合物在不同黏度(极性基本相同)溶剂中的荧光量子产率,如表 6-11 所示。

表 6-11 三苯基氧鎓盐 I,II 在不同黏度溶剂* 中的荧光量子产率

I	η	0.55	1.60	2.61	3.25	3.60	4.90	7.51	9.10	10.21	12.90	13.40	15.10
	Φ_f	0.171	0.171	0.172	0.172	0.175	0.176	0.178	0.179	0.178	0.178	0.177	0.178
II	η	0.55	1.60	2.61	3.25	3.60	4.90	7.51	9.10	10.21	12.90	13.40	15.10
	Φ_f	0.136	0.125	0.117	0.109	0.099	0.100	0.099	0.100	0.094	0.087	0.081	0.076

*:所用不同黏度的溶剂为甘油和甲醇按不同比例混合组成。三苯基氧鎓盐在不同混合溶剂中均能很好的溶解。

从表中可以看出,化合物 I 在不同黏度的溶剂中,荧光量子产率基本保持不变,而化合物 II 则可明显地看到它的荧光量子产率会随溶剂黏度的增大而不断减小。这表明化合物(II)存在一个最佳的发光构象(或角度),由于化合物(I)在 X 轴上的两个苯环均处于同一平面,而如果这已是最佳的发光构象,因此就不存在分子

被激发后2,6位的苯环向最佳发光构象弛豫的问题,相反,对于化合物(II),由于4-位苯环被固定于氧鎓盐核的同一平面,因此在基态条件下2,6-位的苯环就有可能与氧鎓盐核间存在一定的角度,于是当分子被激发后,激发分子的2位或6位的扭曲苯环,就可能要求回到它最佳的发射构象处(如2,6位苯环与氧鎓盐核间的夹面角为零处,为最佳发光构象),因此在激发态的寿命范围内,分子就会向夹面角为0处发生构象转变,如体系的黏度不大,则激发态就易于回到最佳发光状态,而如体系的黏度较大,则就不易发生转变,也就难于到达其最佳的发光状态,从而使荧光量子产率降低。

6.9 结　语

上面我们已对有关分子内共轭的电荷转移化合物的发光机制,化合物的结构、构象和发光行为的关系以及环境对发光的影响等作了原则性的讨论。同时也对一些具体化合物的发光行为作为例证,给予必要的说明以强化对上述讨论的认识。可以看到化合物的发光行为,包括它们的发射强度和发射峰值波长的位置等,不仅和化合物的分子结构、取代基性质等有关,而且还和一系列诸如:化合物分子所处环境的极性、黏度和受阻情况等有着密切关系,而且也和化合物分子在这些环境中的构象和聚集结构等有关。显然对这些问题的深入了解,将有利于我们对于这类化合物的设计和合成以及对它们的正确应用。

值得指出的是,这类化合物具有重要的实际应用价值。由于它们具有较强的发光能力,因此可在诸如发光染料、激光染料、增感染料和荧光探针化合物[100]等方面得到应用。而更为重要的是这类化合物可在高新技术方面,如光/电子材料的研究开发领域中表现出具有十分重要的潜在应用价值。它们可在许多方面找到应用,如用做非线性光学材料[101]和光学倍频材料、双光子吸收材料[102]、光折变信息储存材料、电致发光显示材料等,因此,对这类化合物基本物理化学性能的深入研究和了解,确是有利于更好的利用它们,使之发挥出更大的作用。

参 考 文 献

[1] Balzani V, Scandola F. Supramolecular Photochemistry. New York:Ellis Horwood, 1991.
[2] Turro N J. Modern Molecular Photochemistry. Benjimin/Cummings Publishing Co., 1978
[3] Creutz C, Taube H. J. Am. Chem. Soc., 1969, 91:3998
[4] Birks J B. Photophysics of Aromatic Molecules. New York:Wiley,1970
[5] Hammond G S. Adv. Photochem. 1969, 7:373; Philips D, Lemaire J, Burton C S, Noyes W A. Adv. Photochem., 1968, 5:327
[6] Rettig W. EPA News Letter, 1991, 41:3
[7] Turro N J. Angew. Chem. Int. Ed. Engl., 1986, 25:882

[8] Bonacic-Koutecky V, Michl J. J. Am. Chem. Soc. , 1985, 107:1765
[9] Lippert E, Rettig W, Bonacic-Koutecky V, Heisel F, Miehe JA. Adv. Chem. Phys. , 1987, 68:1
[10] Bonacic-Koutecky V, Koutecky J, Michl J. Angew. Chem. Int. Ed. Engl. , 1987, 26:170
[11] Saltiel J, Chalton J L. Rearrangements in Ground and Excited states. Vol. 3, de Mayo P. , Ed. , New York:Academic Press, 1980
[12] Saltiel J, Sun Y P. Photochromism Molecules and Systems. Durr H. , Bouas-Laurent H. , Ed. , Amsterdam:Elsevier, 1990
[13] Kawski A, Alicka M, Gloyna D. Z. Naturforsch. Teil A, 1981, 36:1259
[14] Liptay W. Excited States. Vol. 1, Lim E. C. , Ed. ,New York: Academic Press, 1974
[15] Everard K B, Sutton L F. J. Chem. Soc. London, 1951, 2816
[16] Spilski W, Grohmann I, Koppel H, Wegener E, Gloyna D, Schleinitz K. -D, Radeglia R. J. Prakt. Chem. , 1978, 320:922
[17] Hammett L P. Physical Organic Chemistry. 2nd ed. ,New York: Mcgraw-Hill, 1970
[18] Gryczynski I, Gloyna D, Kawski A. Z. Naturforsch. Teil A, 1980, 35:777
[19] Kawski A, Gryczynski I, Jung Ch, Heckner K H. Z. Naturforsch. Teil A, 1977, 32:420
[20] Kawski A. Chimia, 1974, 28:715
[21] Lippert E Z. Elektrochem. , 1957, 61:962
[22] Kawski A, Gloyna D, Bojarski P, Czajko J, Gadomska-Lichacz J. Naturforsch. Teil A, 1990, 45:1230
[23] Rettig W, Majenz W, Herter R, Letard J F, Lapouyade R. Pure & Appl. Chem. , 1993, 65:1699
[24] Lapouyade R, Kuhn A, Letard J F, Rettig W. Chem. Phys. Lett. , 1993, 208:48
[25] Lapouyade R, Czeschka W, Majenz W, Rettig W, Gilabert E, Rulliere C. J. Phys. Chem. , 1992, 96:9643
[26] Wang P F, Wu S K. J. Photochem. Photobiol. A (Chem.), 1995, 86:109
[27] 汪鹏飞,吴世康. 化学学报,1994, 52:341
[28] Lippert E, Luder W, Boos H. Advances in Molecular Spectroscopy. Mangini A. , Ed. , Oxford: Pergamon Press, 1962
[29] Grabowski Z R, Rotkiewicz K, Siemiarczuk A, Cowley D J, Baumann W. Nouv. J. Chim. , 1979, 3:443
[30] Rettig W. Angew. Chem. Int. Ed. Engl. , 1986, 25:971
[31] Baumann W, Petzke F, Loosen K D. Z. Naturforsch, 1979, 34:1070
[32] Drexhage K H. J. Lumin. , 1981, 24/25:709
[33] Carstens T, Kobs K. J. Phys. Chem. , 1980, 84:1871
[34] Vogel M, Rettig W. Ber. Bunsenger. Phys. Chem. , 1985, 89:962
[35] Rettig W, Gleiter R. J. Phys. Chem. , 1985, 89:4676
[36] Buncel E, Rajagopal S. Acc. Chem. Res. , 1990, 23:226

[37] Jacques P. J. Phys. Chem. , 1986, 90:5535
[38] Grinvald A, Frostig R D, Lieke E, Hildesheim R. Physiol. Rev. , 1988, 68:1285
[39] Kosower E M. J. Am. Chem. Soc. , 1958, 80:3253
[40] Reichardt C. Justus Liebigs Ann. Chem. , 1971, 752:64
[41] Buncel E, Keum S R. J. Chem. Soc. Chem. Commun. , 1983, 579
[42] Botrel A. , Beuze A. L. , Jacques P. , J. Chem. Soc. Faraday Trans. , 1984, 80, 1235
[43] Bottcher C J F. Theory of Electric Polarization. Amsterdam:Elsevier, 2nd Ed. Vol. 1,2, 1973
[44] Kawski A. Progress in Photochemistry & Photophysics. Vol. 5, p. 1, Rabek J. F. , Ed. CRC Press, Boca Raton, 1990
[45] Eliel E L. Pure Appl. Chem. , 1971, 25:509
[46] Leo A, Hansch C, Elkins D. Chem. Rev. , 1971, 71:525
[47] Gutmann V. Coord. Chem. Rev. , 1967, 2:239
[48] Fainberg A H, Grunwald E. J. Amer. Chem. Soc. , 1956, 78:2770
[49] Smith S G, Fainberg A H, Winstein S. J. Amer. Chem. Soc. , 1961, 83:618
[50] Lassau C, Jungers J C. Bull. Soc. Chim. Fr. , 1968, 2678
[51] Gielen M, Nasielski J. J. Organomet. Chem. , 1967, 7:273
[52] Kosower E M. J. Amer. Chem. Soc. , 1958, 80:3253
[53] Brownstein S. Can. J. Chem. , 1960, 38:1590
[54] Allergand A, Schleyer P V R. J. Amer. Chem. Soc. , 1963, 85:371
[55] Knauer B R, Napier J J. J. Amer. Chem. Soc. , 1976, 98:4395
[56] Dong D C, Winnik M A. Can. J. Chem. , 1984, 62:2560
[57] Brooker L G S, Craig A C, Heseltine D W, Jenkins P W, Lincoln L L. J. Amer. Chem. Soc. , 1965, 87:2443
[58] Koppel I A, Palm V A. Advances in Linear Free Energy Relationship. Chapman N. B. , Shorter J. , Eds. London:Plenum Press, 1972
[59] Krygowsky T M, Fawcett W R. J. Amer. Chem. Soc. , 1975, 97:2143
[60] Kamlet M J, Abboud J L M, Taft R W. J. Amer. Chem. Soc. , 1977, 99:6027
[61] Kamlet M J, Abboud J L M, Taft R W. Prog. Phys. Org. Chem. , 1981, 13:485
[62] Kamlet M J, Doherty R M, Abboud J L M, Abraham M H, Taft R W. Chem. Tech. , 1986:566
[63] 汪鹏飞,吴世康. 物理化学学报,1992,8:405
[64] 汪鹏飞,杜文泉,吴世康. 化学学报,1992,50:1140
[65] 汪鹏飞,吴世康. 感光科学与光化学,1993,11:28
[66] 汪鹏飞,吴世康. 感光科学与光化学,1993,11:289
[67] Wang P F, Wu S K. J. Photochem. Photobiol. A(Chem.), 1993, 76:27
[68] Wang P F, Wu S K. J. Photochem. Photobiol. A(Chem.), 1994, 77:127
[69] 汪鹏飞,吴世康. 高等学校化学学报,1995,16:756
[70] Wang P F, Wu S K. J. Lumin. 1994, 62:33

[71] Siebrand Jr W A, Zgierski M Z. J. Chem. Phys. 1980, 72:1641
[72] Moley J O. J. Molecular Electronics, 1989, 5:918
[73] Yang G Q, Wu S K. J. Photochem. Photobiol., 1992, 66:69
[74] 杨国强,吴世康. 物理化学学报,1992,8:602
[75] 杨国强,吴世康. 高等学校化学学报,1995,16:239
[76] 闫正林,吴世康. 感光科学与光化学,1995,13:16
[77] 闫正林,吴世康. 感光科学与光化学,1994,12:80
[78] Yan Z L, Wu S K. J. Lumin. 1993, 54:303
[79] 闫正林,吴世康. 物理化学学报,1994,10:556
[80] 闫正林,吴世康. 物理化学学报,1993,9:602
[81] 闫正林,吴世康. 物理化学学报,1994,10:954
[82] 闫正林,吴世康. 化学学报,1995,53:277
[83] Yan Z L, Wu S K. J. Photochem. Photobiol., A: Chem. 1996, 96:199
[84] 李泽敏,吴世康. 感光科学与光化学,1995,13:7
[85] 李泽敏,吴世康. 物理化学学报,1997,13:5
[86] 李泽敏,吴世康. 化学学报,1997,55:90
[87] 李泽敏,吴世康. 物理化学学报,1995,11:558
[88] 李泽敏,吴世康. 物理化学学报,1996,12:418
[89] Li Z M, Wu S K. J. Fluorescence,1997, 7:237
[90] 彭兆快,杨国强,吴世康. 感光科学与光化学,1996,14:244
[91] 彭兆快,杨国强,吴世康. 高等学校化学学报,1996,17:1424
[92] Yang G Q, Morlet-Savary F, Peng Z K, Wu S K, Fouassier J P. Chem. Phys. Lett., 1996, 256:536
[93] 陈懿,汪鹏飞,吴世康. 感光科学与光化学,1997,15:67
[94] 陈懿,吴世康. 高等学校化学学报,1997,18:260
[95] 陈懿,吴世康. 高等学校化学学报,1996,17:1622
[96] Chen Y, Wu S K. J. Photochem. Photobiol. A: Chem., 1996, 102:203
[97] 陈懿,吴世康. 物理化学学报,1996,12:456
[98] 陈懿,吴世康. 化学学报,1996,54:119
[99] Markovitsi D, Sigal H, Ecoffet C, Millie P, Charra F, Fiorini C, Numzi J, Strzelecka H, Veber M. Chem. Phys., 1994, 182:69
[100] 吴世康. 化学进展,1996,8:118
[101] Maltey I, Delaire J A, Nakatani K, Wang P F, Shi X Y, Wu S K. Advanced Materials for Optics and Electronics, 1996, 6:233
[102] Wang H Z, Zheng X G, Mao W D, Yu Z X, Gao Z L, Yang G Q, Wang P F, Wu S K. Appl. Phys. Lett., 1995, 66:2777

第7章 分子识别与荧光化学敏感器研究

7.0 引　　言

分子识别是超分子体系三大基本功能之一。早期有关"分子识别"和"信息获得"等概念主要是用于和生物相关的体系。显然,这是和酶对底物分子的专一性识别相联系。直至20世纪70年代在研究选择性的结合金属离子时,才可以说分子识别进入到化学领域。将分子识别概念应用于对不同化学物种的检测和分析,具体地说使之成为对特定分子具有专一识别能力的"化学鉴定器",特别是近年来,具有分子器件性质的荧光化学敏感器(fluorescence chemical sensor)的出现,已清晰地看到超分子化学和超分子光化学的进步和成绩[1~4]。

荧光化学敏感器能得到迅速发展的原因,显然和超分子化学的进展如:分子组装;主客体化学;非共价键的相互作用,以及光化学的进步如:光诱导电子转移(PET),分子内共轭的电荷转移化合物结构和发光特性的研究等密切相关[5~7]。而另一方面,它的发展也和许多其他的科学技术领域诸如生物化学、临床医学、药物化学以及环境科学中所提出的大量实际问题密切相联系。正是由于上述的种种原因,有力地推动了该问题科学研究的进展,但应当指出的是:这一领域的研究状况目前尚处于较初级的阶段,许多问题尚待进一步研究。

一个具实用价值的荧光化学敏感器[5]可简单地分为如下的三个部分,即外来物种的接纳和识别部分(receptor);敏感器在接受外来物种后将信息传输外出的报告器(fluorescence reporter)以及中继体(relay)等。十分清楚,在荧光化学敏感器的研究中,敏感器的整体设计和合成占有重要的位置。对体系的正确设计与合成,将对敏感器的识别能力和灵敏度起到重要的作用。其中特别是器件中的"报告器"部分与"中继体"部分涉及一系列的光化学与光物理问题,需要人们在设计中具有对光化学和光物理丰富知识。事实上、这种情况已在过去大量的实践和报道中得到反映和说明。因此正确而系统的掌握这些方面的知识和原理不仅重要,而且是十分必要的。

在作为一种分子器件荧光化学敏感器中,它所包含的部件可用所谓的"3R"来表示,如图7-1所示。即分子的识别和接受(recognize and receptor),信息的中继传递(relay)及信息的报告输出(reporter)等三部分。现分别讨论如下。

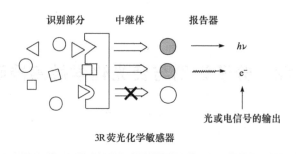

图 7-1 荧光化学敏感器的 3R 图

7.1 分子接受体的原理和设计

荧光化学敏感器中的分子接受体,可认为是敏感器中体现分子识别功能的主要部件。分子接受体的基本定义是:一种由共价键结合的有机化合物,其结构中的有关部分可通过弱相互作用选择性地和不同的离子或分子底物、相结合,从而形成由两个(或多个)物种形成的聚集体,即形成了超分子。有关分子接受体与底物分子相作用的问题可称之为接受体化学,它代表了一种广义的配位化学。这不仅限于对金属阳离子(包括碱金属,碱土金属以及过渡金属离子)而且也涉及阴离子和中性分子等,显然对于不同类别化学物种的识别,有着其各自的特点和要求。为了要实现高度的专一性识别,在对接受体的设计时,关键是要实现接受体与识别物种间的高度互补,其中包括形状,尺寸以及作用点(或键合点)分布等的相互匹配,这是极为重要的。因此对于设计,合成具有作用点合理排布的三维结构体系,可认为是分子接受体的设计中最高标准所在。但应该指出,目前的状况离开这一标准尚有较大的距离。

7.1.1 阳离子接受体

有关对阳离子物种的识别问题可以提及的是 Pederson[8] 于 1967 年报告了冠醚化合物的合成以及它的配位化学,随后 Lehn 等[9,10]发表了穴状物(cryptand)的阳离子配位化学工作。使人们对周期表中的第 I 和第 II 族金属阳离子以及铵盐离子的配位化学问题产生了广泛的兴趣,并在此基础上使阳离子识别的研究有了很大的发展,而成为超分子化学中一个成熟的领域。因此,在接受体化学研究的发展过程中,大环结构化合物(如冠醚类化合物)具有特殊的意义。它不仅自身可以作为接受体用以识别碱金属和碱土金属离子,而且还可在它的基础上作进一步的修饰,包括支化和桥键化等,以实现有更强结合能力的穴状结构接受体,如图 7-2 所示。

18-冠-6　　　　　　　　　氮杂穴状或
　　　　　　　　　　　　球形 冠醚

图 7-2　大环结构化合物

因此,可以看出,冠醚化合物的出现不仅是发明了一类新的化合物,而且为人工合成分子接受体的可能性,打下了概念性的基础。也是人们在对自然界复杂接受体的人工合成还无法完成的情况下,用合成的小分子化合物为模拟,为接受体的分子识别研究提供了一个可用的模式或平台。正因如此,上列的两位科学家和 Cram 共同分享了 1987 年的诺贝尔化学奖。

作为接受体的冠醚类化合物主要是用来识别碱金属、碱土金属以及镧系金属离子[11],这可用软、硬酸碱理论来加以解释,因为上列的碱金属、碱土金属包括稀土金属离子在内,都属于硬酸,因此它们倾向于和冠醚中的氧(属硬碱类化合物)作用成"键"。大环冠醚化合物具有二维的内腔,而球状冠醚则为三维的空穴体系。在对上述两类体系的阳离子交换动力学研究中发现,后者的交换速率较前者的要低几个数量级。这清晰地表明:后者所形成的配合物有着比前者形成的体系大得多的稳定性。

当以冠醚类化合物为敏感器的接受或识别部件,如何考虑使之与报告部件相连接,从而构成具有实用价值的荧光检测器件,是设计敏感器时常碰到的问题。下面列出了两个例子予以说明。

由于黄酮类化合物是一类具有良好发光能力的化合物(图 7-3),而结构中的羰基基团则可成为敏感器在接受金属离子后影响发光的枢纽部分[12,13]。因此合

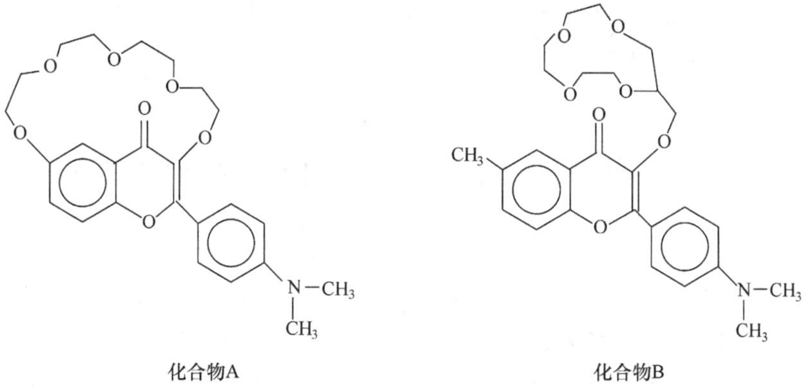

化合物A　　　　　　　　　化合物B

图 7-3　黄酮类化合物结构示意图

成一种能和金属离子相配位的冠醚配体,并使之和上述发光化合物的羰基间能相互靠拢的新化合物,就有可能得到一种冠醚型检测碱金属或碱土金属离子的敏感器件。

可以看出,这类冠醚化合物是以黄酮类衍生物为发光基团,并在该分子的一端或两端联以醚链形成了不同类型的冠醚类发光化合物。由于黄酮化合物的 N,N-二甲基氨基为强烈的推电子基,而羰基部分则为拉电子基,构成了一个分子内的电荷转移化合物。如冠醚环捕获了碱金属或碱土金属离子后,则所带的正电荷将促使分子拉电子部分的强化,于是就可改变黄酮分子的分子内电荷转移程度,导致化合物发光行为的变化。对于化合物 A 还发现其冠醚部分络合金属离子时,黄酮的羰基也参与了络合,这就使黄酮的拉电子部分得到进一步的强化。化合物 B 是一种具有套索醚[13](lariat ether)结构的敏感器。类似的敏感器还有以香豆素、芘[14]等化合物的衍生物为发光体的套索醚化合物,如下列的结构:

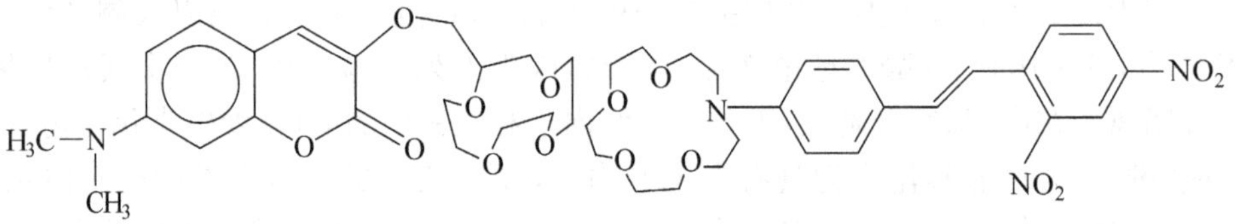

除作为硬酸类金属离子配体用的大环冠醚和氮杂冠醚等化合物外,另外在结构上类似的大环化合物如:多氮杂[15,16]和多硫杂的大环配体,它们可对过渡金属离子等"软酸"物种进行识别。其结构如下:

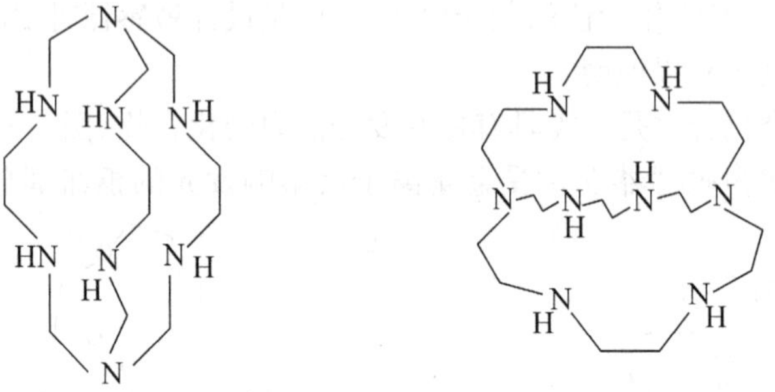

但值得注意的是,由于过渡金属离子在结构上的特殊性和复杂性,例如,它们有不同的电价、不同的电子构型和配位数等。因此,要使合成的接受体和这类金属离子间在识别过程中实现最佳的互补,并非方便易行。可以进一步的说明如下,因过渡金属离子存在着不同价数及相应的电子构型。因此,在设计接受体时,必须具体明确拟识别金属离子的确定价数,如一价或二价的铜离子等。因为不同电价的过渡金属离子可以有不同的电子构型和配位数,只有在确定了底物结构的基础上,才能对作为配体的接受器化合物进行合理的设计。这里可以看出:对过渡金属离

子的识别问题,确比具有球状结构的碱金属和碱土金属离子要复杂得多。正是由于上述原因,因此对过渡金属离子识别接受体的设计,往往不限于采用环状或穴状结构的接受体系,而应在较宽的范围内对接受体结构进行考虑,例如用三爪状结构的化合物或其他。即使采用环状化合物时,也应避免用刚性结构的体系,而尽量采用具柔性链的化合物,使之易于适应与具有不同作用位点的不同过渡金属离子相配合。下面列出的是一种具三爪状结构的接受体[17]实例:

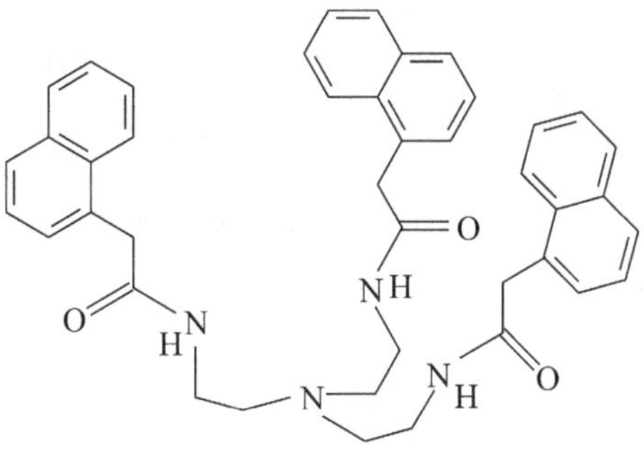

可以看出,由于这类三爪结构中氮原子的分布位置,能很好的和具有四面体电子构型的金属离子,如 Cu^+ 相对应。因此它就成为能很好识别 Cu^+ 的良好接受体。

另一个例子是用链状多胺类化合物作为荧光化学敏感器,用以识别金属离子。这类敏感器化合物和冠醚或环糊精等具有确定形状的接受体不同,是属于接受体结构形状不够确定的敏感器体系,包括如链状多胺(多乙烯多胺)或链状多醚[18](聚乙二醇)类等。它们在文献中报道不多,研究较少。

一类这样的荧光化学敏感器有如下结构[19]:

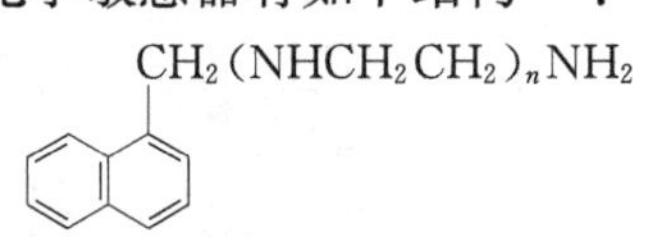

$CH_2(NHCH_2CH_2)_nNH_2$

(1) $n=1$
(2) $n=2$
(3) $n=3$

它是在萘的 α 位上联有多胺类链状化合物。由于链的柔顺性,因此可考虑能和过渡金属离子相配合,以至可达到进行识别的目的。它们的结构(和合成步骤)如图 7-4 所示。将上述化合物溶于不同的溶剂中,再引入锌离子(醋酸锌)就可从吸收光谱和荧光光谱中明确的观察到化合物的吸收和荧光强度的变化。同时在加入不同浓度离子的滴定曲线上,可以看到明确等当点的出现。在乙腈中,对 $n=1$ 的化合物的物质的量比为 1:1。十分有趣的是对 $n=3$ 的化合物,当处于乙腈中时,物质的量比为 1:1,而将溶剂改为乙腈加水(4:1)时,则物质的量比变为 1:2,说明在不同溶剂中它们的络合关系发生变化,一个可能的 1:2 结构形式如图 7-5 所示。

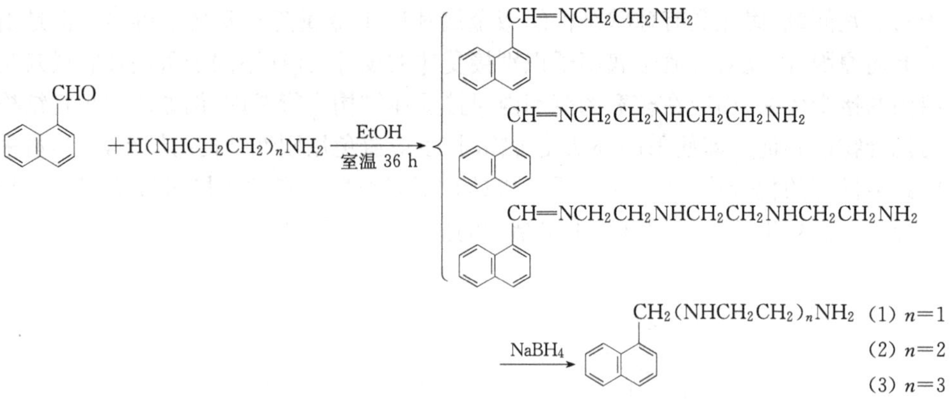

图 7-4 一类链状多胺敏感器分子的合成与结构

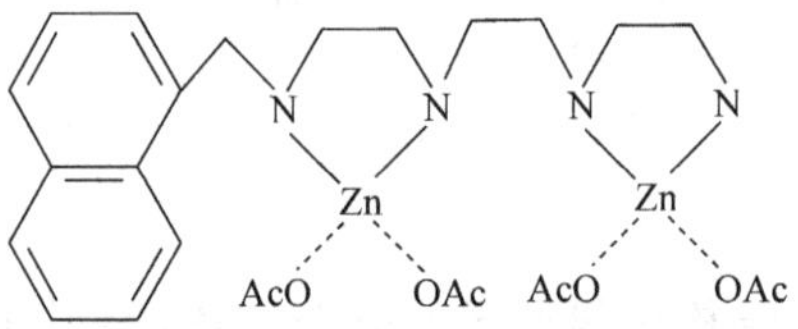

图 7-5 化合物($n=3$)和乙酸锌可能的配位结构

更为有趣的是当将醋酸锌改为氯化锌时,在当量比为 1∶1 的乙腈溶液中,继续加入和提高锌离子的浓度时,在荧光光谱中可以观察到萘基激基缔合物发光峰的出现,这表明在这种情况下,配合物的形状发生了另一形式的变化,而且这和所带阴离子的特性有一定关系。它可能的结构形式如图 7-6 所示。

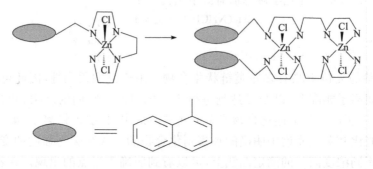

图 7-6 化合物($n=3$)和氯化锌络合出现激基缔合物的可能结构

图 7-7 中以看到随溶液中锌离子浓度的增高,萘单体的发射强度(335 nm)逐步降低,而长波处的激基缔合物发光峰(410 nm)则不断增强。图 7-7 清楚地表明这一情况。

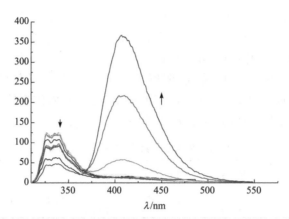

图 7-7 在化合物($n=3$)的乙腈溶液中改变氯化锌浓度,溶液荧光光谱的变化

7.1.2 阴离子接受体

阴离子接受体的设计和合成具有高度的挑战性。阴离子物种在化学和生物过程很宽的范围内,起到重要而基础性的作用。因此对有关接纳阴离子物种接受体的设计和合成,以及有关阴离子识别问题的研究等,在近 20 年来已出现了多篇评论性的文章[20,21]。阴离子物种在生物体内几乎是无所不在的。它们可起到携带基因信息的功能(因 DNA 为聚阴离子),同时很多酶的底物及辅助因子(co-factor)也是阴离子的。一个为人们所熟知的例子[22]:羧基肽酶 A(carboxypeptidase A)就能和多肽的 C-端羧基(阴离子)通过形成精氨酸-天冬氨酸盐桥配位而结合,并催化其残基发生水解。这里涉及的显然也是阴离子的识别问题。此外,阴离子还在医药、催化等领域内起到重要作用。由于过度使用磷肥、氮肥(磷酸盐和硝酸盐)以及由它们所引起的河流过度营养化(eutrofication)问题[23],以及由硝酸盐代谢而引起的致癌作用[24]等与环境污染和治理密切相关的课题,显然也和阴离子的识别与检测等相关联。

在对阴离子识别的问题上,和阳离子相比较,存在差别和难度可分述如下:

(1) 由于阴离子有着比等电荷的阳离子为大的离子半径 r,这可从表 7-1[25]中看出,因此阴离子有着比阳离子为低的电荷和半径比 e/r 值。这意味着阴离子在以静电相互作用的过程中,将比具同等电荷的阳离子效率为低。

表 7-1 等电荷的阳离子和阴离子半径在八面体环境中的比较[25]

阳离子	离子半径 $r/Å$	阴离子	离子半径 $r/Å$
Na^+	1.16	F^-	1.19
K^+	1.52	Cl^-	1.67
Rb^+	1.66	Br^-	1.82
Cs^+	1.81	I^-	2.06

(2) 环境 pH 的大小可对阴离子产生一定的影响。如在酸性条件下,阴离子可发生质子化而丧失其作为阴离子的存在。因此在设计这类识别阴离子的接受体时,必须注意在实际应用中的 pH 窗口。

(3) 一个很值得注意的问题是,阴离子可有十分不同的几何形状,它不像阳离子物种具有相对简单的几何外形,如球型、四面体型、八面体型等结构。而阴离子的外型则可以是多种多样的,如表 7-2 所示。

表 7-2　阴离子所具有的不同几何形状

形状	结构	代表物	形状	结构	代表物
○	球形结构	F^-,Cl^-,Br^-,I^-	四面体	PO_4^{3-},VO_4^{3-},SO_4^{2-},MoO_4^{2-},MnO_4^-
—	线形结构	N_3^-,CN^-,SCN^-,OH^-,	八面体	$[Fe(CN)_6]^{4-}$,$[Co(CN)_6]^{3-}$
Y	三角平面	CO_3^{2-},NO_3^-	复杂结构	双螺旋结构,DNA

表中可以看到,不同的阴离子可具有不同的几何外形,它可以是球形的也可以是线形或四面体型的。因此要设计一种能对某种阴离子物种有专一识别能力的接受体,即使仅从形体的匹配来说也不是一件容易的事。

在阴离子识别中体系的溶剂效应也会对阴离子的键合强度和选择性起到作用。一般说来在阴离子发生溶剂化时,静电相互作用起到重要的作用。特别是在带有羟基的溶剂中时,它常能和阴离子间形成强烈的氢键,因此作为一种阴离子的接受体,必须具有能和拟识别的阴离子所处环境具有有效的竞争能力。例如:对于中性的接受体,它主要是通过离子-偶极相互作用,即以此为驱动力,和处于非质子溶剂中的阴离子物种相配合。然而,对那些带有电荷的接受体、则就能在质子溶剂中去键合那些高度溶剂化了的阴离子。由此可以看出,不同性质的溶剂在对阴离子的识别中所起的作用。

另外接受体的疏水性(hydrophobicity)对于其选择性也有重要影响。通过对蛋白质溶解度的盐效应研究而建立起来的 Hofmeister[26] 序列可将阴离子按其疏水性而加以排列(图 7-8)。实际上,这也就是不同阴离子的水合化程度。一般说来疏水的阴离子会强烈结合在疏水的键合点上,反之亦然。

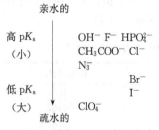

图 7-8　阴离子的疏水和亲水序

通过上面的初步讨论可以看出,在设计用于识别阴离子的接受体时,必须认真考虑一系列的问题,如阴离子的几何形状、其碱性大小以及所用溶剂的性质等多种因素。显然,阴离子和接受体二者间的互补状况是决定其选择性好坏的关键所在。

一个简便的对阴离子接受体进行分类的方法是以接受体对底物或客体物种间发生配合时所用非共价键的性质作为分类的标准。包括如以静电相互作用、氢键作用、疏水相互作用、金属离子的配位作用以及将几种非共价作用力相结合的体系等。现对几种以不同非共价键力结合底物的接受器分别讨论如下。

1. 静电相互作用

在一些早期的工作中,Schmidtchen[27,28]合成出多种大环季铵盐类化合物,其结构如下:

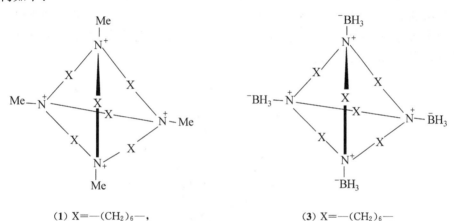

(1) X=—$(CH_2)_6$—,
(2) X=—$(CH_2)_8$—

(3) X=—$(CH_2)_6$—

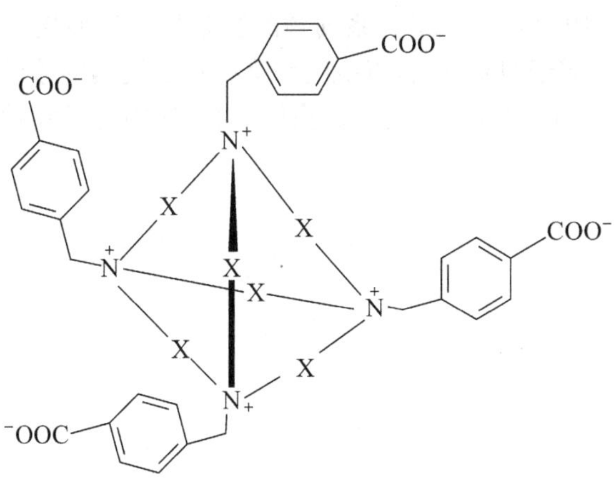

(4) X=—$(CH_2)_6$—

并发现上列化合物可以在水中和阴离子物种形成配合物。上列化合物 **1** 内腔的直径为 4.6 Å,它能和碘离子(直径为 4.12 Å)形成很强的配合物,并得到了它的晶体结构,揭示出碘离子确被包围于接受体之中。上列的化合物 **2** 具有较大的内腔,因此它可和大体积的如对硝基酚盐阴离子相配合。上列的配体 **1** 和 **2** 均为带有正电荷,因此也可和带相反电性的其他离子物种相结合,并和拟检测的阴离子竞争。为了克服这一弊病,Schmidtchen[29,30]合成出带有正负离子的上列化合物 **3**,**4**,这是一类中性的化合物。通过在水中 NMR 实验证明,化合物 **4** 能和 Cl⁻、Br⁻以及 I⁻等形成比由化合物 **1** 形成更强相互作用的配合物。

2. 氢键相互作用

由于氢键的方向性,因此有可能设计出具有特殊形状的接受体,用以区分在非极性溶剂中有着不同几何形状的阴离子物种。于 1986 年由 Pascal[31]合成出第一个以酰胺为基的阴离子接受体,可用以对氟离子进行检测,并在[D_6]DMSO 溶剂中获得了核磁的证据。其结构如下:

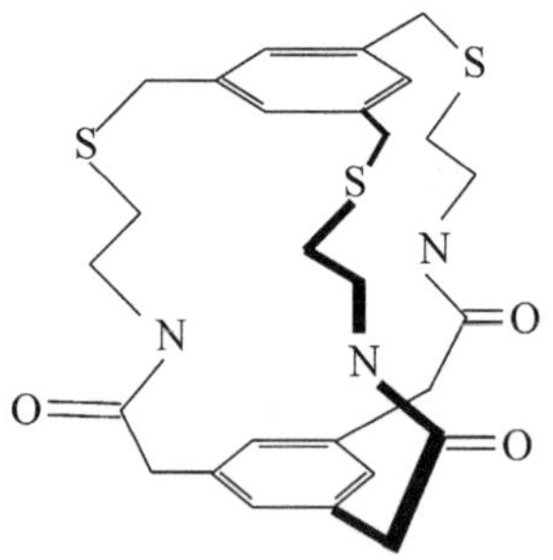

(5)

Reinhoudt[32]等于 1993 年合成了一系列含酰胺基的三爪型接受体。以后,Raposo[33]等则合成了具有予组织能力,以酰胺修饰的环己烷类的接受体。所有这些接受体都有 C_3 的对称性结构因此可用来对具有四面体阴离子物种进行键合。其基本结构如下:

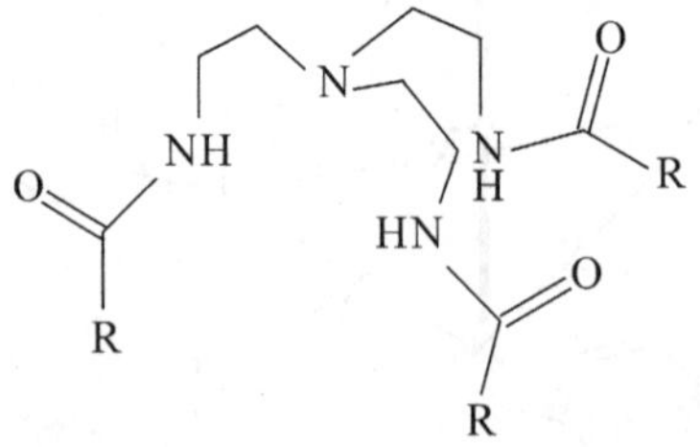

(6) R=CH_2Cl,$(CH_2)_4CH_3$,C_6H_5

另外，Anslyn[34]合成了一种可与平面状π电子体系的阴离子,如羧酸基或硝酸基等发生配位的接受体,其中所含酰胺基中的氨基是以三角棱柱状进行排布,因此具备了这种可通过氢键与阴离子发生配合的能力。这种配体与醋酸根所形成配合物的晶体结构已经得到,并明确地揭示出醋酸根在接受体内的键合位置。

除了酰胺基可用作为氢键相互作用的重要基团外,脲和硫脲也可认为是特别好的氢键给体,它在用以对Y型阴离子物种,如羧酸根的识别中,有很出色的相互作用能力。如下列简单的化合物就可以和许多不同的双齿阴离子物种形成稳定的配合物,如表7-3所示[35]：

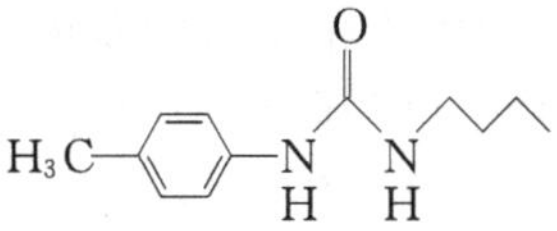

(7)

表7-3 不同双齿阴离子的碱度以及与化合物7间的稳定常数(在DMSO中)

客体	pK_b	$K/(mol/L)^{-1}$
PhOPO$_3$H$^-$	13	30
PhPO$_3$H$^-$	12	140
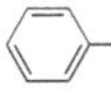 PhCO$_2^-$	10	150
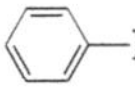 PhPO$_3^{2-}$	7	2500

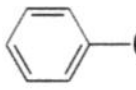

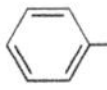

可以看出,当双齿阴离子有着高的电价和碱度时,它和接受体间的稳定常数也越大。

解宏智,吴世康等[36,37]合成了多种具有脲和硫脲结构的三爪型的敏感器用以识别某些阴离子物种:如$H_2PO_4^-$,HSO_4^-等,其结构如下：

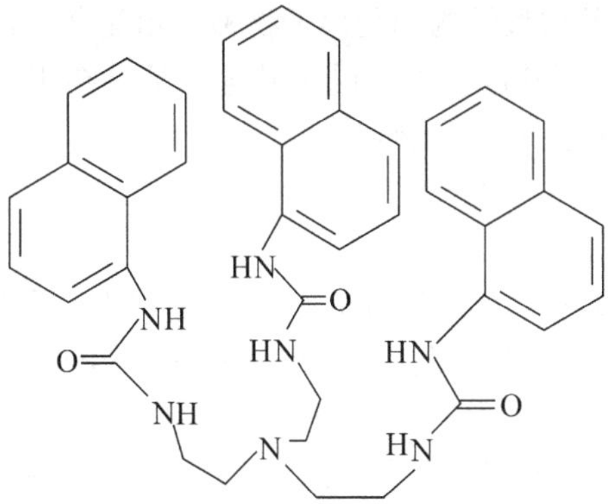

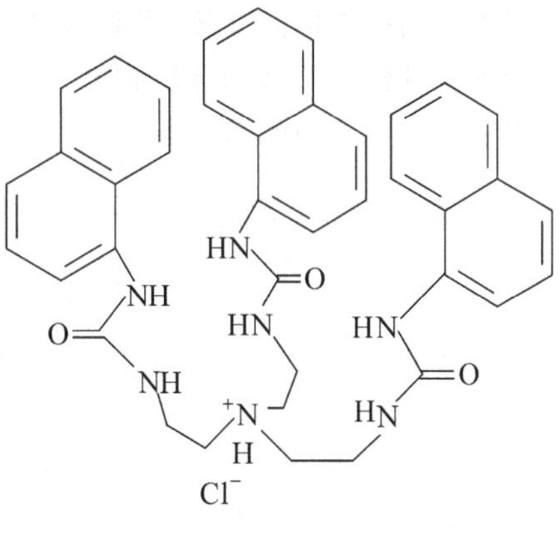

合成的化合物包括脲和硫脲两类以及它们的质子化产物,在识别磷酸氢根和硫酸氢根阴离子时,系通过二者间氢键的相互作用而实现的。而质子化后的产物,则二者间的作用除了氢键的作用外还有正离子和阴离子被检物间的静电相互作用存在。

有关其检测机制主要是阴离子的引入,可影响体系的光诱导电子转移过程,在未引入阴离子时分子内的电子转移使敏感器分子的发光强度大大减低,而当有阴离子存在时氢键的形成和叔胺基的质子化都可引起荧光强度增大,从而指示出阴离子被检物的存在。

除酰胺和脲类化合物可用作为对阴离子接受体中的作用基团外,吡咯中的-NH 基也是一类可通过氢键与阴离子相结合的基团。1996 年 Sessler[38] 等合成了杯吡咯(Calix[4]pyrrol)化合物也可与阴离子配合。如对 meso-八甲基杯[4]吡咯的研究发现,它可和 F^-,Cl^- 和磷酸二氢根等相配合,在 CD_2Cl_2 中的稳定常数分别为 17 200 $(mol/L)^{-1}$、350 $(mol/L)^{-1}$ 以及 100 $(mol/L)^{-1}$。而且大环的构型在配合前后(固态下)有很大的变化。在未配合前的自由状态下,大环具有 1,3 交替构型,因此相邻的环朝着相反的方向取向,但与 F^-,Cl^- 配合后大环呈现出具锥形的构象。结构如下:

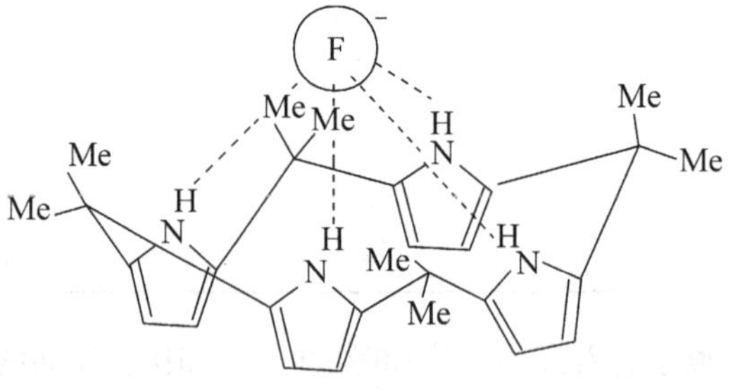

(8)

上面讨论了几类典型的阴离子配体化合物,它们都是通过氢键作用而和相应的阴离子物种包括四面体、平面型、Y 型以及球型结构的阴离子物种等相配合。它们所含氢键作用的基团有酰胺基、脲基和硫脲基以及吡咯的胺基等。足见在阴离子识别研究中问题的多样性和复杂性,值得进一步深入研究。

3. 金属和路易斯酸的配位作用

缺电子的路易斯酸中心可以通过轨道重叠,引起键的相互作用而和阴离子相结合。这就导致出现许多新的可与阴离子配合的含硼、汞、硅、锗、锡等原子的大环主体化合物。

Azuma 以及 Newcomb[39] 于 1984 年报告了有关下列含锡的大环化合物,并对它们与 Cl^- 的配位问题进行了研究。

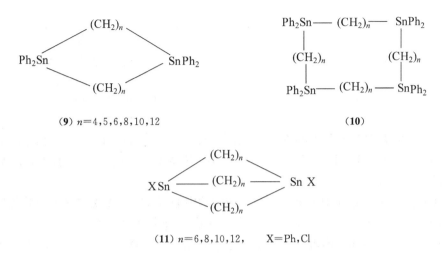

(9) $n=4,5,6,8,10,12$

(10)

(11) $n=6,8,10,12$, $X=Ph,Cl$

发现上列的化合物 **9** 在乙腈中可以和氯离子,形成主体/阴离子配合物,它们的分子比有 1∶1 及 1∶2 等两种,稳定常数约在 400~850 (mol/L)$^{-1}$ 间。以后,他们又合成出类-穴状化合物 **11**,并发现这些笼状体系在与阴离子配合时的动力学要比配体化合物 **9**,**10** 与阴离子配合时为慢。对配合物的 ^{119}Sn 的 NMR 测定还发现氟离子与这类配体间的作用,要比氯离子的作用能力大 5 个数量级。在以后的晶体结构分析中还发现,F$^-$ 在配合物中的位置是和两个锡原子相配位,其间的距离是 r_{Sn-F} 分别为 2.12 Å 和 2.28 Å,而氯离子则偏向于两个锡原子中的一个。对于含硼的阴离子配体,最早是于 1967 年由 Shriver 和 Biallas[40] 等提出的。它们的结构如下:

(12) 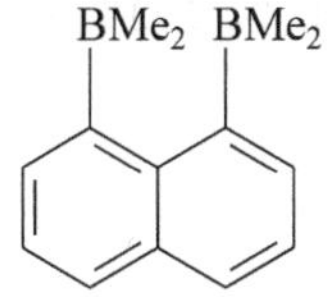 (13) 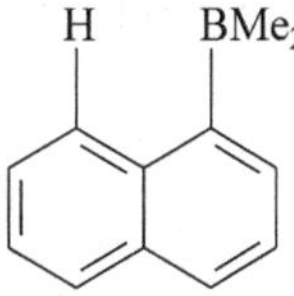 (14)

在配位化学研究中发现,化合物 **12** 比单齿的三氟化硼 BF$_3$ 有着更为强烈的与甲醇盐阴离子配位的能力。对配体化合物 **13**,**14** 和阴离子物种如氢化物,氟化物以及氢氧化物等的配合能力比较发现:化合物 **13** 可以从 **14** 中抽提出它所配合的氢化物或氟化物阴离子,足见前者有着比后者强得多的配合阴离子的能力。另外,晶体结构的结果表明,化合物 **13** 和金属氢化物阴离子以及氯离子等配位时,阴离子是处于分子的两个硼原子之间。

对于含硅与含锗的接受体化合物可用下面的两种化合物[41,42]予以说明。

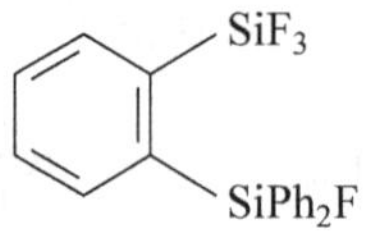

```
         SiF₃
    ╱═╲╱
    ║  ║
    ╲═╱╲
         SiPh₂F
```

(15)

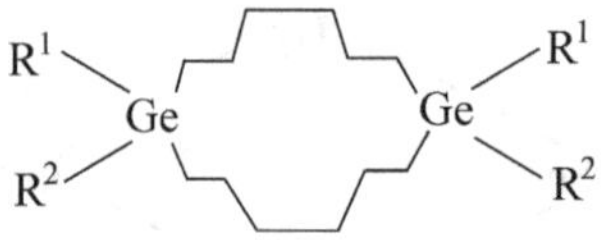

(16) $R^1 = R^2 = Me$
(17) $R^1 = Cl, R^2 = Me$

化合物 15 可以和氟离子配位，在[D_6]丙酮中其稳定常数可达 lg $K>9$。锗基的大环配体可作离子传输用，已经发现化合物 16 在传输 Cl^- 通过有机相时的效率，要比传输 Br^- 为佳。

汞在阴离子接受体中也可作为路易斯酸的中心[43]，这类接受体是由笼状的碳硼烷(carborane)及汞原子所构成，Hg 是通过 C—Hg 键处于两个碳硼烷之间。一个简单的例子是由四个碳硼烷用四个汞原子联结成一平面四方结构，中心处则可将阴离子配合于其中。结晶结构的分析表明，当以氯离子配合时，Cl^- 正好在大环平面的中心，它处于与各汞原子相距 2.94 Å 的等距离处。

4. 静电作用和氢键作用的结合

通过氢键和静电作用的结合，可以得到十分有效地用以对阴离子检测的接受体。事实上一些早期的大环多胺笼状化合物就具有上述的双重作用的功能[44]。如下列的结构式就是一例。可以看出上述接受体在对卤素阴离子的配合中，既存在有氢键相互作用的同时，又有静电的相互作用。通过核磁和晶体结构分析，可知氯离子是处于两个氢质子之间。以后 Graf 和 Lehn[45] 提出了具下列结构的接受体。它是一种四质子，大三环的具有尺寸选择性的配体化合物。

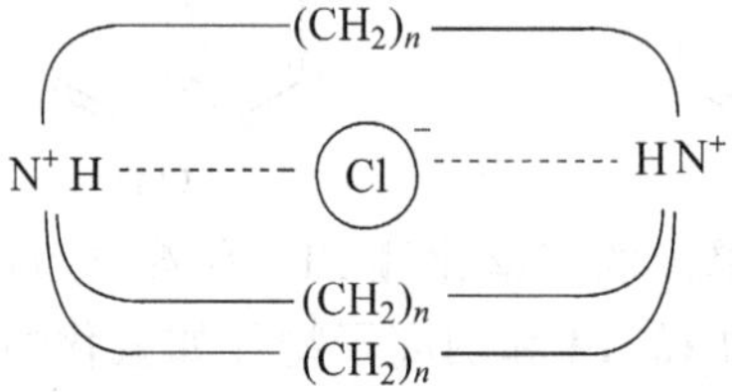

(18) 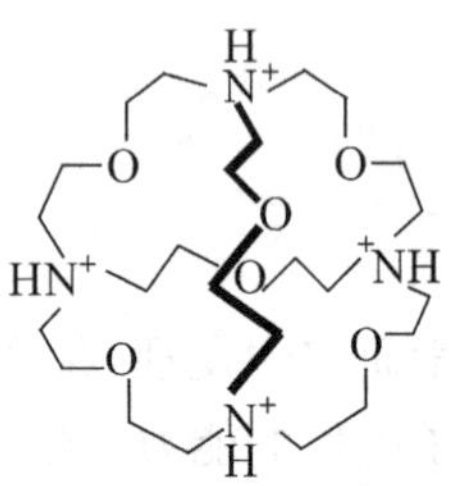　　(19)

该化合物可和氯离子在水溶液中配合，并且由于尺寸的合适，因此其稳定常数可高达 lg $K>4$，但它和体积较大的 I^- 则因尺寸的不匹配，因此只有较弱的配合。另外，Lehn[46]等还合成了椭圆形带有六个质子的大环配体，因其形状适当，因此可以在水中能很好的和 N_3^- 配合，其稳定常数达到 lg $K=4.3$。

Schmidtchen[47]等将胍基结合到双环结构中,得到了如下结构的接受体:

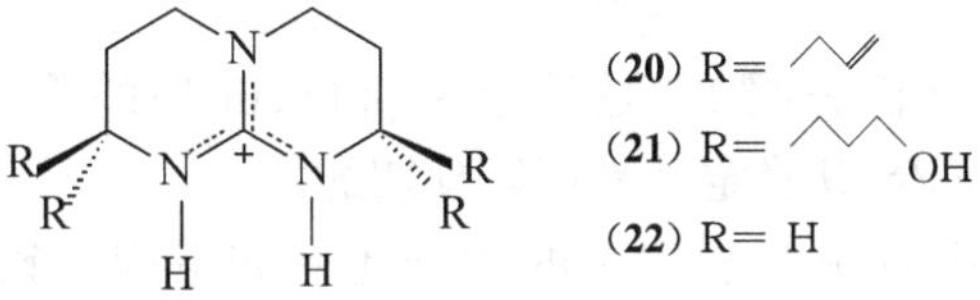

(20) R= 烯丙基
(21) R= 羟丙基 OH
(22) R= H

这类胍类化合物有着类似于脲素整齐排列的—NH 基团,因此它可作为羧酸或磷酸基阴离子的接受体。如化合物 **20** 在氯仿中,可以和对-硝基苯甲酸基形成很稳定的配合物[$K=1.4\times10^5(\text{mol/L})^{-1}$]。这类接受体还可具有手性,如下列化合物 **23** 就是一例:

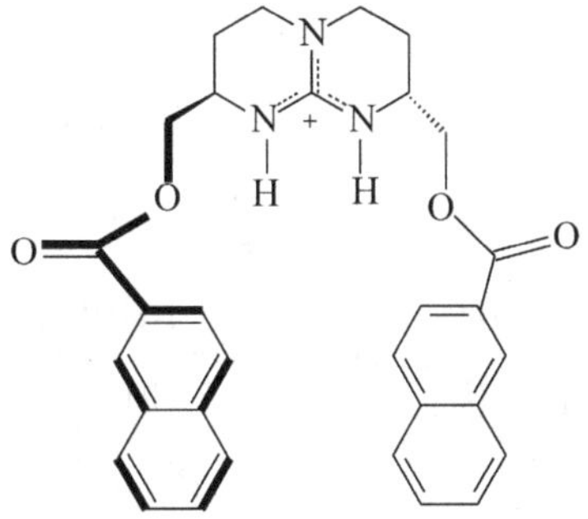

(23)

另外,如在卟啉(porphyrin)类化合物的吡咯上引入质子,也可形成既具氢键作用又有静电相互作用的阴离子接受体。如下列结构的化合物:

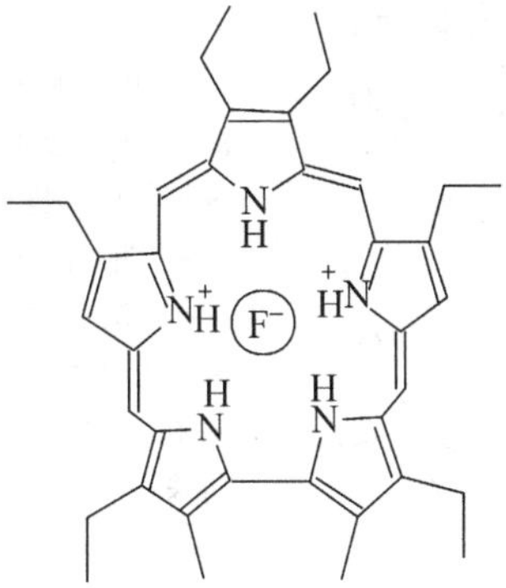

(24)

这类化合物有如五吡咯扩充的卟啉,被称为 sapphyrin,很早就由 Woodward 等发现,可以和阴离子配合。对化合物 **24**(sapphyrin),其芯部可以经两个质子化而形成带正电荷的接受体,而—NH^+ 基的适当排列,则有助于与某些阴离子形成氢键,因此这是一种很好的具有双重作用力的阴离子接受体[48]。上面列出的是该化合物和氟离子配合后的图式,它和氟离子的配合稳定性要比氯和溴离子大 1000 倍以上。X射线结晶学分析表明 F^- 是处于 sapphyrin 环的平面中心处,并以 5 个 $N—H\cdots F^-$ 氢键维系着,其稳定性是可以预期的。

通过氢键作用进行阴离子识别的例子还有如下列的镊子状荧光化学敏感器[49]。它可用于识别脂肪族和芳香族双羧酸类化合物,而这是一类种类繁多,用途广泛的化合物,因此对这类化合物的检测用的敏感器问题的设计和研究值得加以注意,如对苯二甲酸、己二酸、癸二酸等都是聚酯和尼龙的原料,而对二硝基苯、三硝基苯、三硝基甲苯等则都是军工原料。一类新型的荧光化学敏感器化合物具有下列的结构(图 7-9)。

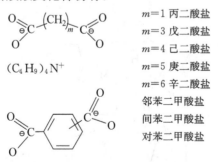

图 7-9 镊子状荧光化学敏感器识别二酸类化合物的模型

除上列的脲类化合物外,尚有硫脲类化合物同样也具有对二酸类化合物的识别功能。所研究的羧酸类化合物有:

$m=1$ 丙二酸盐
$m=3$ 戊二酸盐
$m=4$ 己二酸盐
$m=5$ 庚二酸盐
$m=6$ 辛二酸盐
邻苯二甲酸盐
间苯二甲酸盐
对苯二甲酸盐

对于以哌嗪为骨架的上列敏感器,发现它们对庚二酸盐具有最为灵敏的识别能力,这可能是与此骨架所连两个脲基间有着最为合适的距离有关。

对于硫脲体系的识别研究,由于体系无荧光发射能力,因此可采用吸收光谱的方法进行检测,也得到了相同的结论——即对庚二酸盐有着最为灵敏的识别能力。

7.1.3 中性分子接受体

和上面讨论的阳离子和阴离子接受体的设计和合成问题相比较,中性分子的识别由于品类的多样化,而难于找出一般性的设计规律。因此它往往是具体问题具体分析。在溶液中,和离子型物种的识别相比较,中性有机分子的识别难度往往更大。这是由于对后者识别中所涉及的相互作用,如:范德华作用、氢键相互作用等要比带电荷物种间的作用力为弱,同时因配位而引起的电子变化也是较小的。在不多的一些例子中,如胆固醇类化合物[如可的松(cortisone)、氢化可的松(hydrocortisone)、孕甾酮(progesterone)等]因生物学的关系而显得特别重要。另外如糖类化合物因在生物机体的新陈代谢过程中所起的重要作用,因此对检测生物体内一些重要的糖类化合物,如葡萄糖、果糖以及半乳糖(galactose)等在体内的存在和它们在水溶液中的浓度都是十分必要的。中性有机分子测定中另一大类化合物是对合成药物对映异构体(enantiomeric)纯度的测定,以及对发酵过程中对产物的监视等。

1. 对糖类化合物的识别问题

用以识别糖类分子的接受体,一般是含有二硼酸基的化合物。一个硼酸可以和两个羟基相作用(如二醇类化合物 diol)生成可逆的硼酸酯。因此一个二硼酸就可在适当的位置固定 diol 基,并形成一含糖的大环。通过控制两个硼酸和醣基上邻位二醇的相对空间位置,就可实现硼酸基化合物对醣的选择性识别。一个给定的单糖至少有两个结合点和其他单糖相区别。将硼酸和发色基团进行适当的结合,就可构成一类可对糖进行识别的敏感器。PET(光诱导电子转移)概念已成功地引入到这类对糖进行识别的敏感器中。如将硼酸基通过氨甲基而和发色团进行分子内的联结,就可利用胺基到发色团间的 PET 过程使后者的荧光猝灭。当体系中存在糖类化合物时,硼酸和胺基间的相互作用将会强化,这就可阻抑胺基和发色团间的 PET 过程,从而使发色团的发光强化,表达出识别的信息(图 7-10)。

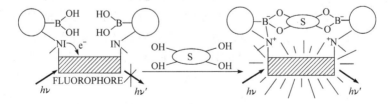

图 7-10 硼酸与发色基团组成的敏感器对糖的识别过程

两种这类的敏感器实例有着如下的结构[50]:

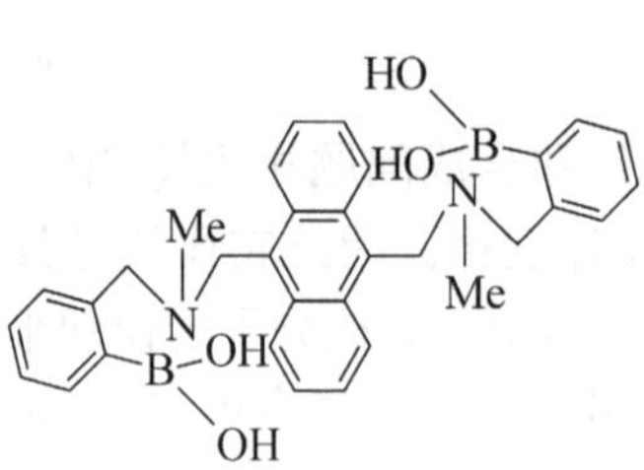

其中 S-1 是以蒽为发光基团,并通过胺甲基与硼酸化合物相联结。而 S-2 则以两个芘基为发光基团,同样通过胺甲基与硼酸化合物相联结。

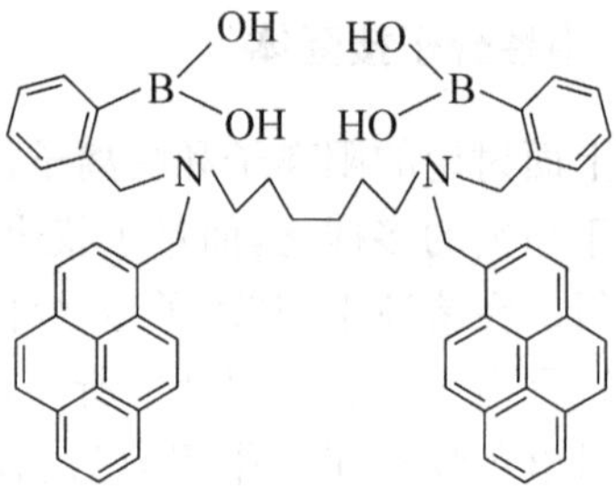

化合物 S-1 是由 Shinkai 等设计提出,用以对葡萄糖作选择性识别的很好实例[51,52]。它能在甲醇、水缓冲液中(pH = 7.7)和糖构成不同的配合物。如 1∶1 的非环化合物(不发光),1∶1 的环状化合物(发光),以及 2∶1(糖∶配体)的配合物。它们的结构分别如图 7-11 所示。

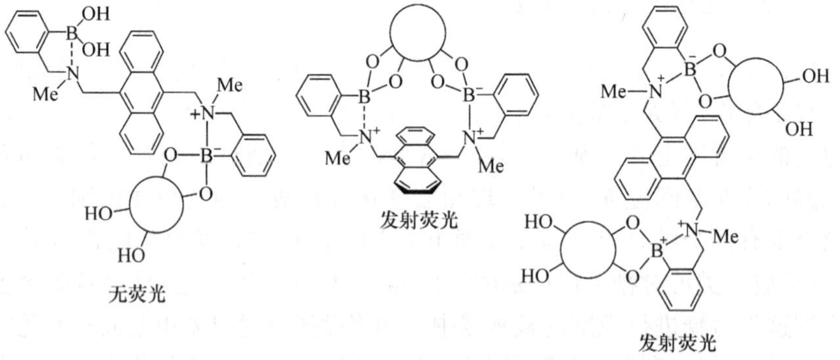

图 7-11 化合物 S-1 与糖所构成的不同配合物

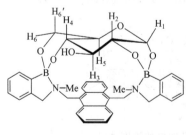

图 7-12

图 7-11 中左侧的 1∶1 非环配合物是不发光的。其原因是,要完全阻止分子内的 PET 发生,使蒽发射荧光,必须将分子内两个胺基的电子完全阻抑起来。一个胺基的阻抑,不能完全制止 PET 的发生,因此它是不发射荧光的。相反,图中另外两个与糖作用而形成的配合物,由于它们中的胺基均被阻抑,因此两者都能发射荧光。

如果我们将上述体系所检测的"糖"确定为葡萄糖,则可得到如图 7-12 的产物。

可以看出,葡萄糖分子和敏感器中的蒽基平面的相互靠拢、接近,因此可在核磁-氢谱上明显的看到 H_3 质子的顺磁性位移(0.3 ppm),并表明它是指向蒽基平面的。Norrild 等还指出,上述产物仅当配合物于非水溶剂中开始形成时是正确的,而当体系中有水存在,一个快速的分子重排反应将会发生,于是出现了如图 7-13 的 D-吡喃型葡萄糖(a)向 D-呋喃型葡萄糖(b)的转变[53]。

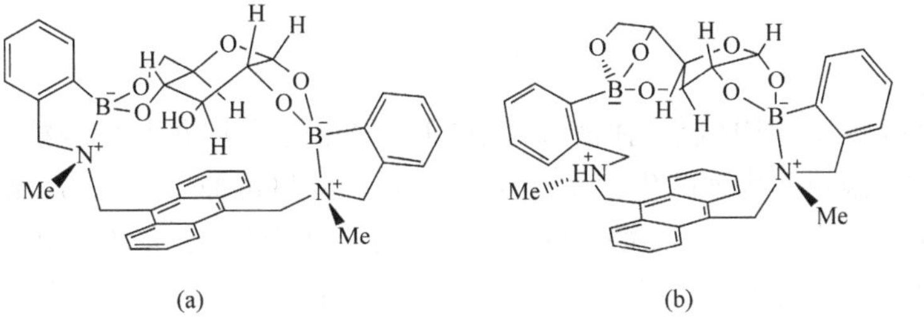

图 7-13 D-吡喃型葡萄糖(a)与 D-呋喃型葡萄糖(b)的结构示意图

从图中可看出,形成的 d-呋喃型葡萄糖(B)分子内的 5 个羟基都可和敏感器分子发生共价联结。可明确的指出,化合物 S-1 可在很低浓度下和敏感器分子相键合,因此可以说,这类敏感器化合物具有生理水平的检测能力。

敏感器 S-2 则属于其中硼酸基间距可调的一种,它具有能形成芘 excimer 的能力。当 S-2 和糖以 1∶1 组分比配合时,可导致芘单体的荧光强度增强。其原因是因配合的发生、可导致 excimer 的减少,同时还可起到压抑 PET 的过程,从而使单体荧光增强。S-2 敏感器在低糖浓度条件下,生成的是 1∶1 配合物,但在高浓度下则可生成 1∶2 的配合物。这可通过对芘的 excimer 与单体发光带强度比增大的结果而得以揭示。

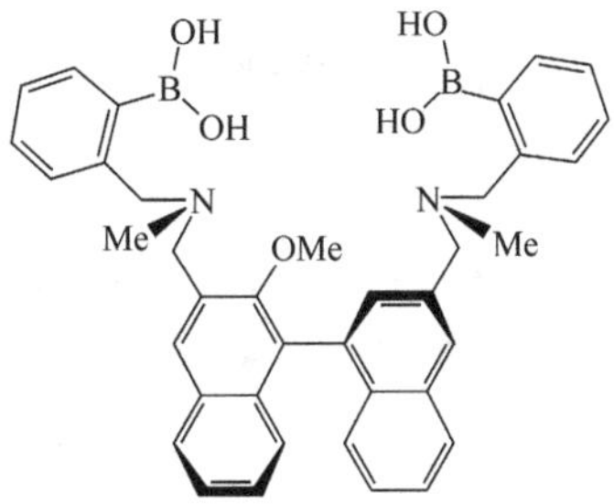

图 7-14 所示的是一种可对糖作手性识别的敏感化合物。这一分子可通过其 R 和 S 的形式对醣作手性识别。在识别中,空间因素和电子因素者二者同时起到作用。在和糖的 D,L 异构体结合得到的 1∶1 的配合物中,胺基与萘间 PET 效率的差异是与相对于联萘、胺基的不对称固定化位置相

图 7-14 具手性识别功能的敏感器化合物

关。例如 D-果糖(fructose)就可被化合物的 R 型所识别,并发生大的荧光增强。

2. 对肌酸酐的识别

近年来人们对肌酸酐(creatinine)的检测给予较大的重视。这是由于肌酸酐是血液中存在氮的最终代谢产物。对健康人来说,它是通过肾而将血液中的肌酸

酐转移到尿,因此血液中尿氮及肌酸酐的水平,就成为肾功能正常与否的重要指标,它是临床化学中比较重要的检测对象,是一种中性化合物,具有如下的结构:

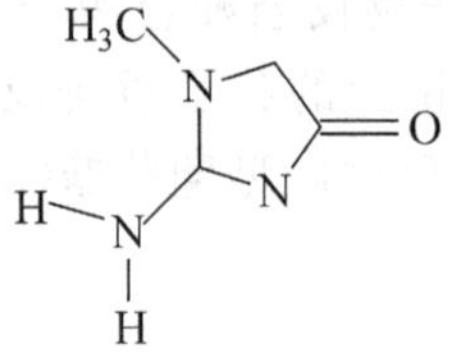

在对肌酸酐测定的临床血液分析中,通常采用的是 Jaffe 反应或酶的方法。但 Jaffe 方法是通过不可逆的化学反应,形成有色产物后再加以测定的。缺点是它对肌酸酐的反应并不专一。而酶方法虽在专一性上比 Jaffe 方法要好,但它易受血液中其他组分的干扰[54,55],且价格昂贵。因此长期来人们曾致力于开发一种新的检测肌酸酐的方法。1995 年 Bell[56] 等曾提出用式(7-1)中的反应来进行检测得到很好的结果。

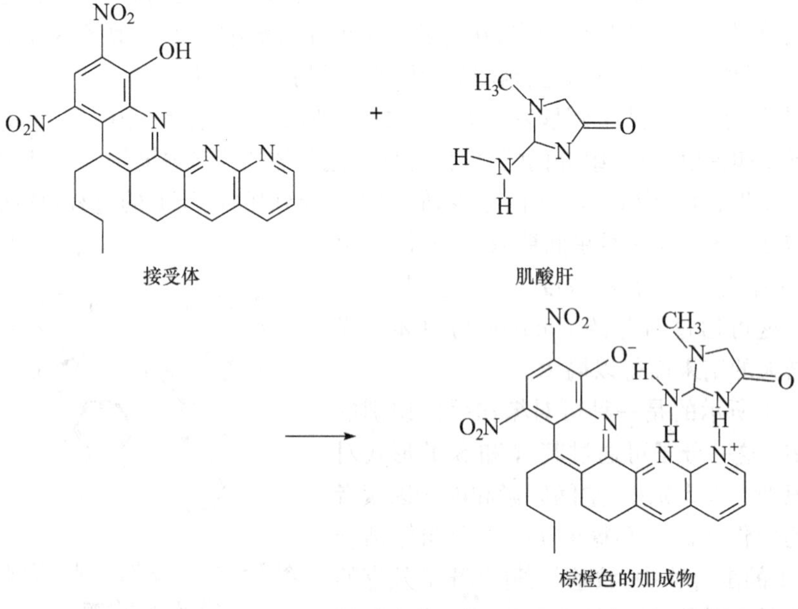

接受体 + 肌酸酐 → 棕橙色的加成物 (7-1)

可以看出所合成的接受体是按 Cram 的主客体互补的原则而设计得到的。设计的接受体和肌酸酐都是无色的化合物,但当它们通过三个氢键作用实现超分子结合后,可以得到具有棕橙色的加成产物,结构如式(7-1)中所示。

从加成产物的结构可以看出,加成物是通过分子内的质子转移而生成的。它所以具有较深的色调是因产物有着偶极的结构,而电荷的离域就可引起产物的色调向着"可见"长波的方向移动。

第7章 分子识别与荧光化学敏感器研究

为用荧光方法来识别和检测肌酸酐的存在,梅明华和吴世康等[57]曾合成了如下的化合物——N-萘基-1,N'-吡啶-2-脲,用以检测肌酸酐[式(7-2)]。

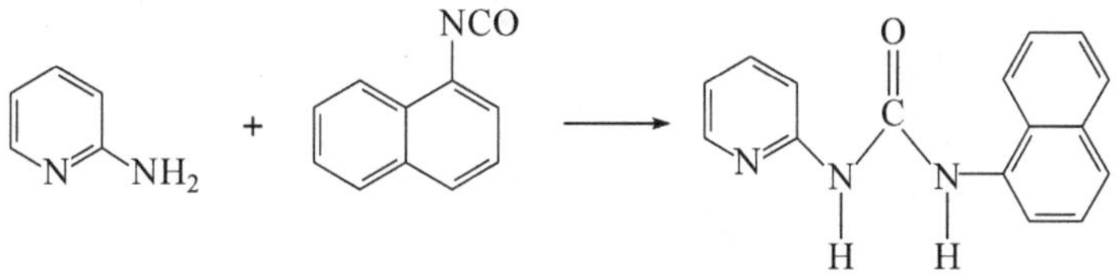

$$\text{(7-2)}$$

可以看到这类化合物的分子中,存在两个氢键给体和两个氢键受体,因此它有可能和肌酸酐分子通过氢键作用而相互结合。已知肌酸酐分子结构存在两种不同的互变异构形式,如下:

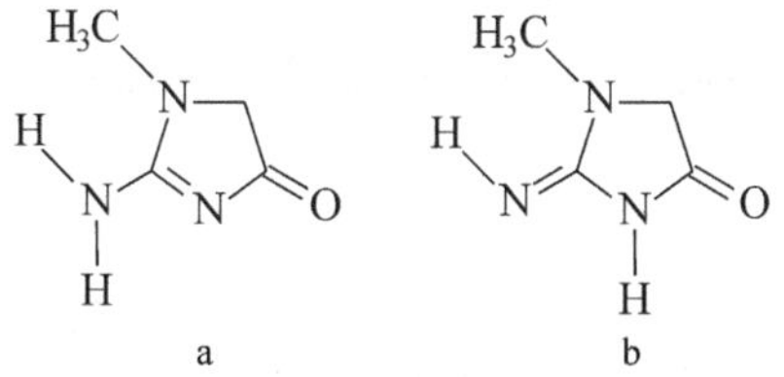

a   b

但在溶液中它们主要是以 a 型的结构存在。a 中的—NH_2 可提供出两个形成氢键的 H,而五元环内的氮原子和羰基则可作为氢键受体。因此它就有可能和上列的合成产物间发生良好互补的氢键相互作用。如下所示:

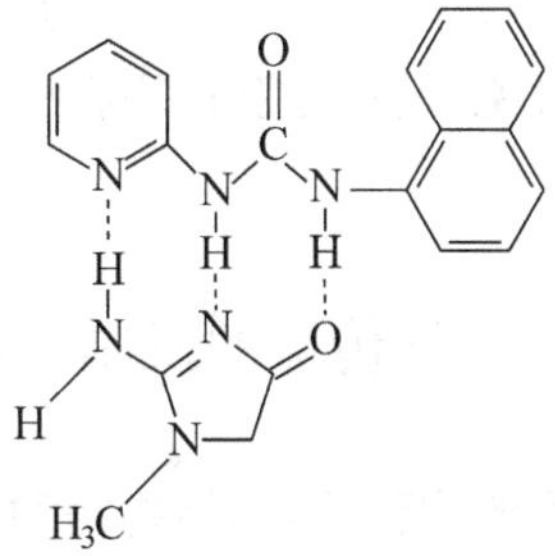

非常有趣的是,当二者间通过氢键相互作用而结合时,可引起敏感器化合物 N-萘基-1,N'-吡啶-2-脲的荧光强度发生明显的变化。因此通过它就可用以检测肌酸酐的存在与否,结果如图 7-15 所示。

图中可见随溶液中肌酸酐浓度的增大,荧光强度不断提高,而当浓度达到与敏感器化合物浓度间的物质的量比为(1:1)时,荧光强度不再增大。有关荧光增强的机理可以认为是由于所合成的敏感器化合物在起始时存在着分子内氢键,当肌酸酐分子被引入后,原有的氢键发生破坏,而形成了三组新的氢键,使原有的萘基与吡啶基间的光诱导电子转移效应减弱,因此使荧光强度不断增大,如式(7-3)。

图 7-15 敏感器化合物溶液的荧光强度随肌酸酐浓度的增长而增大

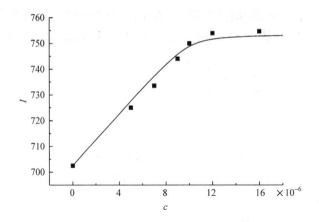

(7-3)

从上面所讨论的例子中可见,氢键相互作用在中性分子的识别和检测中,常起到颇为重要的作用。

7.2 中继传递的机制和设计

当分子接受体接纳被检测的物种后,如何将物种捕获的有关信息传输外出,其方法可以是多种多样的。如可以用光化学的、电化学的以及其他化学方法如核磁共振、色调变化等。显然,在本书中,我们将着重讨论与光化学和光物理等相关的一些方法。至于用电化学或其他手段测定的方法,我们将在适当的章节中提及。首先应指出的是,作为一种用于检测的敏感器件,最为重要的功能指标是器件的灵敏度和选择性。在上面讨论的接受体设计中,所涉及主要的是器件的选择性或专一性问题,而本节中所涉及的中继体(relay)的机制和设计,则和器件的灵敏度相关。因此可以看出这一问题在整个器件研究中所具有的分量和重要意义。上面提到一个用以检测外来物种的荧光化学敏感器,它在接纳物种后的信息传输外出部分,可分解为信息的中继传递(relay)及信息的报告输出(report)等两个部分。中继体就是在敏感器件获得信息的基础上用以指挥报告器(reporter)输出信息的中继部分。

在以 3R 式的荧光化学敏感器中,最为常见的中继体(Relay)机制有光诱导电子转移(PET)、光诱导能量转移以及构型的转变等。众所周知,许多敏感器化合物都是通过共价键的形式,将分子内的接受体和信号传递、输出部分联结成为一个整体[58]。当接受体从环境中接纳了被检物种后,信号部分就会开始工作,并发出信号来表明:敏感器已经捕获了所检物种。捕获可具有两种不同形式,即下列的"结合"和"取代"等两种,如图(7-16)。

(Ⅰ)

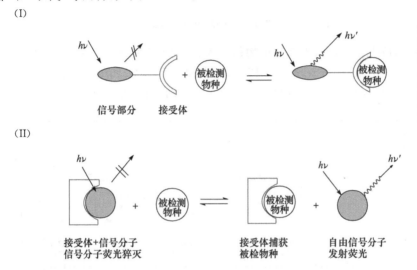

(Ⅱ)

图 7-16 荧光化学敏感器的两种发光形式
(Ⅰ)敏感器带有发光部件,可在结合被检物种后发光。(Ⅱ)敏感器不带发光部件,且能猝灭信号
分子发光,经取代捕获被检物种后,自由信号分子发光,将信息输出。

图示中表明敏感器在接纳物种分子后,存在两种可能的表达信号方式。为什么敏感器在接纳被检物种后可引起敏感器光化学行为发生变化?其机理可简单的讨论如下。荧光敏感器中的发光,一般涉及的是分子的自发发光(spontaneous emission),即分子在受光激发后的辐射衰变过程。但由辐射衰变而释出的荧光(或磷光)可因外来物种的引入,而通过分子间的电子转移或能量转移发生猝灭。反之,如将体系内原有的猝灭过程,通过因外来物种的引入而破坏,则就有可能引起体系荧光的增强。因此可以看出,人们基于对光诱导电子转移或能量转移过程的认识,就可以根据需要设计出符合要求,并具有高灵敏度的荧光化学敏感器化合物来。有关荧光猝灭或增强的机理可讨论如下。

7.2.1 光诱导的电子转移机制

发光分子的激发和发光过程可用图 7-17 予以说明。即分子在受光激发后形成激发态。激发态经自发辐射衰变回到基态,并发射荧光。

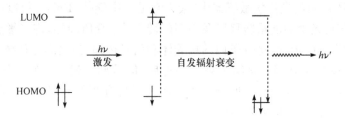

图 7-17 发光分子的激发和发光过程

在上述的发光体系中,当有其他物种引入时,则可因其间发生光诱导的电子转移(photoinduced electron transfer,PET)而引起荧光猝灭,如图 7-18 所示(引入的物种或猝灭剂在电子转移过程中可以是电子给体也可以是电子受体)。

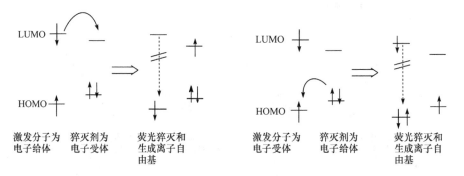

图 7-18 引入外来物种(猝灭剂),可因光诱导电子转移(PET)而引起荧光猝灭的过程

从图中可以清楚地看到,当猝灭剂分子作为电子受体时,则电子转移是通过分子的 LUMO 轨道发生转移,相反如猝灭剂分子作为电子给体时,则二者间的电子转移系通过 HOMO 轨道来完成的。但猝灭剂分子无论是作为电子给体或受体,它们的存在都将引起激发分子的荧光猝灭。

利用光诱导电子转移(PET)作为信息传递的中继部分(relay)已被广泛的应用于分子识别,无论是对阳离子[59]或是对阴离子[1]的识别。对分子间的光诱导电子转移已有较多讨论。作为电子给体化合物和电子受体化合物在光的作用下,只要满足 Rehm-Weller 公式中的 ΔG 为负值,二者间的电子转移就可发生。Rehm-Weller 公式[60]可简写如式(7-4)。

$$\Delta G = E_{Ox.} - E_{Red.} - \Delta E_{0,0} - 常数 \tag{7-4}$$

式中,ΔG 为反应过程的自由能变化;$E_{Ox.}$ 和 $E_{Red.}$ 分别为给体化合物和受体化合物的氧化和还原电位;$\Delta E_{0,0}$ 为受激化合物的激发态能量。

和分子间的光诱导电子转移相同,分子内的电子转移是,只要处于同一个分子内的电子给体与受体基团(或化合物),彼此间并非通过共轭结构相联结,而是相对独立的存在于同一分子之中,则二者间的电子转移就和分子间的转移情况相同。这和前面超分子光化学一节中所讨论过的 A-L-B 式的情况完全相同,因此不必多加说明。

要指出的是,这种分子内非共轭的电子转移化合物和分子内共轭的电荷转移化合物是完全不同的。后者的推、拉电子基团是以 π 键将二者联结起来,而前者则以 C—C 的 σ 键方式相互联结。如图 7-19 所示。

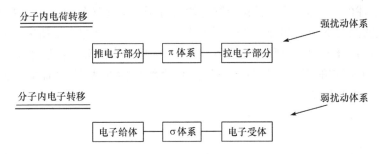

图 7-19　分子内共轭的电子转移化合物和电荷转移化合物的示意图

应当指出,对于荧光化学敏感器的电子转移机制存在着两种情况:一种是以光诱导的电子转移为基的,对这类敏感器,其中的接受器和发光部分间原则上是应当相互隔离的;另一种则是以光诱导的电荷转移为其检测机制,对这类体系其接受器和发光部分间的隔离并不十分严格。可以分别讨论如下。对于第一种情况,可以用图 7-20 予以说明。

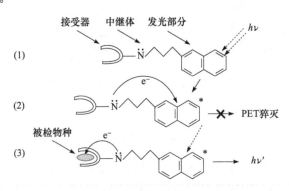

图 7-20　3R 敏感器的电子转移机制说明

图中列出了 3R 型敏感器中三种基本元件的布置状况,和通过光诱导电子转移而引起的信号产生和输出。从图 7-20 中式(1)可以看到,接受器和发光部分,二者是严格的处于相互隔离的状态,而中继体则处于二者之间。(2)式表示,当接受器尚未接纳外部物种时,作为电子给体的中继体,在光的诱导下可与发光体间发生电子转移,并导致发光体的荧光猝灭。然而当接受器接纳了具有较强拉电子能力的被检物种时,如图中式(3),则中继体氮原子上的 N 电子就能转向而移至被检物分子,于是发光部分不再被猝灭,敏感器发出荧光,向外报道,器件已检出体系中存在有被检物种。可以看到,在这一机制中,中继体是既受影响于接受器,同时也能给发光部分以影响,确是严格地起到二者间的中继作用。

对于第二种情况可简要的说明如下,由于敏感器内的发光部分,除一般常用的共轭刚性多环化合物(如萘、蒽、芘等)外,大多发光部件均具有分子内电荷转移的特征,如上述的香豆素、黄酮类化合物等均为分子内电荷转移化合物。由于这类化合物在光的激发下会引起分子的强烈极化(参看发光化合物性质研究一章),如果在该类化合物分子的一端联有接受体部件,而接受的物种又具有某种极性,比如为阳离子物种,则它的引入必然将导致发光化合物极性的改变,从而影响其发光强度。其工作机制如图 7-21 所示。

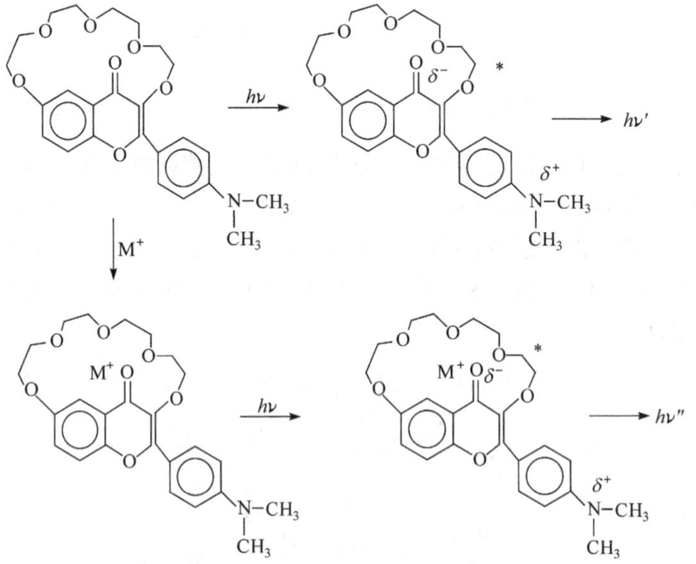

图 7-21 敏感器检测的电荷转移机制说明

图中可以看到,这类敏感器件的 3R 机制相对比较模糊,但其中的黄酮化合物作为报告器是明确的,但黄酮的羰基部分,实际上是用作为中继体[61](或称枢纽部分)起到控制发光强度的作用。由于羰基是发光部件的负极性所在之处,因此当作为接受体的"准冠醚"接纳了金属离子后(羰基氧也可能参与配位),必将导致极化分子的极化程度改变,于是就可引起发光的变化。可以看出在这一体系中,除中继体部分比较不确定外,接受部件也并非和发光体完全隔离,因此可以认为这是一类和典型电子转移体系不同的敏感机制。

由电子转移而引起敏感器荧光猝灭(或增强)也存在着转移过程的效率大小和

转移速度快慢等问题。电子转移过程的速度常数 k_{ET} 可以由 Franck-Condon 项和电子偶合项 H_{AD} 二者的乘积[62,63]导出：

$$k_{ET}(r)=(2\pi/\hbar)H_{DA}^2(FC) \quad (7-5)$$

因此可分别通过对 FC 及 H_{DA} 的讨论，来考虑它们如何影响荧光化学敏感器分子信号的变化和敏感器的设计问题。

1. FC 项的影响

FC 项是用以描述电子转移过程中的能量问题。它可用式(7-6)表示：

$$FC=[\lambda/(4\pi\lambda RT)^{1/2}]\exp[-(\Delta G^0+\lambda)^2]/4\lambda RT \quad (7-6)$$

式中，λ 为重组能，可分为内重组与外重组两个部分；ΔG^0 为转移过程的自由能变化——驱动力。Marcus 理论表明，按所提供活化能的能量大小不同，可以引出三个不同的区域，即正常区域 $|\Delta G^0|<\lambda$；无活化能区域 $|\Delta G^0|=\lambda$ 以及反转区域 $|\Delta G^0|>\lambda$ 等[64,65]。已知电子转移速度常数在正常区域内将随驱动力的增大而不断增大；相反在反转区域内，则电子转移速度常数将随驱动力的增大而减小。

普通电子转移的中继机制(relay)一般是通过 FC 项来进行工作的。在上面已提到，具有发射能力的荧光化学敏感器，其荧光的猝灭常是通过分子内的给电子基团(如 N，S 及 O 原子上的孤对电子)所提供的电子来完成 PET 过程的。被识别的外来物种常被设计用以干扰 PET 过程的进行，如可通过对上述给电子基的质子化；金属阳离子的配位或氢键的形成等途径，使体系原有给电子基的"电子对"变得稳定，于是就减小了电子转移过程的总驱动力，使猝灭过程不易发生。这就可减小荧光猝灭，从而增强发光化合物的荧光发射。

但值得注意的是，按 Marcus 理论，当电子转移已处于反转区域时，则驱动力越大其电子转移速度常数就越小。因此这在利用 PET 作为中继体对敏感器进行设计时，必须加以注意的。

2. 电子耦合项 H_{AD} 的影响

对电子耦合项 H_{AD} 的控制、同样可作为电子转移中继器的一种机制。图7-22 中列出的是体系处于 Marcus 理论正常区域内的势能图，图中左侧所表示的则为电子耦合项 H_{AD}。

图中 A·B 即为反应物 R；$A^+·B^-$ 为产物 P；$\Delta G^{\neq}$ 为反应活化能；图中两势能曲线的交叉点则反映了电子耦合项 H_{DA}(图中为 H_{AB})的大小。

敏感器分子中电子给体与受体轨道间的混合(mixing)，为电子耦合提供了一个物理基础。从原子波函数的线形组合和与距离间存在指数衰减关系来看 H_{AD} 和电子受体与给体间的距离也呈现指数关系就不足为奇了。H_{AD} 存在如式(7-7)

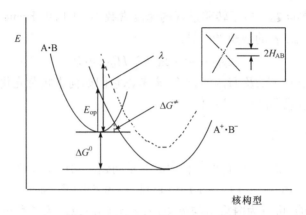

图 7-22 电子转移处于正常区域时的势能图

的关系[66]：

$$H_{DA} = H_{DA}^0 \exp[-\beta(R_{DA} - \sigma)] \qquad (7-7)$$

当式中的 $\sigma = R_{DA}$，即等于反应中分子"伙伴"(partner)间的有效半径时，则 $H_{DA} = H_{DA}^0$。β 为依赖于介质电导的一个常数，在许多体系中该值为在 0.82~1.2 之间，一般可认为 $\beta = 1$。敏感器分子(D-A)中的两个部分，电子给体 D 与电子受体 A 间因电子转移而形成(D^+-A^-)，两者间有一定的距离。电子转移速度常数和转移的距离间存在下列关系：当距离每增加 2 Å 时速度常数将变为原来的十分之一。这一距离的依赖关系为设计化学敏感器提供了一个可考虑的因素。

7.2.2 光诱导的能量转移机制

荧光猝灭也可因能量转移而发生，其作用过程可用图 7-23 给以说明。

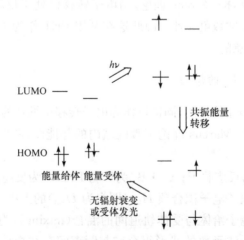

图 7-23 外来物种可作为能量接受体，通过共振能量转移而引起荧光猝灭

图中可以看出,激发分子的能量可通过共振的机制将能量转移给能量受体,而使受体分子激发起来。然后,受体激发态可通过包括辐射在内的衰变过程,或释出荧光,或经其他途径回到受体基态。但不论受体激发态是否发出荧光,起始分子或能量给体激发态的荧光,则因能量转移而完全猝灭。

能量转移和电子转移一样,它们的效率都和发生转移的给体与受体间的距离 R_{DA} 有着密切关系。在经典的 Forster 能量转移理论中(或称共振能量转移)能量是通过偶极-偶极相互作用发生转移的。由于两个相互作用偶极的势能面具有下列的形式:$\mu_D\mu_A/R_{DA}^3$,结果就使能量转移的速度常数 k_{en} 正比于作用能的平方,于是,Forster 能量转移的距离依赖性为:$1/R_{DA}^6$。因此,对 Forster 共振能量转移速度常数的表述[67],如式(7-8)所示。

$$k_{en}= [9(\ln10)\kappa^2\Phi_e J]/[128\pi^2 n^4 N\tau_0 R_{DA}^6] \quad (7-8)$$

式中,τ_0 和 Φ_e 分别为给体分子(或发色团)在无能量受体存在时的寿命和量子产率;n 为介质的折射率;N 则为 Avogadro 数。在决定总的能量转移速度常数时,其他重要的因子中可包括能量给体的发光光谱和受体吸收光谱的积分重叠项 J,以及由能量给体与受体偶极间、波长和取向角的四极权重因子(quadratic factor) κ^2 等。

能量转移的电子交换 Dexter 机制[68,69]最早是通过量子力学的计算导得。它涉及到两个电子的交换,因此和电子转移过程相类似。电子交换要求作用物种分子轨道的直接重叠。因此总的速度常数所采取的形式类似于电子偶合矩阵元,但是它是用四个前线轨道来代替电子转移中的两个轨道。正因如此,在能量转移上的有关物种间的距离依赖性和电子转移有所不同,在电子转移上为 $\exp(-\beta R_{DA})$[70]而在能量转移上则为 $\exp(-2\beta R_{DA})$。

$$K_{en}= K_{en}^0 J'\exp[-2\beta(R_{DA}-\sigma)] \quad (7-9)$$

式中,K_{en}^0 为当 $R_{DA}=\sigma$ 时的能量转移速度常数。但式中的光谱重叠项 J' 和 Forster 的有所不同,因为这里的数据与受体分子吸收截面均经归一化处理过的。因此 Dexter 的能量转移和 Forster 的不同,它能在激发态的轨道和自旋禁阻条件下发生,只要能量条件得到满足就行。

用能量转移过程作为中继机制是比较特殊的,其转移效力不仅受影响于能量转移的速度常数 k_{en}(或 k_q),而且也受影响于报告器的辐射衰变速度常数 k_r。

分子内或分子间的能量转移过程中,敏感器的发光部分(报告器)可作为能量给体,将能量转移给被检物种而释出后者的发射。但是也可将检测的物种看作为一种敏化剂,当它被接受器捕获后,受光激发而将能量转移给报告器,形成报告器(敏化)激发态,然后释出报告器的发射。在这种情况下,敏化激发态的发光强度同样受两个重要因子的控制:一是敏化剂(吸收能量的物种)的吸收截面大小;另一个则是能量转移的效率。

这种利用能量转移敏化发光的机制,特别对一些所含报告器仅有微弱的直接吸收和很低发光效率的敏感器件来说(也即吸收和发射常数 k_r 都很小)、是十分有用的。因为对于这类敏感器在直接光照时,从光源中的吸收甚微,而发射也不强。如将敏感器的接受体(receptor)布置于报告器附近,而接受的被检测物种又是一强的吸收物种时,则它的进入就可能使吸收的能量顺利的转移给报告器部分,实现吸收能量转移发光(absorption energy transfer emission,AETE)的机制[71],使物种在进入敏感器时,通过转移而发出报告信号。其机制如图 7-24 所示。

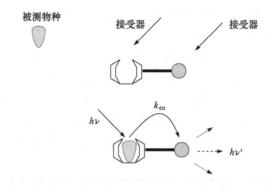

图 7-24 吸收能量转移发光

目前,通过 AETE 的原理,已发展出许多不同类型的发光敏感器,包括采用镧系金属离子作为报告器用以分析检测芳香化合物(给体)的体系。

在设计其他的以能量转移为机制的中继器模式时,曾有如下的考虑:例如,引入的检测物种能影响或改变敏感器内能量给体与受体间的距离时,则就可使敏感器出现一个可以测出的发光信号变化。就是一种新的思路。这种方法是在设计敏感器时将一个具有强烈吸收的基团处于离报告器有较长距离的位置。当被检物种进入到敏感器时,将会导致建立起一种从吸收基团到报告器的多阶能量转移过程,从而观察到被检物种的进入而引起的报告器发光(图 7-25)。

另外还可利用能量转移的效率与能量给体与受体间光谱重叠的大小相关的原则,设计出被检物种的吸收光谱恰好处于能量给体的吸收和报告器吸收之间,如图 7-26 所示。

图 7-26 中列出的吸收光谱说明,外来物种的引入可导致敏感器内作为起始能量给体的发射光谱与报告器的吸收光谱,因被检物种的介入而联系(重叠)起来。使得从起始能量给体出发的能量转移,顺利地激发报告器,并最后发出报告器的荧光。而无被检物种的捕获,上列的转移是不能实现的。

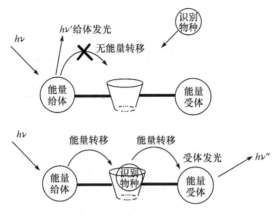

图 7-25　阶段式的能量转移机制图

阶段式能量转移的识别机制——
上图为分子未进入前，无能量转移发生
下图为分子进入后发生了能量转移。

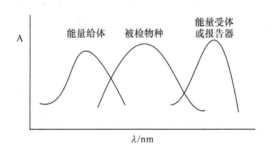

图 7-26　被检物种的引入使能量给体与报告器的吸收光谱发生较好的重叠，从而使能量转移得以顺利发生

7.2.3　因构型转变而引起发光变化的机制

当一种荧光化学敏感器分子在与外来被检物种相遇时，可引起敏感器分子构型发生变化，进而导致体系发光行为的改变，均可归属于本类机制的范围。上面讨论了两种最基本的荧光猝灭机制——电子转移和能量转移。它们常被应用于荧光化学敏感器的设计之中。但许多其他的光物理现象如：激基缔合物（excimer）和激基复合物（exciplex）的生成等，也常在荧光敏感器设计中得到应用。这是一类通过分子构象改变而提供信息表达的方法和机制。

通过激基缔合物的发光来报告敏感器对被检物分子的捕获可用图 7-27 表示[1]。

激基缔合物是由芳香化合物如萘、苯等在受光激发后，激发芳香分子与基态分

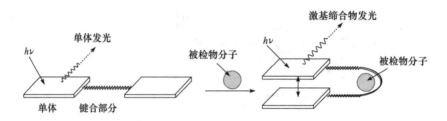

图 7-27 以激基缔合物发光为信号输出的敏感器图示

子相遇并处于适当的几何构型条件下(如形成三明治结构)而形成的激发聚集体。它所发射的荧光和构成它的单体化合物间有一定的差距,即发生了一定的红移。因此如敏感器的接受部分捕获了被检分子而形成如图 7-27 的情况时,则敏感器的发光将发生变化,报道出捕获的结果。这是一种颇为有趣的检测机制,且因体系发射的峰值波长有较大的变化,因此其灵敏度有时较其他机制高。

下面列出的是以激基缔合物发光为报告器的敏感器化合物实例,具有镊子状结构,因此可称为镊子状敏感器,它可具体的用于识别核苷磷酸盐 ATP、ADP 以及 AMP 以及其他物种如 DNA 等,得到了一些有趣的结果[72]。

可以看出,这一荧光化学敏感器具有季铵盐结构,因此它可溶于水中。又由于分子中存在两个芘环,因此在水中时会因强烈的疏水作用而相互叠合,于是在荧光光谱中可清晰的观察到芘的激基缔合物(excimer)发光。即敏感器分子在未和外来物种作用前,存在着芘的叠合构型。但当体系中引入三磷酸腺苷(ATP)时,因底物的磷酸基阴离子可以和季铵盐阳离子相作用,而腺苷中的五环醣、又可和敏感器中部的酯基间发生氢键相互作用,而腺苷的碱基恰好插入到两个芘环之间,于是光谱中原有激基缔合物的发光、则随 ATP 加入量的增多而逐步减小,直至完全消失,表明敏感器已和外来物种间很好的相结合。实验结果表明,合成的敏感器确具有良好的检测 ATP 的能力。

有关 excimer 和芳香化合物单体发光问题可通过图 7-28 给予说明。

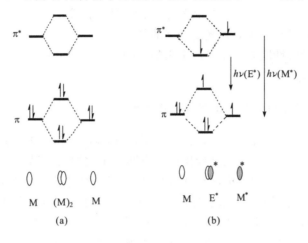

图 7-28　激基缔合物（excimer）生成的能级说明
(a)两个基态分子(M)间的作用导致形成不稳定的二聚体，
(b)基态分子(M)与激发态分子(M*)间的相互作用，形成稳定的 excimer (E*)。

图中可见，体系存在着单体激发态发光及 excimer 的发光。并可看到它们各自的发光机制。在上例中，敏感器是因外来物种的引入、导致原有激基缔合物构型的破坏，而使 excimer 荧光消失。因此这类敏感器分子主要是通过敏感器分子构型的变化而导致光物理行为发生变化而提供信息的。

7.2.4　其他的作用机制

在讨论了上列三类主要的荧光化学敏感器作用机制后，还可列出一些其他的作用机制。如利用发光化合物的刚性效应（rigidity effect）。因为已知发光化合物的发光量子产率和化合物分子结构的刚性大小有着密切的关系。一般说来，分子结构的刚性越强则通过分子 运动所引起的损失越小，于是荧光量子产率越高。因此如敏感器在捕获被检测分子后可引起敏感器分子刚性发生变化时，则其荧光强度将有所变化，同时它也为敏感器捕获被检物种提供必要的信息输出。

其他可用的检测机制还有如：激发态的质子转移、重原子效应、因配合而引起接受体构型的变化等，但由于它们在实际应用中用的较少，这里不作专门讨论。

下面将对另一种与刚性变化有关的光物理现象进行讨论。从敏感器内接受体（receptor）的角度看，接受体所涉及的问题应主要是超分子科学中的基本概念，如主-客体化学，与物种间的尺寸匹配以及亲水/疏水相互作用的匹配等，这些因素似和光化学关系不大。但对某些敏感器中的接受体确是起到某种环境因素的作用，因此和光化学也存在一定的关系，值得引起注意。这说明在荧光化学敏感器的设计和研究中,光化学问题不只在报告器或中继体的设计中应加以注意,即使对接受体也应适当加以关注。在这一方面有下列两点值得注意:

(1) 环境的尺寸因素对发光所带来的影响;
(2) 环境的极性因素对发光所带来的影响。

可分别讨论如下:

1. 接受体尺寸因素对光物理行为的影响

从光化学已知,一种发光化合物当改变其所处环境时,可引起其发光行为的变化,如非辐射衰变常会因发光化合物所处空间的窄化而使之减小。这可从其势能曲线图看出,即由于空间变窄,会迫使化合物激发态通过Franck-Condon途径恢复到其基态。这就可促使辐射衰变速度常数的增大。此外,当化合物处于受保护的环境内时,也可防止外来杂质对激发态荧光猝灭的影响。因此这就可明显的看出环境尺寸的大小对分子激发态衰变过程的影响。图7-29中列出的是激发态A^*的能量和核构型的势能面图[7]。

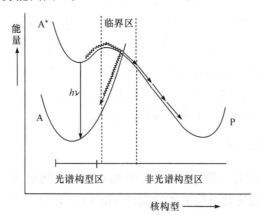

图 7-29 发光分子和反应分子基态和激发态的势能图

由于激发态分子具有较高的能量和活性,因此它可方便的通过临界区而形成产物。从而使激发态的衰变离开光谱构型区,降低了辐射衰变过程的份额。但如果将化合物分子限制在一定空间内而不任其自由变化,包括扭转、伸长及异构化等,则激发分子的能量就将主要从Franck-Condon部位回到基态,在这样情况下,能量将主要以辐射衰变形式回到基态,而发射荧光[73]。因此,如果设计的敏感器有着能限制引入物种几何形态变化的接受器时,则可以预期,被识别物种的荧光发射将会因它自身的束缚,而导致荧光量子产率的提高。从图7-30[74]中可看出,二苯基乙烯(stilbene)在溶液中的发光量子产率甚低,原因是它在被激发后易于发生异构化反应而耗失能量,但如处于环糊精(cyclodextrin, CD)的腔内,则因腔体可

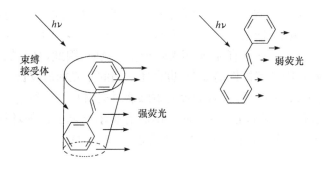

图 7-30　CD 对化合物分子荧光发射的促进作用

有效的防止异构化反应的发生,因此可大大的提高其荧光量子产率。这是一个非常典型的例子,说明阻碍构型的变化、将有利于化合物发光行为的改善。这一现象,事实上,在很早以前已为 Cramer[75] 所发现,并已有许多实例。同样,也可用势能图对上述受阻现象给以说明(图 7-31)。

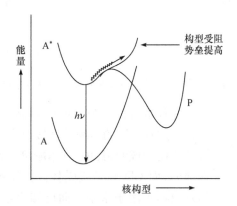

图 7-31　构型受阻引起势垒提高

图中可见,当化合物 A^* 处于受阻环境中时,要使化合物分子的核构型出现重大变化,必须要穿越较高势垒,这就使化合物激发态的构型受到限制,而促进辐射衰变过程的强化。

2. 环境的极性因素对光化学所起的作用

具有确定形状或空间尺寸大小的接受体在接纳外来物种时,遇到的另一个问题是空间环境固有极性所给予的影响。显然,特定的接受体作为一种能接受特定外来物种的"容器"有其一定的原因。如容器作为主体就应有能容纳客体的"容量",它不能接受它所无法收容的大体积客体。而更为严峻的是主/客体间彼此的相容性如何[76]。如二者均有相同的亲油或亲水特性,或二者互为"配偶"

(partner),如一个为氢键给体,一个为氢键受体等,则彼此的相容将不成问题。否则即使尺寸允许也不可能实现共容。此外,已知作为报告器的化合物多为分子内电荷转移化合物,它们往往有强烈的溶致变色[77]效应,因此,当它们从一种环境转移到另一环境时,因环境极性的改变,也会使它们的荧光峰值波长出现位移。所有这些知识都将为人们在设计灵敏的荧光敏感器时提供有用的参考。我们将较详细地对下列相关例子[43]给以说明:下面列出联有查尔酮基长链的环糊精化合物(β-CD-DMAC)可用作为一种特殊的化学敏感器(图 7-32)[78]。

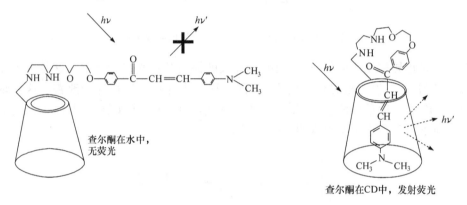

图 7-32 查尔酮由水中进入 CD 内腔,因环境改变而引起发光强度的变化

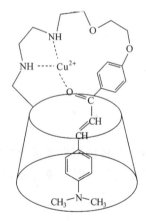

图 7-33 查尔酮进入 CD 中

这种带有长链查尔酮的环糊精(CD)荧光化学敏感器是通过在 CD 的边缘处联接单个二甲氨基查尔酮的长链基团而构成的,其中,查尔酮可以作为敏感器的发光报告部分,而 CD 则是接受体。由于该 CD 衍生物和常规 CD 一样,可溶于水中。而已知查尔酮处在水中时,因水的极性过大、而不发射荧光。但是当查尔酮分子,因与 CD 相容而进入 CD 腔内时,就会因所处环境极性的变化,出现强烈的荧光。从而表明:查尔酮分子已进入了 CD 腔内。这类敏感器对于物种的检测可有两种办法。一是当被检物种、有着比原处于腔内的查尔酮基大得多的和 CD 内腔的配合能力,如金刚烷酸等,这样就可方便的将原来处于腔内的查尔酮逐出腔体,致使体系荧光强度降低。另一方法则是利用联结于 CD 小口处的长链,它是因查尔酮进入腔内而在 CD 的端部形成的一个带有 N,O 原子的弯曲部分,如图 7-33 所示。由于这一弯曲部分,在一定程度上可以起到类似于氮杂冠醚的作用,从而能对某些金属离子起到识别和检测的作用[79],结果如表 7-4 所示。

表 7-4　不同过渡金属离子对联有查尔酮的 β-CD 敏感器(β-CD-DMAC)
荧光的猝灭常数(在水中进行测定)

	Cu^{2+}	Co^{2+}	Ni^{2+}	Zn^{2+}	Fe^{3+}	Cr^{3+}
β-CD-DMAC	22 500	5220	5280	4020	5180	3840
β-CD+DMAC*	2.22	5.59	5.47	0.32	37.2	2.57

*:为 CD 与二甲氨基查尔酮(DMAC)的混合体系。

从表中的结果可以清楚看出,在不同金属离子的系列中 Cu^{2+} 有着最强的猝灭常数,它比其他金属离子要高出一个数量级以上。可见它们间有着最强的相互作用,或有着最为紧密的配合。此外,表中列出的另一个体系是 β-CD-DMAC 中的二个组分 β-CD 和 DMAC 混合构成的,它们和 β-CD-DMAC 不同,彼此间是互不联接的,因此就不可能出现有如上图的类冠醚结构的生成,因而就表现出仅有极微弱的相互作用。它们间的猝灭常数相差达 4 个数量级。

有关接受体和发光分子相"结合"并引起分子发光行为变化的各种因子,可归纳如下:

(1) 通过物理的阻碍、使外部猝灭剂分子不易与容器内的发光分子相接触,减少了荧光猝灭;

(2) 通过疏水相互作用或其他偶合作用促进发光分子的非辐射衰变减小,而提高了辐射衰变;

(3) 此外,因发光化合物构象运动而引起的非辐射衰变也会因空间的限制而得以减小;

(4) 某些光分解或酸-碱平衡而引起的非辐射衰变将会减小;

(5) CD 内腔提供了一个比水的介电常数较小的环境。这一微环境的极性估计相当于二氧六环,正辛醇,异丙基醚,以及叔戊醇等。当发光化合物从水中进入到 CD 中时,类似于发生了溶剂的变化,它同样可导致化合物发光强度的变化。

7.3　信息输出用的报告器

在荧光化学敏感器中,作为报告器在信息输出上采用的发光的形式可包括荧光强度的增强或减弱,以及荧光峰值波长的位移等。从目前的情况看,作为信号报告器的化学物种数量非常有限。这大大妨碍了敏感器灵敏度的提高,急待发展新的品种。在发展新的报告体系时,如仍以发光作为向外传递信息的主要形式,则首先要解决的是:合成新的发光物种以及搞清物种的发光机制。同时还必须考虑当外来物种引入时,如何影响化合物的发光行为,即搞清作为报告器的发光增强或猝灭的控制机制。这表明在发展新的报告器时，必须对控制发光的中继体系的工作原理有一清晰的了解，并在设计和合成敏感器分子中加以联系和贯彻。一般说来，目前用作报告器的发光化合物有以下几类：即稠环类芳香化合物，分子内共轭的电荷转移化合物，以及金属离子发光体系，如稀土镧系元素中的铕和铽以及重金属元素的钌、铼等离子。

7.3.1 稠环类芳香化合物

由于稠环类芳香化合物分子都具有刚性的平面结构，因此都有较强的荧光发射能力。同时由于分子内的电子离域特性，常被看作能容纳大量电子的场所。正是因存在着上述的两个特点，因此如在体系中引入电子给体基团如N、S和O等原子时，就有可能组成如图7-34的发光控制体系。即芳香发色团在受光激发后，应

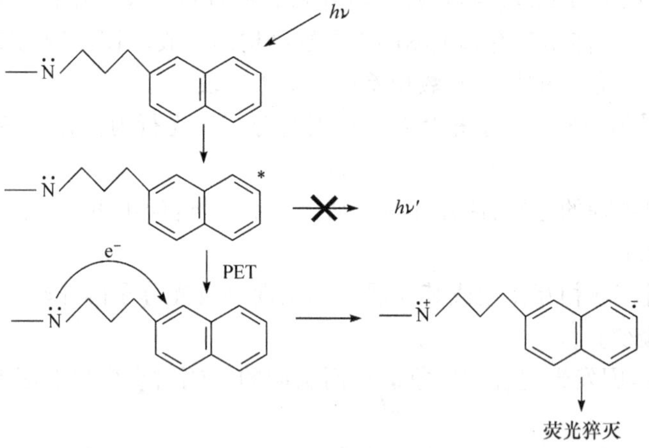

图7-34 分子内的电子转移体系引起荧光的猝灭

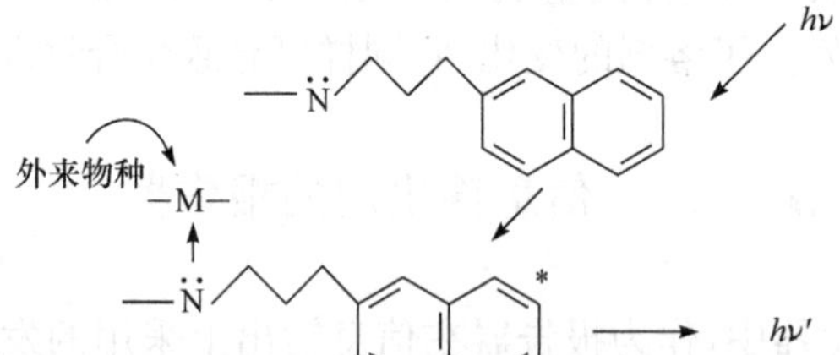

图7-35 因引入的外来物种与体系给电子部分相作用导致分子内原有的电子转移过程减弱，使荧光增强

发射的荧光会因发生光诱导的电子转移(PET)而被猝灭。但如体系中引入能和电子给体相作用的外来物种——包括金属离子或其他化合物,致使电子给体不能(或减弱)向激发的芳香基团提供电子,则激发的芳香基团就会发射荧光,或使荧光得以增强(图 7-35)。

对此现象的一般化了解,可用能级图予以说明[80](图 7-36)。在原则上,只要在 π-π* 激发态的能级附近存在着 n-π* 能级或电子转移激发态能级,则该激发态就有可能用作为信号发射之用。图中左下方为带有给电子基 D 的敏感器分子在受光激发后,由于存在着分子内的电子转移,形成离子自由基,因此无荧光发射,但当体系内引入外来物种 A 时,A 可与 D 发生相互作用,导致给电子基 D 的电子向 A 移动,于是敏感器分子就不能接受电子形成离子自由基(图 7-36 的右下方)而发出荧光。

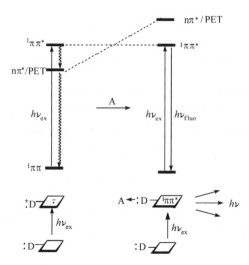

图 7-36　带给电子基的荧光化学敏感器的工作能级图

在能级图中还可看到:在发光的 π-π* 能级附近存在着 n-π* 或 PET 能级,正因它们彼此间的能级靠近,因此在有外来物种存在时、可引起体系能级的重新定位,当定位于 π-π* 跃迁时、体系发光,而位于 n-π* 或 PET 时则体系不发射荧光。这就是这类荧光化学敏感器的基本工作原理和其检测原则[81~83]。

7.3.2　分子内共轭的电荷转移化合物

这是另一类发光物种[84~86]无论它们是处于基态或激发态,它们的分子都表现为极化结构,一端偏正,而另一端偏负,如图 7-37 所示。图中可以看出:这类化合物的分子内存在"推电子"和"拉电子"两个部分。如前面已讨论过的 N,N-二甲氨基香豆素或黄酮类化合物就是很好的例子。

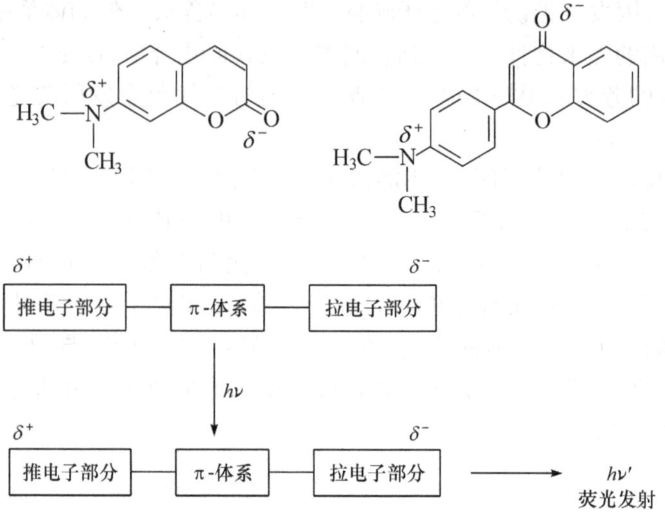

图 7-37　分子内共轭的电荷转移化合物

它们在基态时就具有极化结构,而在光照激发后则更进一步强化了这种极化特征。由于两端存在着不同的极性基团,因此当将它们用作"报告器"时,就存在着如何与其相联结的问题。以香豆素为例,可有以下的两种可能:一是和推电子基相联结;另一种则是和拉电子基相联结,如下所示:

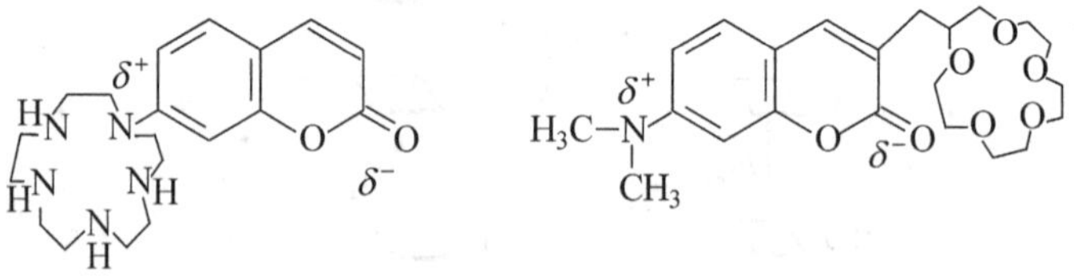

从中可以看出,在左图中是化合物 7-位的给电子基——二甲氨基处联以一多胺环作为外来物种的接受或识别部位。已知环多胺可作为过渡金属离子的配体,因此当外来金属离子进入环内,就可改变化合物 7-位氨基的给电子能力,从而影响化合物的发光。这是通过对化合物电子给体部位给电子能力的变化来达到信息外传的目的。而在右图中,则可看出在化合物的 3-位处联有一小环冠醚,冠醚作为接受体可用以识别碱金属或碱土金属离子。由于作为化合物拉电子部分——2-位的酯羰基与所联的冠醚相靠近,因此它就有可能参与冠醚络合的金属离子相配位,或通过金属离子的正电荷强化了电荷转移化合物的拉电子部分,从而使化合物的发光行为发生变化,提供出报告的信息。因此在以分子内共轭的电荷转移化合物为荧光化学敏感器的报告部件时,和用芳香稠环化合物不同的是:必须考虑拟通过与发光化合物分子内的那一部分——是推电子部分或拉电子部分,进行联结,以

完成其作为敏感器报告部件的目的。有关上述发光体系可用如图7-38的势能图作进一步的说明。

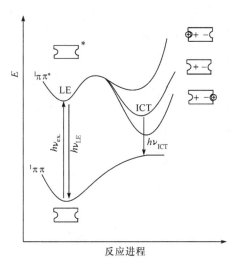

图7-38 以分子内共轭的电荷转移化合物为敏感器的发光部件时，
其工作状况的势能图

图中可以看到荧光化学敏感器分子在激发后的局域态(localized)发射($h\nu_{LE}$)和电荷转移态发射($h\nu_{ICT}$)。当敏感器分子在接受外来物种后，则将根据所接受物种与发光部件间位置的不同、而引起发光化合物荧光发射行为的变化。这是由于外来物种的引入导致发光化合物分子内电荷的重新分布，以及化合物在不同位置接受外来物种时所引起的ICT能级的变化[87]。所有这些都将十分灵敏的在其发光强度和能量上反映出来。

在以分子内共轭的电荷转移化合物为报告器时，一个值得注意的问题是：当分子内存在着强烈的电荷转移时，可引起分子从部分的电荷转移(partial electron transfer)转变为整个电子的转移(full electron transfer)。在此时，分子内给电子与受电子部分会发生正交扭曲，出现所谓的扭曲的分子内电荷转移现象(twisted intra-molecular charge transfer, TICT)[88,89]并使荧光强度降低。这也可从图7-39的势能曲线加以说明。可以看出，图中左侧的势能曲线为正常的平面(normal planar, NP)激发和发光，而右侧的则为TICT。原则上TICT应是"full electron transfer"将导致荧光的猝灭。但图中可以看到TICT仍有发光。这是因体系处于热振动的条件下、上述的扭曲并非完全正交，因此也就可观察到一定程度的电荷转移发光。这一结果表明当发光化合物的给电子部分与受电子部分间存在着强烈的电荷转移时，化合物的发光行为将会发生负面的影响，使发光强度降低，值得加以注意。

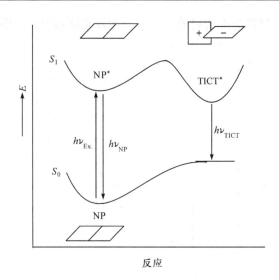

图 7-39　TICT 的势能曲线图

7.3.3　金属-中心激发态为发光光源的体系

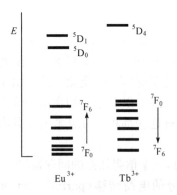

图 7-40　Eu^{3+} 和 Tb^{3+} 最低能量
激发态的能级图
列出的仅是发光激发态在 ^5D_j 处的通道。

在许多化学敏感器中常利用金属-中心激发态(metal-center excited state)的 $^5D_j \rightarrow {}^7F_j$ 发光跃迁〔如稀土元素中的铽(III)和铕(III)〕，作为报告器光源。这些离子的最低能量通道可见图 7-40。

由于辐射跃迁中 $\Delta S = 0$ 的自旋限制，因此在直接照射激发时，镧系金属离子 Ln^{3+} 的发光微弱[90,91]。而如通过体系中另一强的光子"吸收体"来捕获能量，然后使 Ln^{3+} 实现间接激发，就可越过自旋的障碍使 ^5D_j 能级得以布居(population)。在这样条件下，只要敏化剂分子的激发态能有效的将能量转移至 Ln^{3+} 的过程顺利进行，则从金属离子发射的诱导荧光就会足够的强。因此人们在化学敏感器的设计中，对进行分析的外来物种常被用为敏化剂组分，在特定条件下，被分析物种进入到化学敏感器内，它就可通过吸收入射光，并将能量转移至潜在的发光中心 Tb^{3+} 和 Eu^{3+} 而发出金属离子的荧光。这一过程类似于下面还将讨论的所谓吸收能量转移发光过程(AETE)。通过 Ln^{3+} 的发光就可对分析物是否已存在于化学敏感器内给以确定[88,89]。在这类体系中作为分析物的摩尔吸收系数应 $\varepsilon \geqslant 10^4/(mol \cdot cm/L)$ 值，其辐射的速度常数应有 $k_r = 10^7 \sim 10^9\ s^{-1}$，这就可使 ^5D_j 能级实现较大的布居，从而发射出由分析物诱导产生的 AETE 发光。这一由分析物自身作为信号枢纽体系、有着很强的发光。另外,已知 Ln^{3+} 的激发态有很长的寿命(0.1~2 ms),这是否会引起镧敏化体系易于发生猝灭？但这不必担心,因为 f-中心轨道是深深的处于 Ln^{3+} 之中,而与外界环境相隔离,而且它与 ^5D_j 激发态间的电子偶合、因仅有很小的重叠,而变得甚差。在这样情况下,猝灭常数也就变得很小,它抵消了长寿命的影响,甚至典型的猝灭剂如氧也不能有效的起到作用。另一方面,在络合配体中的高能谐振子如水,特别善于诱导 Ln^{3+} 激发态发生有效的无辐射衰变[90,91],因此在设计以 Ln^{3+} 为报告器的化学敏感超分子体系时,必须注意保留允许分析物进入到临近金属中心的空间,而且还必须排除原初配位球中的所存在的水分等问题。

金属离子和具有配位场激发态的络合物在化学敏感器中的应用目前还是十分有限的,原因是它们中许多是不发光的。典型的配位场激发态常涉及金属-配位 σ^* 轨道的布居,因而其 k_{nr} 常很大,而激发态的发光又因能量可通过金属-配体框架的振动耗失而不能被观察到。金属 d-中心的激发态是发光的[92],它包括如:Cr(III)的 ^2E_g 激发态；d^2 金属-配体多重键的 ^3E 激发态 $[d^1_{xy},(d_{xz},d_{yz})^1]$,以及铂、铑及铱二硫代配合物的 $d^8d—p\pi$ 激发态以及一大批其他的多核金属贵金属及其簇集体 d^{10} 激发态[93,94]等,但到目前为止用于化学敏感器中的金属-中心激发态仍为数甚少。

7.4 敏感器的一些新进展

近年来利用高度荧光、水溶性的共轭高分子结构而发展出一类新型、可对生物材料进行实时(real time)检测的高灵敏度检测体系,受到人们广泛的注意[95~98]。由于这类体系可看作是由大量共轭单元的集合,因此彼此间存在着有效的电子耦合和具有快速的分子链内和链间的能量或电子转移能力。于是以它们为基的敏感器将对一些微小的扰动给予积极的响应,从而表现出比小分子敏感器有着大得多的敏度。而正是由于这类集体性的响应可影响到化合物一系列的光电子性能,诸如:Forster 的共振能量转移,电导能力,荧光发光效率等,因此将它们用作敏感器的灵敏报告器是非常合适的。这类共轭性高分子有:聚吡咯、聚噻吩、聚苯乙烯撑(PPV)等,都已有过报道,包括经过低聚核苷酸-功能化的这类共轭高分子体系以及经 DNA 杂化的高分子体系。

这类高分子体系要求具有水溶性,因为这样才会使之与生物底物相结合。一般说来常是在高分子链上引入一些荷电的基团如磺酸基或季铵盐等,以便溶于水中,其结构如图 7-41 所示。

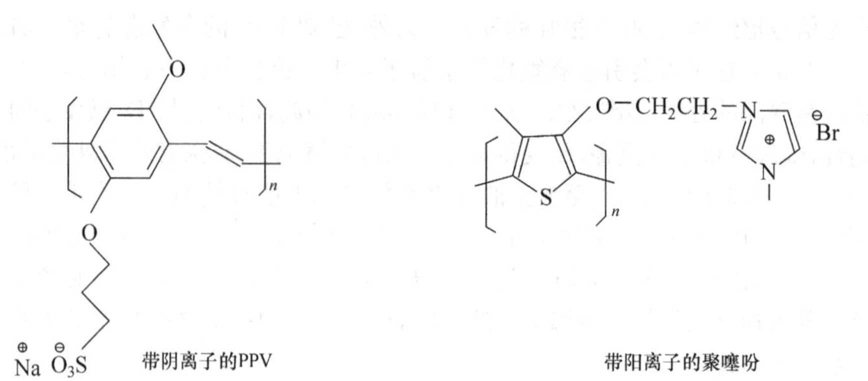

带阴离子的PPV　　　　　　　　带阳离子的聚噻吩

图 7-41　引入荷电基团的高分子链

可以举一个不必对体系作引入探针的功能化处理,而仅利用聚噻吩和引入的单支 DNA(ss-DNA)间发生静电相互作用,而导致聚噻吩构象的变化,从而向外报告信息的例子。上列的阳离子聚噻吩在缓冲液中呈黄色(其吸收的 $\lambda_{max}=397$ nm),这相当于无轨线圈的构象。当溶液中引入 ss-DNA 后,溶液变为红色($\lambda_{max}=527$ nm),这是由于二者在溶液中发生配合,使聚噻吩的构象发生变化。然而当在溶液中再进一步的补充引入 ss-DNA,溶液的色调又发生变化,这是因为此时聚噻吩和两支 DNA 形成了所谓三股的配合物(triplex),使在双股(duplex)中伸直了的聚噻吩链又发生变化,于是溶液的色调又转变为黄色,但在光谱中看到其极大值与原来的有所不同约在 421 nm 处。这一变化可从图 7-42 中表示出来[99]。

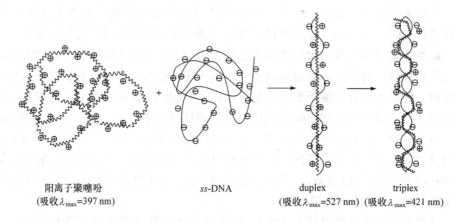

阳离子聚噻吩　　　　ss-DNA　　　　duplex　　　　triplex
(吸收$\lambda_{max}=397$ nm)　　　　　　　　(吸收$\lambda_{max}=527$ nm)　(吸收$\lambda_{max}=421$ nm)

图 7-42　阳离子聚噻吩与 ss-DNA 的反应过程

图 7-42 中可以看出(从左到右),在溶液中从无规线圈的聚噻吩在和 ss-DNA 结合后,形成了红色的 duplex,可明显的看到聚噻吩大分子构象的变化,此时的聚噻

吩构象处于平面和高度共轭的情况下,因此体系呈红色。但在溶液中再引入更多的 DNA 而形成了 triplex 后,则聚噻吩的构象发生了新的变化,使共轭程度又有所减小,从而使色调又转向黄色。对上述现象还可用圆二色性(CD)予以检测,在无规线圈与 duplex 的条件下,不能观察到有光学活性。但当体系中有 triplex 存在时,则可看到以 420 nm 为中心的 CD 谱,相当于存在着有右旋的高分子骨架。这种构象的变化还可通过荧光光谱予以检测。阳离子聚噻吩原有的荧光量子产率约为 0.03(在 0.1 mol/L 的 NaCl 溶液中),在加入 1 个当量的 ss-DNA 时(以聚噻吩中所含电荷为准),荧光强度降低,但发光有所红移。当生成了高分子的 triplex 后,强度立即就增加了 5 倍。从上面的实验可以表明:阳离子的聚噻吩可以方便的将低聚核苷酸键合的信息通过光学性质输出,从而使之能在 DNA 的检测中得到应用。

近年来,由于出现从能量给体(共轭高分子)到受体(信号发色体)间发生的光放大荧光共振能量转移(FRET)现象,使得对 DNA 体系的分析有了新的进展。在这种分析中体系内存在有两种组分,一是光的收集部分——共轭高分子,另一个是联有发光分子(即信号分子,如为荧光素 C^*)的中性核苷酸探针。当激发共轭高分子,而能从体系中测得信号分子 C^* 的特征发光时,就表明体系中存在有目标核苷酸。这里首先发生的是目标核苷酸与中性核苷酸探针的结合,然后再通过静电相互作用与荷电的共轭高分子络合,于是就可通过能量转移,观察到荧光素强烈的发光。

图 7-43 中列出的是基于 FRET 来检测 PNA/DNA 相互作用时所用的一种阳离子共轭高分子(CCP)结构。

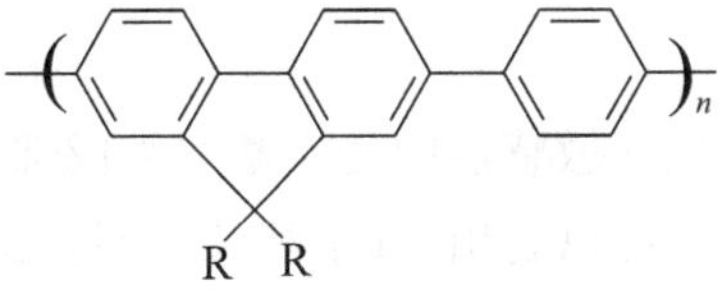

$$R = (CH_2)_6 \overset{\oplus}{N}(CH_3)_3 I^{\ominus}$$

图 7-43 CCP 的结构示意图

而所用的中性 PNA 探针结构为:5′-CAGTCCAGTGATACG-3′,其 5′位处联有一个荧光素分子 C^*,因此该探针可写作 PNA-C^*。当溶液中不存在能与探针 PNA 相匹配的 DNA,而仅有上述的 CCP 和中性的 PNA-C^* 时,由于二者间的距离过远,因此不能观察到有 FRET 的发生,观察到的 C^* 荧光强度甚弱(约在 380 nm 处)。但当体系中引入能与上列 PNA 相互补的阴离子 ss-DNA 链段时,由于它能和 PNA-C^* 杂化,形成带负电的杂化产物——ss-DNA-PNA-C^*,这样,它就能与 CCP 通过静电相互作用而紧密结合起来,并允许其间发生 FRET,于是就可观察到很强的 C^* 发光。总的机制如图 7-44 所示。值得注意的是在后一种相匹配的

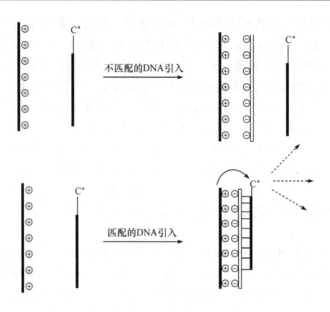

图 7-44　PNA 与 DNA 相互作用的发光机制

DNA 引入时,因 FRET 的发生,使荧光素 C* 的发光强度比直接激发荧光素所得的荧光强度高 25 倍。这一放大的效果反映了高聚物高的光密度以及存在十分有效的 FRET 过程。

7.5　结　　语

上面我们对有关荧光化学敏感器中几个基本组成部分的工作原理和敏感器的设计原则作了简单的介绍。可以看出,其中涉及许多重要的科学问题,如超分子化学、光化学和光物理,包括如:发光化合物的化学和对化合物发光行为的控制等。此外它还和分析化学,配位和配合物化学,以及在一定程度上还和生物化学、医疗科学以及环境科学等相联系,可见这一科学领域所涉及面的广泛性。由于本书并非是一本专门讨论荧光化学敏感器的专著,因此不能面面俱到地对其中所有问题加以讨论。其中的重点,显然是放在超分子及光化学上面,即重点讨论的是敏感器中的接受体(它涉及超分子体系内分子与分子的相互识别和相互配合)以及将信息传输外出的中继体和报告器(它涉及分子光化学及光物理等有关内容)。要指出的是,正是由于荧光化学敏感器在实际应用中的重要意义,以及它在科学研究中的价值,因此近年来对于它的研究不断见诸报道。有关的新思路、新理念、新的检测和识别物种以及新的器件结构等的报道层出不穷,例如,最近几年内出现的通过色调变化对某些重要物种的检测受到广泛注意,因为这一方法不必采用复杂的仪器设备,显然,它的出现将大有利于野外工作中的检测需要。最后还要再次提到的是,由借鉴生物体系分子识别而发展起来的荧光化学敏感器研究,虽说已取得了巨大的进展,但它离开自然界如酶和底物间的相互作用来说还有很大的差距。我们还必须继续向自然界学习,以期在这一重要的科学领域取得更有价值的结果。

参 考 文 献

[1] De Silva A P, Gunaratne H Q N, Gunnlaugsson T, Huxley A J M, McCoy C P, Rademacher J T, Rice T E. Chem. Rev. , 1997, 97:1515
[2] Czarnik A W, ed. Fluorescent chemosensors for ion and molecule recognition. ACS Symposium Series 538, Washinton, DC: American Chemical Society, 1993
[3] Swager T M. Acc. Chem. Res. , 1998, 31:201
[4] Ramamurthy V, Schanze K S, ed. Optical sensors and switches. New York:Marcel Dekker, Inc. , 2001
[5] Lehn J M. Supramolecular Chemistry. Weinheim: VCH, 1995
[6] Lehn J M. Science, 1993, 260:1762
[7] Balzani V, Scandola F. Supramolecular photochemistry, West Sussex, UK: Ellis, Horwood, 1991
[8] Pedersen C J. J. Am. Chem. Soc. , 1967, 89:2495
[9] Vogtle F. Topics Curr. Chem. , 1982, 101:201
[10] Lehn J M. Struct. Bonding, 1973, 16:1
[11] Sabbatini N, Dellonte S, Ciano M, Bonazzi A, Balzani V. Chem. Phys. Lett. , 1984, 107:212
[12] Li Huaping, Wang Pengfei, Wu Shikang. Chemical J. of Chinese Univ. , 1998, 19:1431
[13] Jiang Yongcai, Wang Pengfei, Wu Shikang. Chemical J. of Chinese Univ. , 1998, 19:1471
[14] Lohr H G, Vogtle F. Acc, Chem. Res. , 1985, 18:65
[15] Ciampolini M, Fabbrizzi L, Perotti A, Poggi A, Seghi B, Zanobini F. Inorg. Chem. , 1987, 26:3527
[16] Hosseini M W, Lehn J M. Helv. Chim. Acta. , 1988, 71:749
[17] Mei Minghua, Wu Shikang, Acta Chmica Sinica,2001, 59:2186
[18] Lohr H G, Vogtle F. Chem. Ber. , 1985, 118:915
[19] Mei Minghua, Wu Shikang, Acta Physico-chmica Sinica,2000,16:559
[20] Beer P D, Gale P A. Angew. Chem. Int. Ed. , 2001, 40:486
[21] Martinez-Manez R, Sancenon F. Chem. Rev. , 2003, 103:4419
[22] Christianson D W, Lipscomb W N. Acc. Chem. Res. , 1989, 22:62
[23] Moss B. Chem. Ind. , 1996, 407
[24] Glidewell C. Chem. Ber. , 1990, 26:137
[25] Shannon R D. Acta Crystallogr. Sec. A, 1976, 32:751
[26] Hofmeister F. Arch. Exp. Pathol. Pharmakol. , 1888, 24:247

[27] Schmidtchen F P. Angew. Chem. Int. Ed. 1977, 16:720
[28] Schmidtchen F P. Chem. Ber., 1980, 113:864
[29] Worm K, Schmidtchen F P, et al. Angew. Chem. Int. Ed., 1994, 33:327
[30] Worm K, Schmidtchen F P. Angew. Chem. Int. Ed., 1995, 34:65
[31] Pascal R A, Spergel J, Engberson D V. Tetrahed. Lett., 1986, 27:4099
[32] Valiyaveettil S, Engbersen J F J, Verboom W, Reinhoudt D N. Angew. Chem. Int. Ed., 1993, 32:900
[33] Raposo C, Perez N, Almaraz M, et al. Tetrahed. Lett., 1995, 36:3255
[34] Bisson A P, Lynch V M, Anslyn E V. Angew. Chem. Int. Ed., 1997, 36:2340
[35] Kelley T R, Kim M H. J. Am. Chem. Soc., 1994, 116:7072
[36] Hongzhi Xie, Shan Yi, Shikang Wu. J. Chem, Soc., Perkin Trans. 2, 1999, 2751
[37] Hongzhi Xie, Shan Yi, Xiaoping Yang, Shikang Wu. New J. Chem. 1999, 23:1105
[38] Gale P A, Sessler J L, Kral V, Lynch V. J. Am. Chem. Soc., 1996, 118:5140
[39] Azuma Y, Newcomb M. Organometallics, 1984, 3:9
[40] Shriver D, Biallas M J. J. Am. Chem. Soc., 1967, 89:1078
[41] Ogawa K, Aoyagi S, Takeuchi Y. J. Chem. Soc. Perkin Trans 2, 1993, 2389
[42] Aoyagi S, Tanaka K, Ziemane I, Takeuchi Y. J. Chem. Soc. Perkin Trans 2, 1992, 2217
[43] Wuest J D, Zacharie B. Organometallics, 1985, 4:410
[44] Park C H, Simmons H E. J. Am. Chem. Soc., 1968, 90:2431
[45] Graf E, Lehn J M. J. Am. Chem. Soc., 1976, 98:6403
[46] Lehn J M, Sonveaux E, Willard A K. J. Am. Chem. Soc., 1978, 100:4914
[47] Muller G, Riede J, Schmidtchen F P. Angew. Chem. Int. Ed., 1988, 27:1516
[48] Sessler J L, Cyr M J, Lynch V, McGhee E, Ibers J A. J. Am. Chem. Soc., 1990, 112:2810
[49] Mei Minghua, Wu Shikang, Progress in Natural Science, 2001, 11:642
[50] James T D, et al. Chem. Commun., 1996, 281
[51] James T D, Sandanayake K R A S, Shinkai S. Angew. Chem. Int. Ed. Engl., 1994, 33:2207
[52] James T D, Sandanayake K R A S, Iguchi R, Shinkai S. J. Am. Chem. Soc., 1994, 117:8982
[53] Bielecki M, Eggert H, Norrild J C. J. Chem. Soc. Perkin Trans 2, 1994, 449
[54] Fossati P, et al. Clin. Chem., 1983, 29:1494
[55] Jaynes P K. Clin. Chem., 1982, 28:114
[56] Bell T W, Hou Z, Luo Y, Drew M G B, Chapoteau E, Czech B P, Kumar A. Science, 1995, 269:671
[57] Mei Minghua, Wu Shikang. Acta Chimica Sinica, 2002, 60:866
[58] Beer P D. Coord. Chem. Rev., 2000, 205:131
[59] Fabbrizzi L, Licchelli M, Pallavicini P, Parodi L, Taglietti A. Transition metals in su-

pramolecular chemistry, New York: John Wiley & Sons, 1999
[60] Rehm D, Weller A. Isr. J. Chem. , 1970, 8:259
[61] Li Huaping, Wang Pengfei, Wu Shikang, New J. Chem. , 2000, 24:105
[62] Marcus R A, Sutin N. BioChim. Biophys. Acta. , 1985, 811:265
[63] Myers A B. Chem. Rev. , 1996, 96:911
[64] Marcus R A. Ann. Rev. Phys. Chem. , 1964, 15:155
[65] Marcus R A. J. Chem. Phys. 1965, 43:2654
[66] Mikkelson K V, Ratner M A. Chem. Rev. , 1987, 87:113
[67] Van der Meer B W, Coker G, Chen S Y S, eds. Resonance Energy Transfer Theroy and Data. New York: VCH, 1994
[68] Dexter D L. J. Chem. Phys. , 1953, 21:836
[69] Miyakawa T, Dexter D L. Phys. Rev. B, 1970, 1:2961
[70] Closs G L, Piotrowiak P, Macinnis J M, Fleming G R. J. Am. Chem. Soc. , 1988, 110:2652
[71] Rudzinski C M, Nocera D G. Optical Sensors and Switches, eds. Ramamurthy V, Schanze K S,7,1, Marcel Dekker, Inc. , NY, 2001
[72] Li H P, Wang P F, Wu S K. Science in China B, 1999, 29:229
[73] Balzani V, Sabbatini N, Scandola F. Chem. Rev. , 1986, 86:319
[74] Duveneck G L, Sitzmann E V, Eisenthal K B, Turro N J. J. Phys Chem. , 1989, 93:7166
[75] Cramer F, Saenger W, Spatz H C. J. Am. Chem. Soc. , 1967, 89:14
[76] Sarkar A, Chakravorti S. J. Lumin. , 1998, 78:205
[77] Letard J F, Lapouyade R, Rettig W. J. Am. Chem. Soc. , 1993, 115:2441
[78] Xie hongzhi, Wang pengfei, Wu Shikang. Progress in Natural Science, 2000, 10:27
[79] Xie hongzhi, Wu Shikang. Supermolecular Chemistry, 2001, 13:545
[80] Turro N J. Modern Molecular Photochemistry, Menlo Park, Benjamin /Cumings, 1978
[81] Bissel R A, De Silva A P, Gunaratne H Q N, Lynch P L M, Maguire G E M, Sandanayake K R A S. Chem. Soc. Rev. , 1992, 187
[82] Fabbrizzi L, Poggi A. Chem. Soc. Rev. , 1995, 302
[83] De Silva A P, Gunnlaugsson T, Rice T E. Analyst,1996, 121:1759
[84] Gilabert E, Lapouyade R, Rulliere C. Chem. Phys. Lett. , 1987, 145:562
[85] Rettig W, Majenz W. Chem. Phys. Lett. , 1989, 154:335
[86] Wang P F, Wu S K. J. Photochem. Photobiol. A(Chem.), 1995, 86:109
[87] Barbara P F, Jarzeba W. Adv. Photochem. , 1990, 15:1
[88] Rettig W. Top Curr. Chem. , 1994, 169:253
[89] Ilichev Y V, Kuhnle W, Zachariasse K A. J. Phys. Chem. A, 1998, 102:5670
[90] Richardson F H. Chem. Rev. , 1982, 82:541
[91] Sabbatini N, Guardigli M, Lehn J M. Coord. Chem. Rev. , 1993, 123:201
[92] Georges J. Analyst, 1993, 118:1481

[93] Warner I M, Soper S A, McGown L B. Anal. Chem., 1996, 68:R73
[94] Heller A. J. Am. Chem. Soc., 1966, 88:2058
[95] Kropp J L, Windsor M W. J. Phys. Chem., 1967, 71:477
[96] Lees A J. Chem. Rev., 1987, 87:711
[97] Ford P C, Vogler A. Acc. Chem. Res., 1993, 26:220
[98] Yam V W W, Lo K K W, Fung W K M, Wang C R. Coord. Chem. Rev., 1998, 171:17
[99] Chen L, McBranch D W, Wang H L, Helgeson R, Wudl F, Whitten D G. Proc. Natl. Acad. Sci. USA, 1999, 96:12287
[100] Swager T M. Acc. Chem. Res., 1998, 31:207
[101] Gaylord B S, Heeger A J, Bazan G C. Proc. Natl. Acad. Sci. USA, 2002, 99:10954
[102] Liu Bin, Bazan G C. Chem. Mater., 2004, 16:4467
[103] Ho H A, Boissinot M, Bergeron M G, Corbeil G, Dore K, Boudreau D, Leclerc M. Angew. Chem. Int. Ed. Eng., 2002, 41:1548

第8章 有机及高分子电致发光材料及器件（OLED 及 PLED）

8.0 引　言

在本书的前言中我们根据超分子化学的基本定义曾提到：超分子是一种分子组分的集合体。无论它们是以化合物分子的形式结合而成，或是以分子集合的形式构成，都是由几种不同组分的化学物种共同组合的结果。同时还提到，这种超分子化合物和集合体可以成为一种科学研究的平台，或在某种基础研究的问题上发挥作用，或可通过组分间的合作和协同成为一类具有特殊功能的研究材料或器件。我们还提到，随着科学的发展和知识水平的提高，对超分子化学和其光化学的认识也在不断变化，如从最典型的超分子体系 A-L-B 已发展出含有金属或半导体表面在内的界面超分子体系 M-L-B 和以不同有机薄层构成的多层组装体系（multi-layer assembly）等界面的超分子光化学（interfacial supramolecular photochemistry）体系。这就是将金属或半导体材料也看作为超分子体系的组分之一，同时可以看出，这里已将分子与分子间的相互作用扩展到凝聚态与凝聚态间的作用。这类体系的出现不仅使超分子体系的研究范围有所扩大，同时一系列不同新的科学问题也随之产生，一些原有在分子体系中用以指导体系运作的有关规律可能已不适于应用而必须要以新的取代。这就明显地给超分子化学研究提出了新的、巨大而又有意义的任务。

将有机或高分子材料应用于现代微电子学和光电子学领域是近年来受到广泛关注的一项课题。对于有机或高分子材料在现代电子学中的应用，已不像开始阶段，仅将它们简单的用作如绝缘或支架材料等，或稍后将它们用以制备具简单功能的某些电子零件，如电容电阻，而已发展到将有机材料进行功能性的超分子组合，使之具有某种复杂功能，并可允许发展成为整体设备的水平。在本节中所讨论的就是这样一种可用作显示器的整体性设备——有机电致发光器件。

有机及共轭高分子电致发光材料是一个正在迅速进步的科研领域。仅短短的十余年来，人们已可清晰地看到这类材料在发展用作新型平板显示（flat panel display）设备中呈现出来的广阔前景。有关无机的场致发光材料研究已有一定的历史。如由 III-V 族半导体发光二极管（LED），以及由 II-VI 族材料所制得的薄膜电发光板（TFEL）已为人们所熟知。但其不足之处，如发光效率不高和在工艺上存在的困难，以及 LED 器件基于单晶基质，因此一般被限于制作小型分离元件。此外，TFEL 不仅响应速度较慢，而且还要求用较高的驱动电压，严重地影响了它们的发展。早期利用升华有机化合物或有机染料来制备发光器件可视为有机电致发光器件研究的先驱。但由于有机化合物的高度绝缘性,严重地影响了其优良发光能力的发挥,因此如何克服注入电流的限制就成为解决这一问题的关键。正是在这种基础上 Eastman Kodak 的科学家 Tang 以及 Van Slyke[1,2]提出了所谓超薄的 EL 器件,使有机电致发光材料的发展得以顺利进行。随各种不同的空穴和电子传输材料及各种不同发射波长的染料,层出不穷的相继问世[3],以及对器件机理研究的不断深化和制备方法的完善,使超薄-染料掺杂型的电致发光器件的商品化具备了良好的条件[4,5]。新型廉价的有机信息显示材料在信息技术中占有重要地位,这不仅因其有着广阔的市场前景,而且在性能上也有其独到之处。由于有机材料的高荧光量子效率,很宽的发光光谱范围以及品种的多样性和价格低廉等,使得有机材料被看好为发展信息显示材料的重要候选者[4]。当然液晶显示也属于有机材料,但有机电致发光器件有着比液晶显示器更为优越的性能,如其视角宽(可达 170°~180°,而液晶屏只有 45°);无污染(液晶背光源-冷阴极管中含汞);能在低温下工作(有机屏可在-40 ℃下工作,而液晶屏在-25 ℃下就存在一定困难)和制备成本低廉等,使之备受瞩目。正因如此,目前国际上对于新型电致发光器件无论是在产业发展上或对其作进一步的研究和开发上都存在着强烈的竞争。有机电致发光材料这一名词的提法并不确切,原因是在这类材料中也包括如稀土或其他金属元素配合物在内,虽说后者的配体(ligand)也是有机化合物,但它们也可归属于无机化合物行列。

关于高分子的电致发光器件(PLED)和材料是于 1990 年由剑桥大学的科学家 Burroughes 等[6]所发现而提出的。第一种报道的共轭高分子化合物是聚(苯乙烯撑)(PPV),而由它组成的第一个器件是按简单三明治方式组合而成。器件有如下的结构:ITO/PPV/Al 可以看出,以聚(苯乙烯撑)(PPV)为代表的 PLED 的出现是和 Eastman Kodak 科学家提出由三(8-羟基喹啉)铝(AlQ_3)等组成的多层薄膜有机电致发光器件(OLED)和材料的时间(1987 年)十分接近。因此可以认为两者基本上是同步发展的。

有机及高分子电致发光器件的优点除上面提及的外,还可进一步指出,它是一种主动式的发光材料,其不依赖于外部光源而主动发光,这就使它具有广阔的视角范围,而不像液晶显示体系存在着一定的视角上的限制。由于有机或高分子材料可通过合成制备,因此人们可在很宽的变化范围内较自由地来选择具有不同性能特征有机材料,得到诸如各种不同色调的发光材料和不同传输特性的载流子传输材料等,这就为发展具有优良品质的有机或高分子电致发光器件创造良好的条件。另外,由于薄层有机或高分子发光二极管,特别是高分子的薄层器件具有良好的柔顺性和抗折叠能力,因此发展出具有可卷屈的或其他不同外型的发光器件是完全可能的。可以看出有机和高分子的电致发光器件 OLED 和 PLED 研究和开发不仅存在巨大的发展潜力并且可以预期它们美妙的应用前景。

8.1 有机电致发光器件的基本原理

有机电致发光器件 OLED 一般是由正负电极、电子传输层、发光材料层以及空穴传输层等所组成的——五层结构器件。它是由 Adachi[7]等在 Tang 等双层结构器件基础上发展而成的。它的发光机制可简述如下，正负载流子（电子和空穴）从不同的电极注入，分别通过它们的传输层在器件内的某处复合，形成激子（exciton），然后激子通过辐射衰变而发出荧光。其基本结构如图 8-1 所示。

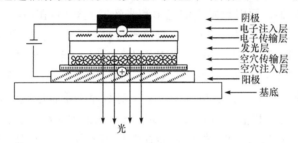

图 8-1 OLED 器件的基本结构组成

可进一步对器件的发光机理说明如下：对于载流子的复合和激子的形成可看作是缺电子的分子——在其 HOMO 上有一阳离子自由基空穴，和 LUMO 上的一个阴离子自由基电子，两者的结合就形成了激子 M*，如式(8-1)。

$$M^+ + M^- \longrightarrow M^* + M \qquad (8-1)$$

式中阴离子自由基形成所需的电子是通过阴极注入的。阴极一般由低功函数的金属元素所构成，如金属钙、共蒸发的镁-银合金（Mg：Ag=10：1）以及铝等。它们的功函数分别为 2.9 eV、3.7 eV 和 4.3 eV 不等。为促进电子的注入，常在电极和电子传输层间加一氟化锂[8]（LiF）层，由于 LiF 是绝缘材料，因此有关对 LiF/Al 界面促进电子注入的机制，仍是讨论中的题目。对其解释有，电子的隧道过程、界面反应的猝灭以及 LiF 可分解为金属 Li 从而降低了和电子传输层间的势垒高度等[9]。电子在传输材料的 LUMO 上，一般认为，是通过跳跃（hopping）过程而传输的。这在原则上可看作是在固相体系中分子间的相互氧化还原反应，直至离子自由基迁移到达发光部位。如式(8-2)：

$$E^- + E \longrightarrow E + E^- \qquad (8-2)$$

在基底一方的情况是相似的，但在能级上有所不同。空穴的注入是通过一高功函数的金属或半导体，如透明的 ITO，这是一种非化学计算量的 10%～20%氧化锡（SnO_2）和 80%～90%氧化铟（In_2O_3）的混合薄层，其功函数强烈的依赖于表面处理的条件,一般约在 4.4~5.2 eV[10] 范围。为促进空穴的注入,大多引入一个附加层,它是由酞菁铜[11] 或由聚乙烯二氧噻吩(polyethylene dioxythiophene, PEDOT)[12] 掺杂了聚苯乙烯磺酸(PSS)的体系所组成。空穴注入空穴传输层后,同样通过载流子在 HOMO 层上的跳跃。最终到达发光部位。和电子载流子一起,形成激子。其传输过程如式(8-3):

$$H^+ + H \longrightarrow H + H^+ \qquad (8-3)$$

有关正、负载流子的相遇区间,可能是很窄的。Aminaka 等[13] 曾在器件中加入很薄的红光发射层(5 nm),通过观察主体(host)和添加物(dopant)的发光比例,他们指出,发光层可薄至 10 nm 的厚度。器件的发光一般都是从基底和透明电极(ITO)处耦合而输出。而电致发光的光谱和光致发光光谱,在原则上并无差别。

在器件中两种不同的功能薄层,如载流子传输层和发光层,常可合并为一层。此外,电荷传输层还可起到相反电荷载流子的阻挡层功能,帮助和限制重合过程能在一个较窄的器件中心部位处发生。这样也能起到避免载流子在电极附近的猝灭,导致器件效率降低等不良后果。为了实现对载流子重合区域位置的控制,就要求对一些过程,如电子和空穴的注入、流动度(mobility)的大小以及电荷阻挡层的动力学因子等有所研究和了解,然后才能在器件不同层次的组织上取得微妙的平衡。显然,对这些问题的研究无论在材料和器件上都具有很大的挑战性,是值得注意和深入进行工作的。

8.1.1 载流子的注入

电致发光器件的整个工作过程大致可区分为两个阶段:一是载流子的注入、输运和重合,即激子的生成阶段;二是激子的衰变,包括辐射与非辐射衰变以及其间的竞争等。上面已提到,在载流子注入和输运过程中,如何实现注入的平衡是至关重要的,如不能达到平衡,则电流将作无效的(不发光)流动。例如,如果我们不能使载流子的复合局域于器件内某些希望的区域,而使之发生于容易猝灭的电极和工作物质的界面处,则器件发光的量子效率将大大降低。要克服这一困难必须使两个电极及工作物质界面层处的势垒有一种合理的安排。势垒的产生是因正(或负)电极的功函数与工作物质的离子化电位(或电子亲和能)间存在差异而引起的,为了要保证载流子的注入能在较低的驱动电压下进行,一般说来要求这些势垒不能太高。为此,必须对势垒的高低作一定的预测。但遗憾的是有关这些工作物质的离子化电位(IP)或电子亲和能(EA)在文献中报道甚少,而通过理论计算得到的数值一般都比较分散,这就难以选择合适的电极材料使之与上述工作物质实现恰当而满意的匹配。此外,电极材料的功函数也存在着很大的不确定性,这是由于电极沉积条件的变化以及电极材料的纯度等所引起的。图 8-2 列出的是典型的 OLED 器件的能级布置图。

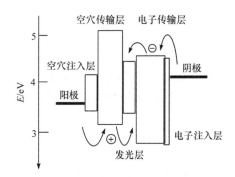

图 8-2 OLED 器件的能级图

电子从阴极注入电子传输层,沿 LUMO 传输。空穴则由阳极注入空穴传输层,并沿 HOMO 传输。在分别到达发光层处发生重合,形成激子。

从图中可以看出,电子和空穴从不同方向注入器件,然后在器件的适当位置处发生重合,形成激子。从上列的能级结构图中可以看出,器件中各组分 HOMO 和 LUMO 的相对位置对于控制电荷注入起到十分重要的作用,它们和各组分自身固有的能隙相比,在重要性上毫不逊色,因此可以说要实现载流子的顺利注入,必须认真注意器件内电极的功函数和各组分氧化还原电位的大小。必须注意的是,分子轨道通常是用以说明分子的固有能态,而它们的阴离子或阳离子自由基,则是经历过电子重排的,这点必须加以注意。

有关电极功函数的测定可采用光电子能谱(UPS)的方法。而有机材料则一般用循环伏安法加以表征[14]。对有机材料从循环伏安得到的数据可通过选择适当的参考物和略去溶剂极性的影响(因循环伏安的测定总是在溶液中进行的)等步骤,外推得到气相条件的结果。此外,在固态器件中因偶极层的形成而产生的界面电位也必须加以消除。在做了上列的处理后,由循环伏安法得到的数据就可以和电极的功函数相比较。但仍应当加以注意的是与电极功函数相比较,有机材料层与另一有机层间(它们均以氧化还原数据为基础)所作的相互比较,应更为可靠。循环伏安的测定通常是在乙腈、二氯甲烷或四氢呋喃的溶液中进行,其中需加入支持电解质,如四甲基六氟磷酸铵(TBAHFP)等。作为参考电极可用 Ag/Ag$^+$(0.01 mol/L,乙腈中)或 Ag/AgCl 等。为了进行校正,体系内可加入内参照物,如二茂铁(ferrocene)Fc/Fc$^+$(+0.35 V,Ag/AgCl)或二茂钴(cobaltocene)CoCp$_2$/CoCp$_2^+$(−0.94 V,Ag/AgCl)等。二茂铁的离子化电位是 4.8 eV,这样就可将电化学电位和电极的功函数联系起来。分子轨道的能量 ε,为一负值,可以按式(8-4)计算得到[15]:

$$\varepsilon(\text{MO}) = -(4.8 + E_{1/2}) \tag{8-4}$$

式中，$E_{1/2}$为二茂铁可逆电子转移反应的半波电位。

1. 空穴注入材料的能级

有关空穴传输材料的电荷注入和传输能力的研究可简单讨论如下。对于TPD化合物的能级数据曾被几个实验组测定过。因此，可对不同实验设备所得数据进行直接比较。

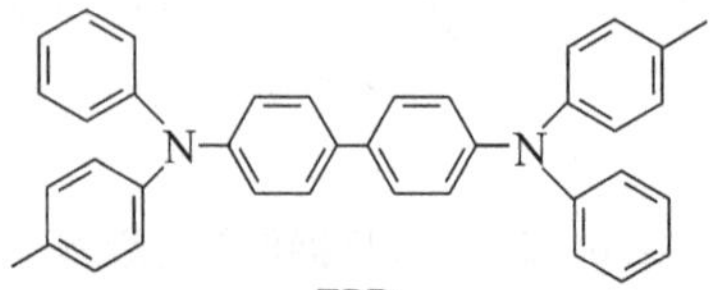

TPD

用光电子能谱测得相当于 TPD 分子 HOMO 能级的离子化电位为 5.34 eV[16]。而用循环伏安得到的第一氧化电位为 0.34 V（相对 Fc/Fc^+，于乙腈中），和 0.48 V（相对 $Ag/0.01 Ag^+$，于二氯甲烷中）。氧化过程是通过了两个连续的单电子氧化反应，并确定第二个反应是处于 0.47 V（相对于 Fc/Fc^+）。

通过 TPD,还可和另一些不同的空穴注入和传输材料的性质相比较。如和下列螺状-TAD(spiro-TAD)相比较。其结构如下：

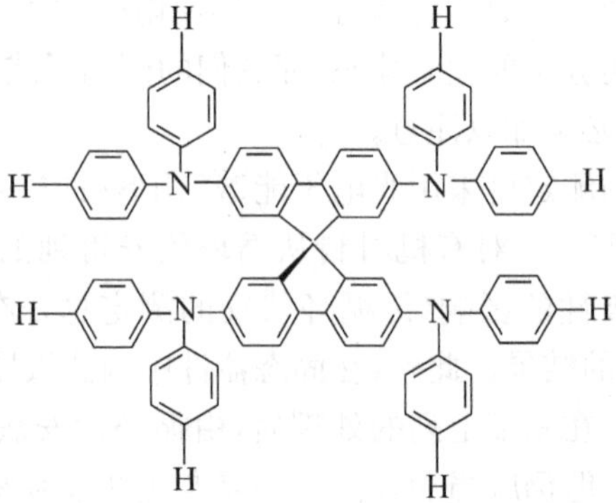

spiro-TAD

发现螺状-TAD(spiro-TAD)的第一氧化电位较低，原因可解释为，它的阳离子自由基有着较好的共振稳定性[17]。螺状-TAD 显示出有两个连续的单电子氧化过程，分别处于 0.23 V 和 0.38 V（相对于 Fc/Fc^+），并在随后产生另一个正式的双电子氧化过程（于 0.58 V 处），生成了所谓"四阳离子"(tetracation)物种。合成具有螺状结构的化合物首先是为防止化合物薄层的结晶化而引起器件的破坏，但在化学上的修饰和改动对于化合物的氧化还原性能也有一定的影响。

星形的三芳胺化合物如 m-MTDATA 及其衍生物，有着更低的氧化电位[18]，从而使它们更适合于空穴的注入。其电位值为 0.06 V（相对于 $Ag/0.01 Ag^+$）。

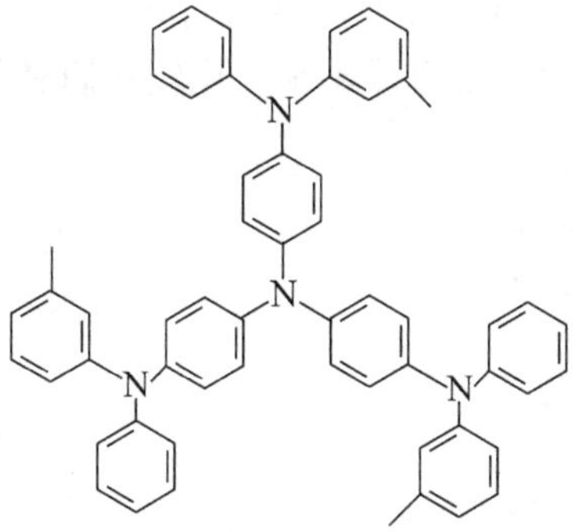

m-MTDATA

从光电子能谱已经证实，m-MTDATA 及其衍生物如 p-DBA-TDAB 等均有较低的离子化电位，分别为 5.0±0.1 eV 和 5.15±0.05 eV[19]。

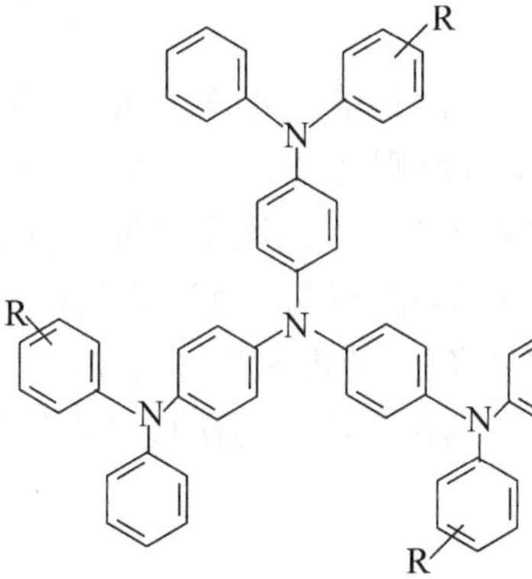

(R = p-NPh$_2$)
p-DBA-TDAB

其值和下列 TPTE 化合物的离子化电位 4.96 eV 相接近。TPTE 的结构如下：

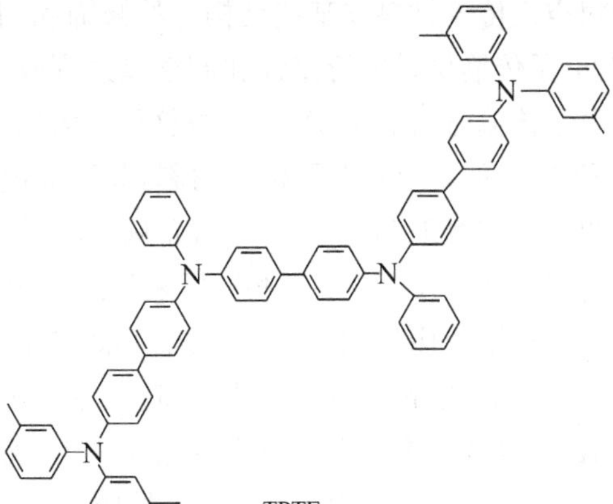

TPTE

对于一系列以三苯胺为基与咔唑、吩噁嗪(phenoxazine)以及吩噻嗪(phenothiazine)等相结合的衍生物也都已合成出来。比较它们氧化还原的数据是十分有趣的。它们的结构如下：

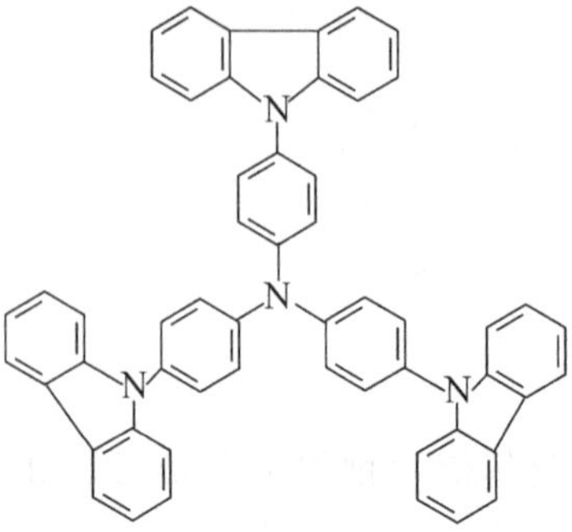

TCTA 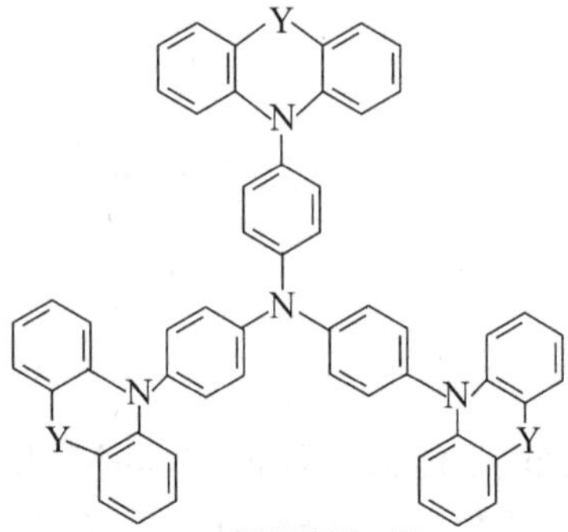   TPOTA(Y = O)
        TPTTA(Y = S)

具有三芳胺基结构的咔唑 TCTA,有着最高的氧化电位 0.69 V(对 Ag/0.01 Ag)[18],而吩噁嗪 TPOTA 的氧化电位则为 0.46 V(对 Ag/0.01 Ag)。在以 Fc/Fc$^+$ 为参照物时,对吩噁嗪和吩噻嗪 TPTTA 的测定结果是吩噻嗪为 0.27 V,而吩噁嗪则为 0.29 V[20]。它们都比其母体化合物 m-MTDATA 有着较高的氧化电位。至于为什么咔唑体系的氧化电位最高,还待进一步的研究,仅知道咔唑的氧化过程是不可逆的。在某些器件中也将咔唑衍生物作为阴极的界面层,这是认为它对电子的注入有着较低的能垒有关。

2. 电子注入材料的能级

在改善材料电子注入能力的研究中发现,它比从 ITO 对空穴传输层注入能力的改善要困难得多。即对空穴传输材料作某些结构上的修饰和调整,以改善其传输能力相对比较容易,而对电子传输材料进行修饰和调整以达到改善电子注入的能力则比较困难。这是因为电子传输材料的 LUMO 能级总是大大高于电极的功函数。如三(8-羟基喹啉)铝(AlQ_3),一种典型的电子传输材料,其还原电位为 -2.01 V(相对 Ag/0.01 Ag$^+$)和 -2.30 V(相对于 Fc/Fc$^+$)[18,21],而从光电子能谱和 UV 光谱测定而计算得到的电子亲合能为 3.17 eV[21]。这些数据表明:当阴极对 AlQ_3 层注入电子时,需要克服的能垒很高,根据所用的阴极材料不同,其能垒值约在 0.6~1.1 eV 之间。然而 AlQ_3 也可作为一良好的空穴阻挡层材料其能级比真空能级低 4.6~5.3 eV。根据新的报道[22],当电子传输层中因注入空穴而生成的 AlQ_3 阳离子物种是很不稳定的,并设想它可能是器件发生破坏的主要原因。

另一类重要的电子注入材料是噁二唑类化合物。它和 AlQ_3 比较,只有较小的还原趋势，因此对于电子的注入有较大的势垒。例如螺状-PBD(spiro-PBD)可以接受四个电子，它的第一电子转移(两电子的拼合波)出现于－2.46 eV(对 Fc/Fc$^+$)[17]。而另两种噁二唑化合物 OXD-7 及其二聚体，则分别出现于－2.39 eV，－2.18 eV。由于其 HOMO 和 LUMO 间的能隙要比 AlQ$_3$ 大 1 eV，因此它对空穴的阻挡能力是很好的。

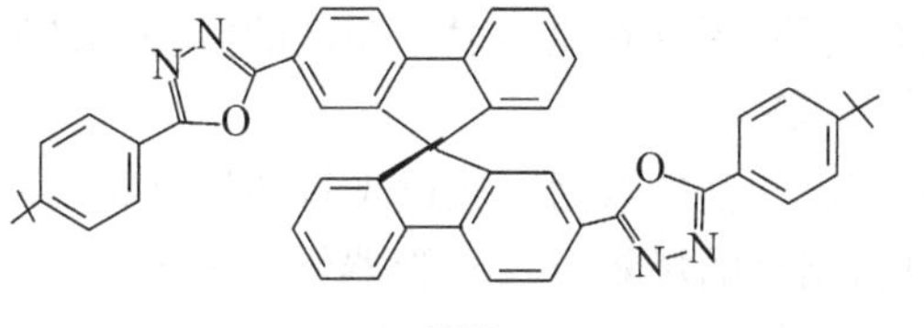

spiro-PBD

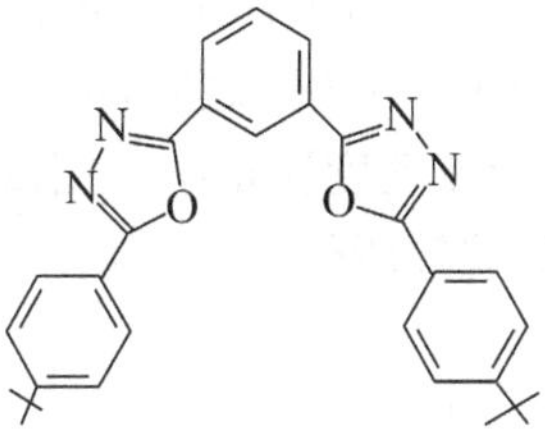

OXD-7 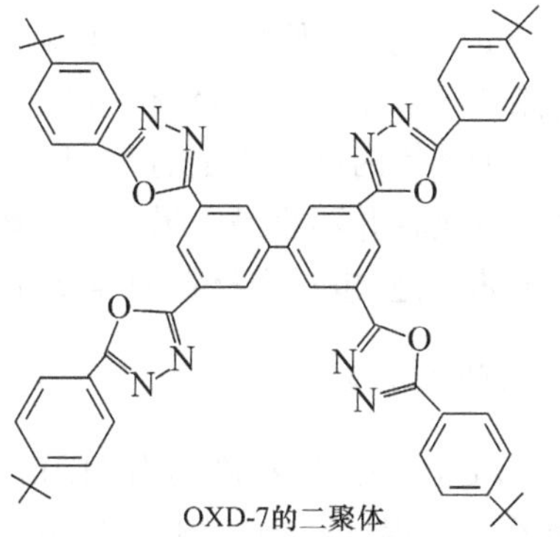　　　　　　OXD-7的二聚体

8.1.2　电荷或载流子的传输

具有良好的空穴或电子注入性能的材料，并非一定有良好的输运性质。反之亦然。这是因为电荷的注入系受控于分子的能量结构，而电荷的输运则主要取决于离子自由基和中性分子间的电子转移动力学。有机玻璃体的电荷输运性质早就引起人们的兴趣。因为具电荷输运性质的材料在静电照相技术中有着广泛的应用。有序的结构有利于相邻分子电子体系的重叠，因此它有利于电子转移。这意味着不同材料的电荷流动度(mobility)可有如下的次序：分子晶体＞液晶玻璃＞无定型材料。因此对于无定型玻璃体言，人们的主要任务是寻找具有高电荷流动度的这类材料。

在一般情况下，无定型分子材料内电荷的流动可用无序化的公式来加以描述。即假设那些发生电荷跳跃的分子的能态是遵照高斯分布的。因此流动度 μ 可以用式(8-5)[23]表示：

$$\mu = \mu_0 \exp[-(2\sigma/3kT)^2]\exp(C\{[(\sigma^2/(kT)^2] - \sum\nolimits^2\}E^{1/2}) \quad (8-5)$$

公式表达了实验中观察到的流动度 μ 和电场(E)以及温度(T)的依赖关系。即

$$\lg\mu \propto T^{-2}$$
$$\lg\mu \propto E^{1/2}$$

式中,μ_0 为流动度的指前因子(Prefactor),即当材料处于零场和在无穷大温度下的 μ 值;C 为经验常数 $2.9\times10^{-4}(cm/V)^{1/2}$;$\sigma$ 和 $\sum$ 分别表示能量和位置的无序性。除上列的表述方式外,还有其他表述流动度的方法,如基于 Marcus 的电子转移理论的表达方式[24,25]等。

从实验上讲,电荷流动度的数据可通过飞行-时间(time of flight)的测定而得到,也可通过对该材料制得的场效应二极管器件的表征来获得。在飞行时间测定的实验中,流动度 μ 可直接按式(8-6)求得。

$$\mu = d/Et \tag{8-6}$$

式中,d 为样品的厚度;E 为外加的电场;t 为经过的时间。在用二极管的测定中,可从其电流和门电压的关系计算求得[26]。在许多早期的工作中都是将分子材料加入到高分子基体内进行测定的[27],所用浓度在 10%~80% 之间,因此对材料的特征性质进行比较并不容易。另外一个障碍是电荷流动度测定中所用试样在制备中存在的工艺问题,包括如材料的纯度和样品的形貌等所带来的影响。

1. 空穴的流动度

对于 TPD 的空穴流动度已由 Heun 和 Boresenberger[28]等在场强为 40~400 kV/cm 和很宽的温度范围(213~345 K)下测得。在高场强和室温的条件下,流动度约在 10^{-3} cm²/Vs 的范围(当 $\mu_0=3.0\times10^{-2}$ cm²/Vs,$\sigma=0.007$ eV 以及 $\sum=1.6$ 时)。对于 NPB 其流动度和 TPD 的相当,但其指前流动度较大 $\mu_0=3.5\times10^{-1}$ cm²/Vs。螺状-TAD 的流动度在场强为 200 kV/cm 下,$\mu_0=1.6\times10^{-2}$ cm²/Vs,$\sigma=0.08$ eV 以及 $\sum=2.3$ 时测得的数据为 3×10^{-4} cm²/Vs,其值低于 TPD,应认为是较低的。Boresenberger[29]曾用双(二甲苯氨基苯乙烯基)苯为模型化合物进行过研究并指出:

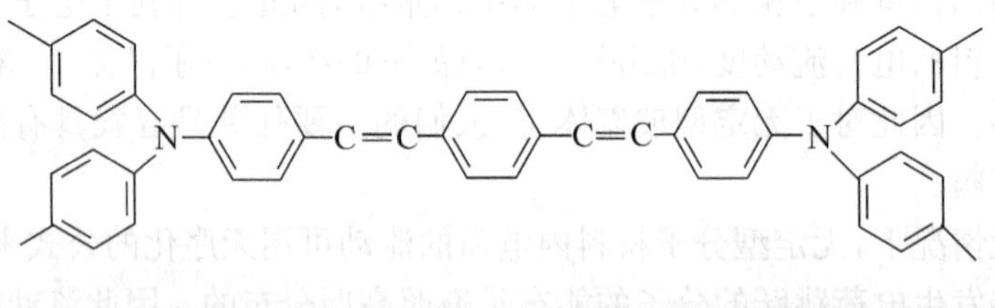

按分子的结构对角的无序性,可将分子分为偶极和范德华两个部分,而后一部分要较其他三芳胺类化合物的为大。这显然给流动度带来影响。

星型的芳基胺 m-MIDATA 在 100 kV/cm 条件下测定时,显示出仅有较低的

流动度 3×10^{-5} cm²/Vs,但 o-MTDAB、p-BPD 以及三[4-(5-苯基-2-噻吩基)-苯基]胺等的流动度均大于 10^{-3} cm²/Vs,后者甚至大于 10^{-2} cm²/Vs。从异构体角度看,虽说它们的指前流动度基本相同,但一般间位取代化合物的流动度最小,其原因可能和存在大的能量无序相关。

有关材料分子的结构以及测定条件等和流动度间的关系,虽已有一定数量的研究报告,但要建立明确的关系尚为时过早。

2. 电子的流动度

对于一种好的电子传输材料来说,其流动度要比好的空穴传输材料的流动度低两个数量级。因此要找到一种能和空穴材料流动度相匹配或相互平衡的电子传输材料用于 OLED 相当困难。AlQ₃ 的第一个飞行-时间的测定是由 Kepler[30]完成的。他们发现 AlQ₃ 的电子流动度在 400 kV/cm 和室温下为 1.4×10^{-6} cm²/Vs。同时发现其空穴流动度也很低,室温下仅为 2×10^{-8} cm²/Vs。

噁二唑的电子流动度也已在高分子基质中作过测定[31,32],其值约在 $10^{-7}\sim10^{-5}$ cm²/Vs 范围内。这些结果比星型苯基喹诺啉的为低,后者的数值约在 10^{-4} cm²/Vs(在 1000 kV/cm 下)。其他可用作电子传输材料的重要候选者有萘和苊的酰亚胺以及 4,7-二苯基-1,10-菲咯啉(或红菲咯啉)等,它们的电子流动度约在 $10^{-3}\sim4.2\times10^{-4}$ cm²/Vs 范围内。

有关双极性(Bipolar)化合物电荷传输材料流动度的数据报道很少。某些具有平衡流动度的双极性化合物研究也已有所发展。但迄今尚未有小分子无定型的、显现有双极性特征的材料报道。将空穴和电子传输材料混合于一体,使之具有双极性传输特征的研究也有过报道[33]。

应指出的是,在分子玻璃体的电荷传输问题上,包括电子和空穴的传输,不仅和流动度相关,而且和层内电荷载体(charge carriers)的数目有关。关于增大电荷载体的数目,可和无机半导体中通过掺入电子给体和受体的方法实现,但这种掺杂必须不影响体系中原有发光材料的工作,包括如其中的 Forster 能量转移等。曾报道过[34]将一强的电子受体如全氟 TCNQ 掺杂到一个空穴传输材料内会大大促进器件的电学性质。

8.2　OLED 材料的聚集态结构及对器件功能的影响

在对 OLED 器件的设计与制备中除上述对材料的光化学、光物理以及它们的电学性能包括如前线轨道的位置、氧化还原的能力、电子与空穴的注入、载流子的输运、层间的电子转移和能量转移以及作为发光层材料的荧光或磷光量子产率等必须加以认真注意外,尚有一系列从器件角度出发的性质应加以注意。它们包括如材料聚集态的结构状况,层与层间的相容与黏合,以及器件结构组成和形貌的稳定性等。这里存在着一系列的挑战,例如在基体上进行超分子组装制备 OLED 或 PLED 器件时,一般存在两种常见的方式。对小分子有机 OLED 一般都用真空加热气相沉积的方法。而对高分子的 PLED 则均采用溶液旋涂(spin coating)方法。在后一方法中,特别需要多次涂刷时,溶剂的选择十分重要。两次(或多次)涂刷所用溶剂必须互不相扰,即在进行第二层涂刷时所用的溶剂,不能将前一涂层溶解以至损坏。然而两种在性质上有较大差异的溶剂、就将在相互的黏合上出现问题,如互不相容,以至相互剥离。可见,这里存在着相互抵触的矛盾状况。而要解决这一问题,显然难度不小。下面将对有关 OLED 材料的聚集态结构及对器件功能的影响等问题作扼要的讨论。

在 OLED 器件中所有有机薄层材料应以小分子玻璃体的形式存在为其原则。因为只有玻璃体才能使材料不存在有晶粒的边界面,这对于作为光/电功能薄膜材料来说是绝对必要的。因为晶体颗粒边界面的存在将大大恶化材料的电学性能,以及因散射而使器件光学性质变坏。要使材料保持无定型状态而不发生多晶化转变,必须提高材料的"玻璃化转变"温度。已知当体系温度低于玻璃化转变温度 T_g 以下时,分子运动处于冻结状态,这就可使材料避免有序化而不能进入热力学稳定的晶体状态。玻璃化转变作为一种动力学过程在原则上它是和实验的时间尺度相关的。一般说来本节中所提到的玻璃态,包括液体的过冷状态以及由材料的真空蒸发而形成的无定型薄膜等。值得注意的是,并非所有玻璃体都是各向同性的,如液晶也可有玻璃化转变,但其情况就比较复杂。此外,甚至以蒸汽沉积或用旋涂法进行制备时,也可出现各向异性的状态。

由于玻璃化转变是一个与分子运动相关的动力学过程,因此 T_g 温度应是实验时间尺度的函数。所以在定义玻璃化温度时,必须作出若干必要的规定。一般说来,如以温度定义,则在此温度下,过冷液体的黏度应为 10^{12} PaS。因此在测定 T_g 温度时,可利用材料热力学的二级转变如测定其热容 c_p,热膨涨系数 α 或压缩率 κ 等与温度间存在着不连续性的特点来加以测定。常用的方法是用示差扫描量热仪(DSC)在加热速度约为 10 K/min 的条件下,测定 c_p 的温度依赖关系,从得到曲线的不连续处求出 T_g 值。

在 DSC 实验中,如果说材料是经纯化后的晶体或半晶体,则在第一次升温加热过程中可观察到结晶的熔点峰。然后在样品冷却后形成玻璃体,于是在第二次升温过程中就看不到有晶体熔解峰的存在。相反,在二次加热曲线中可在出现 T_g 的吸热后,看到材料有低的或高的结晶化发生的趋势,亦即可看到材料发生重结晶的放热现象。以及在第三次升温中,重新看到晶体的熔化过程。图 8-3 中列出了化合物 spiro-PBD 用 DSC 法所测得的上述过程和变化。

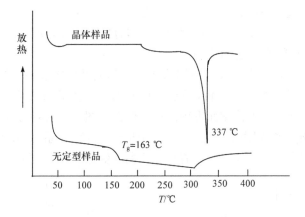

图 8-3 用 DSC 法研究 spiro-PBD 的玻璃化转变
图中的晶体样品为第一次升温过程,无定型样品为第二次升温过程。

从图中可以看到两次升温过程出现的差别。此外,如得到的玻璃体在动力学上比较稳定,则在再次升温时将不出现再结晶化的现象,于是,在 DSC 的图中就仅出现 T_g 转变的结果。对于超薄膜的体系,可注意到材料的 T_g 温度强烈的依赖于界面效应,从而使该值可低于或高于由大块材料测得的结果。这种结果可归因于表面的作用和几何限制等二者的影响。由于界面的吸引作用,可使分子的运动变慢,导致玻璃化温度增大。而如果分子因表面吸附被限制于一较小的薄层内时,则可(因分子间的相互作用减小)导致"自由体积"增大,而使玻璃化温度降低。

对于玻璃化转变至少有三个物理模型可以应用。①自由体积理论;②热力学方法;③模式耦合理论。自由体积理论[35]是假设体系内的每一分子可分配得到其固有体积和自由体积,分子可在围绕它的自由体积内运动。然后,在自由体积具线性热膨胀行为的基础上推导出一个经验性的黏度和温度的依赖关系。的确,如固态的玻璃体内就有一部分可看作是空的,并能引入气体或液体分子。有人曾对星形三芳胺化合物 m-MTDATA 玻璃体和作为基质材料的聚苯乙烯进行研究,分别在它们中加入 4-N,N-二甲氨基偶氮苯为探针,对探针在两种基质中的热-顺-反异构化过程进行比较发现,m-MTDATA 玻璃体的自由体积要比聚苯乙烯的为小。

热力学理论[36]不考虑玻璃化转变时的动力学过程,而直接和体系的热力学性质相联系,诸如考虑材料的构型熵等。热力学方法的重要性在于它不仅和体系的整体组装相关联,而且还和分子的构象有关。用作 OLED 器件的化合物大多具有刚性组块如苯基、萘基等,而仅有少量可允许旋转的部分,例如联苯分子,两个苯基通过联结键的旋转,虽有不同的角度,但最可几的相当于苯基-苯基间有约 30°的扭转,其能垒高度约 5~10 kJ/mol。为提高分子的刚性,可以在分子中引入大的取代基(如叔丁基),高的支化结构,以及实现分子间的互穿网络体系等都是十分重要的。

模式耦合理论[37]是从液体的流体动力学基础上发展出来的。这一理论可以解释如何将分子运动分裂为不同松弛模式,即有的模式在玻璃体时是冻结的,而有的在 T_g 温度下仍能有一定的运动。

将有机小分子化合物形成玻璃体的能力和其他可形成玻璃体的材料如高分子或无机化合物的形成能力相比较,是十分重要的。具体的做法可以通过黏度对数($\lg\eta$)和温度的倒数 T_g/T 作图而进行比较。根据作图可将材料分为几类,如具有强的形成玻璃体能力者,则作图中可表现出 Arrhenius 线性关系(如硅胶等),而对于脆性玻璃体材料则在接近于 T_g 时,有着很陡的黏度变化关系。如图 8-4 所示。

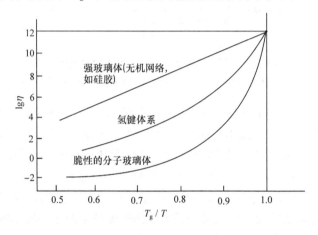

图 8-4　不同玻璃体材料的 $\lg\eta$ 和 $1/T$ 作图

一般说来,分子玻璃体属于比较脆性的玻璃体,这类体系发生玻璃化过程的研究目前还仅对几种模型化合物作过工作。最突出的例子为邻位的三联苯(o-ter-phenyl)[38],它的玻璃化温度为 -29 ℃,以及 1,3,5-三萘基苯[39],玻璃化温度为 81 ℃。氢键相互作用的引入,可使玻璃体减少脆性。

8.3　用于 OLED 的不同有机化合物材料

在上面的讨论中,我们在对 OLED 工作机制介绍的同时也零散的对一些有机化合物材料给予介绍。可以看出用于 OLED 中的化学品类是多种多样的。在较系统的对有机材料进行讨论前,可对 OLED 器件中所用的化学材料作适当分类。对材料的分类可有不同的原则。如可从材料的电子传输和电光转换特性来分类,则可有如传输材料,它又可分为电子传输和空穴传输材料,以及发光材料,当然又可进而分为各种不同色调的发光材料,如红的、绿的以及蓝的等。另一种分类方式是按照化合物的分子结构形状进行分类,如具有星型结构、孪生结构、螺状结构或刚性的桥式结构等,这种分类方式不考虑它们所具有的电子功能,但它对我们在选择具有良好玻璃体和不易于发生结晶化的材料时有所帮助。这对于发展具有良好器件稳定性的材料来说也是十分重要的。因此,在分类上将两者结合起来加以考虑,可能对合理的设计和开发具有高效发光能力和良好稳定性的新型 OLED 是更有帮助的。

8.3.1 空穴传输材料

前面已经提到,空穴传输材料大都为芳胺类衍生物。它们中不少曾被应用于有机静电复印材料作为电荷迁移层。最早应用的空穴传输化合物有 N,N,N-三(p-甲苯)胺(HTM-1)和 1,4-双[(二-4-甲苯氨基)苯基]环己烷(HTM-2)。它们的结构如下:

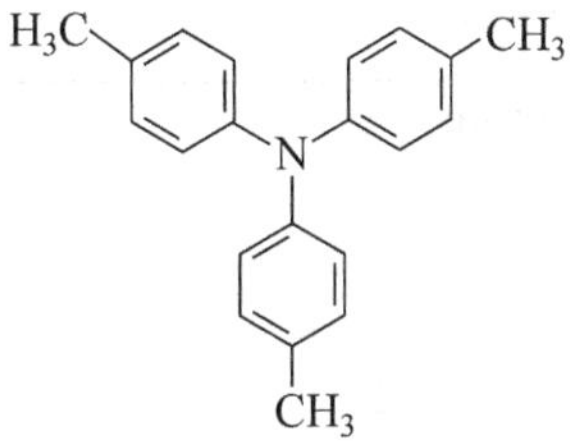

HTM-1 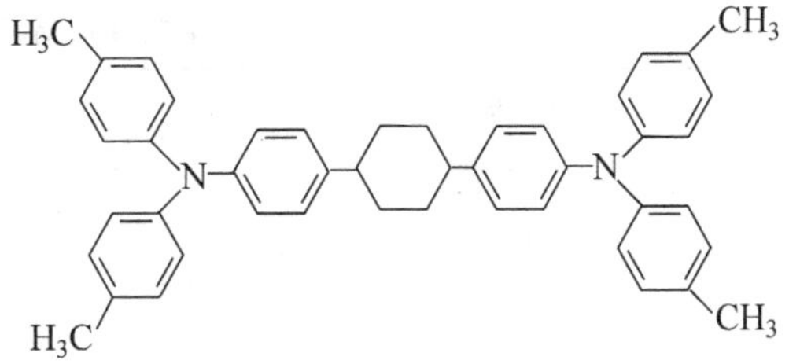   HTM-2

由于后者有着较高的挥发温度,因此适宜以真空蒸发方法来制得其薄膜。不久又发现一系列以二氨基联苯为核的化合物,作为空穴传输材料,既能提高体系的发光效率,又可促进器件工作的稳定性。它们包括:N,N'-二苯基-N,N'-双(3-甲苯基)-(1,1'-联苯)4,4'-二胺(TPD)[40]、N,N,N',N'-四(4-甲苯基)1,1'-联苯-4,4'-二胺(TTB)以及 N,N'-双(1-萘基)-N,N'-二苯基-1,1'-联苯-4,4'-二胺(NPB)[11]。它们都是当前常用的空穴传输材料,其结构式如下:

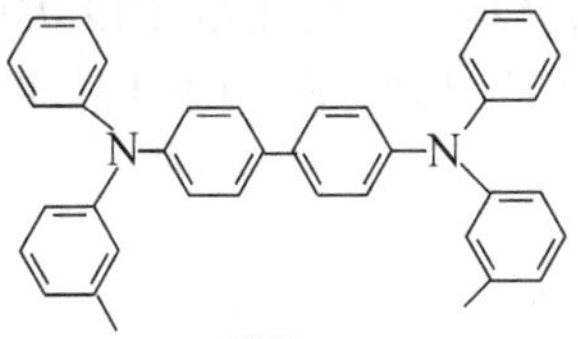

TPD 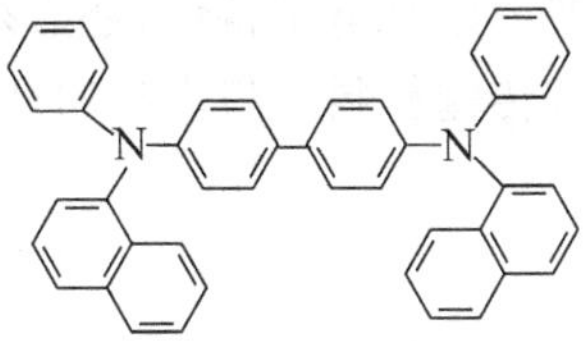   NPB

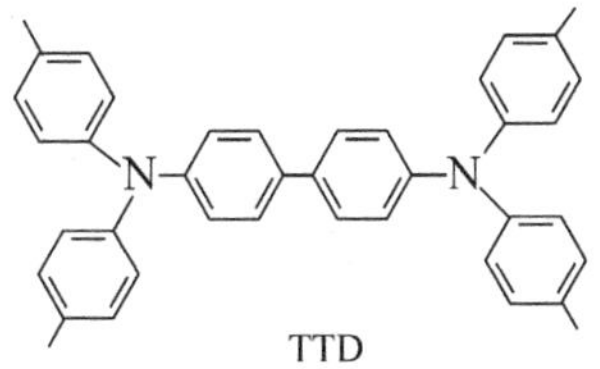

TTD

在研究合成新型的空穴传输材料时,除要考虑它们的空穴传输能力外,还必须同时认真考虑它们的稳定性。由于这类材料在老化过程中存在着易于结晶化的倾向,而结晶发生所引起的体积变化,往往会导致整个器件的崩溃,因此必须认真加以注意。如已发现用蒸气沉积法(vapor deposition)在 ITO 表面得到的 TPD 薄膜,在 25 ℃空气中,仅数小时即可观察到结晶的发生。

从对这类材料的热力学参数和其玻璃体性质关系的研究中发现,具有较大体积,结构对称(或球形),刚性和致密的化合物分子,易于形成具良好耐热性和稳定性的小分子玻璃体,其中包括空穴传输材料等。此外,对于这类材料还应从它们是否具有较高的玻璃化温度,较高的晶体生长温度,以及较低的晶体生长速度等方面来加以考察,以期得到有较高热稳定性的有机玻璃体。一些常见空穴传输材料的玻璃化温度如表 8-1 所示。

表 8-1 常见空穴传输材料的玻璃化温度

空穴传输材料	玻璃化温度 $T_g/℃$
TPD	60
HTM-2	78
TTB	82
NPB	98

前面已列举出多种不同结构的空穴传输材料,虽说他们在结构上有很大的差别,有着不同的氧化还原电位和接受电荷注入的能力,但基本上都是芳胺类化合物。它们在结构上的差异表现在如:具有螺状结构、星型结构以及含有数目不等能提供电子的 N 原子。因此,在化合物的设计合成中,除了希望能对它们在电子的接受或给予能力有所调整外,一个重要的考虑是如何改善材料在形成薄层后的稳定性问题,即防止其结晶化,进而导致器件的损坏。这说明在材料科学研究中作为电子材料不仅要考虑其电子特性,还必须从材料稳定的角度予以认真考虑。

另一种空穴传输材料是将聚噻吩环插入到 TPD 的结构中去,得到如下列结构的化合物[41,42]。

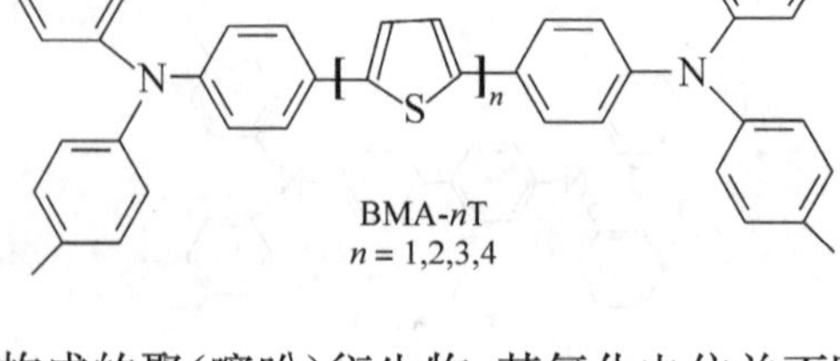

BMA-nT
$n = 1,2,3,4$

在 TPD 基础上构成的聚(噻吩)衍生物,其氧化电位并不随共轭程度增大而有所变化(0.39～0.35 V,对 Ag/0.01Ag$^+$)。然而,化合物的吸收和发射谱带则有着明显的位移,表明共轭度的增大对分子的电子亲和能力有所提高。有趣的是按引入噻吩环的数目(如 $n=4$ 时),材料可以被逐步氧化直至形成四阳离子。

上面已提到的所谓星型(starburst)三芳胺类化合物如:m-MTDATA[43]、TCTA[44]以及 TPOTA、TPTTA[45]等化合物都是 C_3 对称良好的空穴传输材料。m-MTDATA是最经典的一例,已被许多研究组用作空穴注入材料。它的 T_g 为75 ℃,储藏10年未能观察到有结晶化的迹象。TCTA则是在此基础上发展起来的带有咔唑基的星形三芳胺化合物,和 m-MTDATA 相比较,其 T_g 温度为150 ℃,比前者大了 75 ℃。而联有吩噁嗪(phenoxazine)和吩噻嗪(phenothiazine)的 TPOTA 及 TPTTA,它们的 T_g 温度分别为 145 ℃及 141 ℃,应当说它们都是优良的空穴传输材料。

8.3.2 电子传输材料

用作电子传输材料的化合物常是一些金属的螯合物,如三(8-羟基喹啉)铝(AlQ$_3$)和双(10-羟基苯并喹啉)铍(BeBQ$_2$)[46]。它们的结构如下:

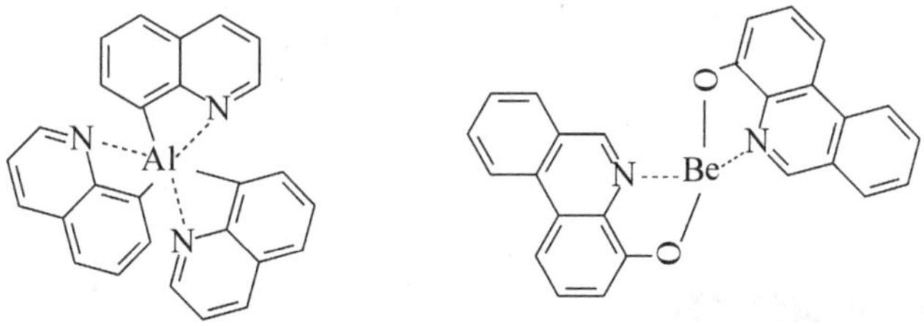

AlQ$_3$ BeBQ$_2$

在前面提到的 1,3,4-噁二唑和三氮唑的衍生物如:联苯-对叔丁基苯-1,3,4-噁二唑(PBD)[47~49]以及联苯-对叔丁基苯-N-苯基-1,3,4-三氮唑[50](TAZ)等都可用做电子传输材料。此外,还有如苊二酰亚胺的双苯并咪唑衍生物、萘二酰亚胺(ND)及硫吡喃砜等也在器件中得到应用。

噁二唑类材料有如下的结构:

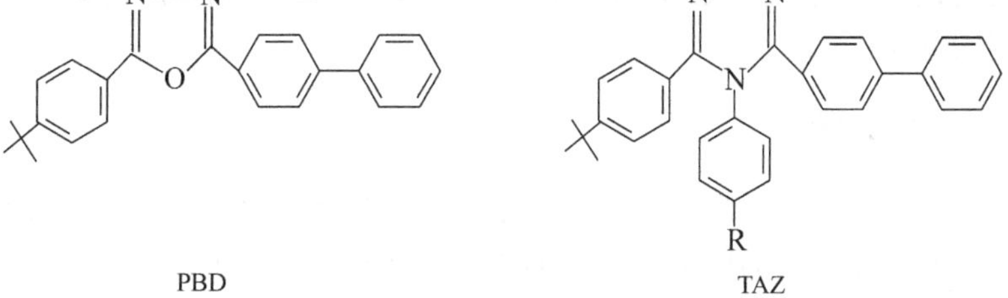

PBD   TAZ

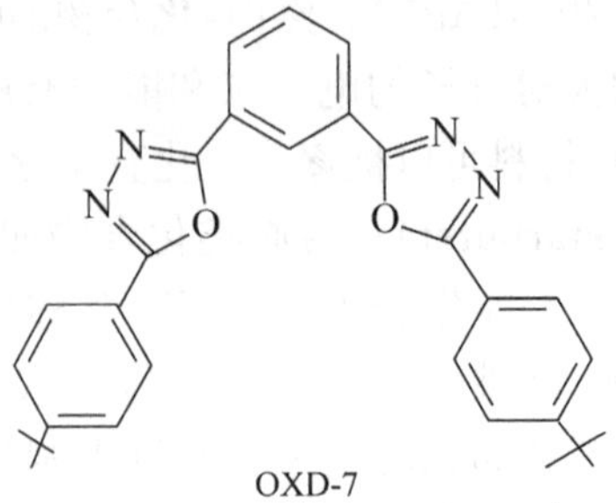

从列出的化合物可以看出 OXD-7 是在前两种化合物基础上发展出来的。不仅如此,在 OXD-7 的基础上还出现了它的二聚体,以及螺状化合物用以防止材料在成膜后的结晶化问题。

Aminaka[51]等曾用不同方法对具有下列结构的双(苯乙烯基)蒽,特别在带有拉电子基时的电子行为进行研究,发现它们具有比 AlQ_3 更高的电子亲合度。

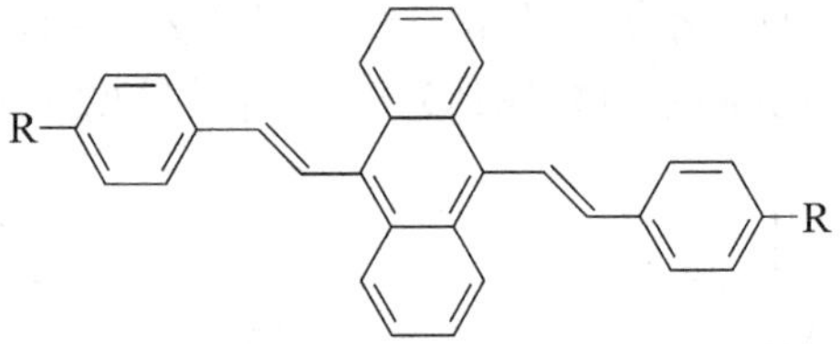

8.3.3 OLED 用的发光材料

用于 OLED 器件中的发光层有两种不同的类型。一种称为主体发光层,即这种有机发光材料既具有发光能力又具有载流子的传输能力,即一身兼有二任。这种主体发光材料有的是电子传输材料,有的则可作空穴传输材料,分别称之为电子传输发光材料及空穴传输发光材料。有的甚至具有双极性,既可作为电子传输发光材料,又可作为空穴传输发光材料。另一种类型发光层称为掺杂型发光层。它是通过共蒸发的方法使掺杂物分散于作为不同传输层的主体之中,这种掺杂分子常是有机荧光染料,它可通过主体发光物激发态的能量转移而激发起来,进而释出不同色调的荧光。

1. 主体发光材料

主体材料在器件中负有对体系原初激子生成的责任,它是 OLED 器件中最为重要或基础的部分。作为电荷传输用的主体发光材料有以下的几类。

(1) 金属配合物。AlQ_3[52]可认为是 OLED 器件材料中最佳的一种电子输运发光材料。它可发射绿光,峰值波长在 530 nm。在 DMF 溶剂中,测得的荧光量子产率约11%,而在室温下其薄膜的光致发光量子产率约为32%,且在100 Å至1.35 μm厚度的范围内,基本不变。它的电子流动度约为10^{-5} cm²/V/s,而空穴流动度仅为其1%左右。AlQ_3易于形成薄膜,其玻璃化温度也较高 $T_g = 175$ ℃。由气相沉积得到的AlQ_3薄膜系由两种不同几何异构体的固溶体组成,可以起到阻抑薄膜再结晶化的作用,从而导致体系有良好的稳定性。由于它既具有配体有机物的特性而又具有金属性质,因此它能合适地处于金属电极与有机传输层之间。用 X 射线衍射测定其单晶结构时发现分子具有球状结构,因此可以理解其为什么不易和富电子的空穴传输分子间生成激基复合物(exciplex),而激基复合物的生成往往对器件的发光带来不良影响。人们曾努力于希望通过重新合成或化学修饰将AlQ_3的发光移至蓝光处,如曾合成出以 2,4-二甲基喹啉-8-醇为基的新的含 Al 配合物,其发光虽为蓝色但稳定性却远远不能满足要求。以 8-羟基喹啉为配体的其他不同金属配合物也有许多报道,如含有 Zn、Be、Mg 等的配合物。由它们所制出的器件可发射出黄光或绿光,发光强度可超过 3000 cd/m²,其中特别是锌配合物器件的发光,可高达 16 200 cd/m²。此外,以乙二胺与水杨醛缩合而成的邻羟基席夫碱,也可作为配体与金属离子形成的配合物,但往往不够稳定,其中以 selen 为配体构成的锌的配合物是这类金属配合物系列中最为特出的一种。铍的金属配合物也是一种有效的发光体,如双[10-羟基苯并喹啉]铍($BeBQ_2$),其峰值发射波长在 516 nm 处,为绿光,在一标准器件中其发光效率可达 3.5 lm/W,在一个改进过的器件中曾记录到它的发光可达 10 000 cd/m²。

(2) 含氮杂环类化合物。上面提到一些含氮的杂环化合物如 1,3,4-噁二唑(PBD)及 1,3,4-三唑(TAZ)等可用作电子传输材料。这是在研究和开发有关蓝色发光材料的工作中发现的。如二芳基-噁二唑的发光峰值波长约在 370 nm 处,而吸收则约在 300~330 nm 处。从结构上可以看出:它们是一些有着较大共轭特性的化合物(但其中的芳基并非完全处于共平面上),有较大的储存电子能力,易于获得电子,因此可以作为电子注入和输运材料。由于 2-(4′-联苯)-5-(4″-叔丁基-1,3,4-噁二唑)(t-Bu-PBD)已成功的应用于 OLED,因此对这类体系的衍生物进行了广泛的研究。然而要指出的是,对于噁二唑化合物的研究,更多的还是将它作为电子传输材料或空穴阻挡层,而不是将它作为发光材料来进行研究。

(3) 苯基的齐聚物[53,54](oligophenyls)。苯基的齐聚物应认为是最好的蓝色发光材料。它们有很高的荧光量子产率,同时通过其链长的变化,可在一定范围内对化合物的色调进行调节。随化合物分子内苯环数目的增多其克分子吸收系数会随之增大,而荧光寿命则有所降低。苯基的齐聚物有较大的 Stoke's 位移,可举例说明如下:如对-三联苯(p-terphenyl)其吸收波长为 280 nm,发射波长则为 340 nm,而对-四联苯的吸收波长为 300 nm,发射波长则为 370 nm,至于对-六联苯吸收波长为 320 nm,而发射波长则为 393 nm。遗憾的是其高阶同系物的溶解度太差,因此难于应用。改善的方法和提高 PPV 溶解度的方法一样,如在分子中引入长链取代基,以及采用梯形环缩聚法和引入螺状结构等。长链取代基的引入,可因立体推拒作用的增大,使苯环间的角度从原来的 23°增大至 45°,相反,梯形结构的引入,则使分子中的苯环强制的处于共平面上。如下列含芴的星型化合物,其分子的平面化发生于交替的联苯单元,而其余部分仍保持不变。因此共轭程度的增大也是有限的。

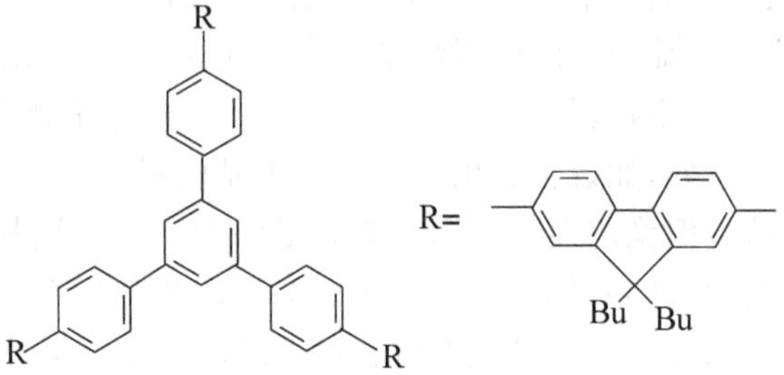

值得注意的是,由于这类分子基态和激发态的平衡几何构型有较大的不同,因此经修饰后的化合物分子在光物理的性质上有很大的变化,如对它们的 Stoke's 位移就有较大的影响。

有关螺状结构的苯基的齐聚物(spiro-oligo phenyls)[55, 56]可以用下列化合物加以说明。列出的四种化合物在氯仿中吸收光谱峰值波长分别为 332 nm、342 nm、344 nm、344 nm,而发射波长则为:359 nm、385 nm、395 nm、402 nm。在发射光谱中可清楚的看到有明显的振动精细结构。其荧光量子产率较高,如上列的 $n=1$ 的化合物,Φ_f 可达 0.38。

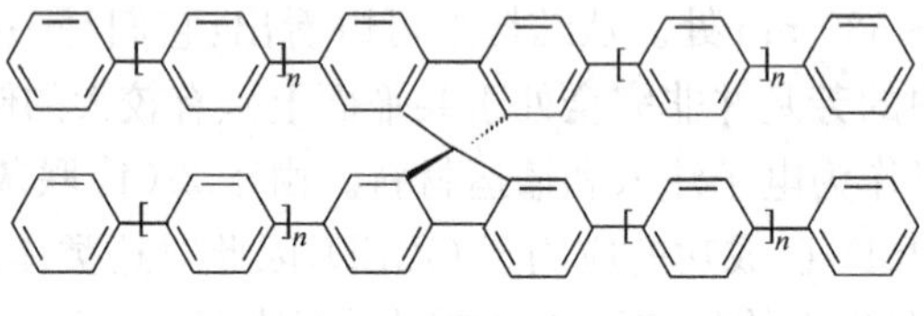

$n = 0,1,2,3$

这类化合物的最大缺点是在有氧存在和光照的情况下易于因单重态氧的生成,而形成桥式过氧化物(endo-peroxide),从而导致器件的损坏。

(4) 二(苯乙烯基)芳撑齐聚物(oligo phenylene vinylenes)。二(苯乙烯基)芳撑-包括二苯乙烯基苯,二苯乙烯基吡嗪及其衍生物等,实际上是小分子的 PPV。它们虽非掺杂材料但也并非用来作为主体,而往往是和其他材料共同使用。这类化合物的吸收和发射波长依赖于其链长。当化合物的吸收从 3 个苯环的变至 7 个苯环时其吸收可从 340 nm 增大到 406 nm。相应地,发射光谱峰值波长则从

420 nm红移至527 nm。但要注意的是,这类化合物的发光极易被金属电极,甚至蒸发的薄层电极所猝灭。

通过对这类化合物分子的修饰,包括合成出具有阻抑结构的新型化合物[57],可望能提高它们的发光能力。结构如下:

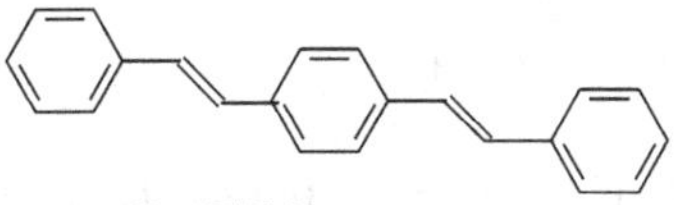

二苯乙烯基苯

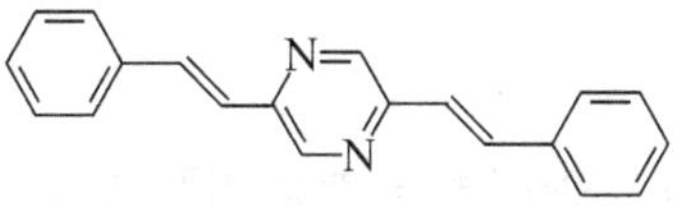

二苯乙烯基吡嗪

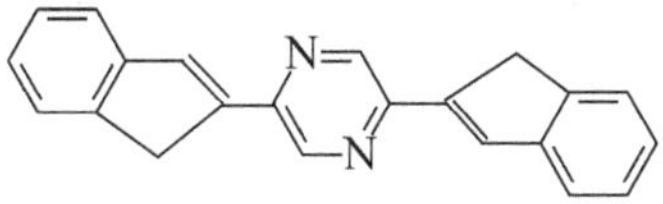

结构受阻的二苯乙烯基吡嗪

这显然是和桥键化的结构可以起到阻碍分子中双键异构化反应发生有关。

另一些和二(苯乙烯基)芳撑相关的化合物前已有所提及(结构如下),有趣的是它们的电荷传输性质会随化合物分子取代基的改变化而变。如九州大学的研究人员曾对9,10二苯乙烯基蒽(BSA)进行了修饰得到了三种分别以氰基、二苯胺基及二乙胺基取代的衍生物 BSA-1、BSA-2 及 BSA-3。

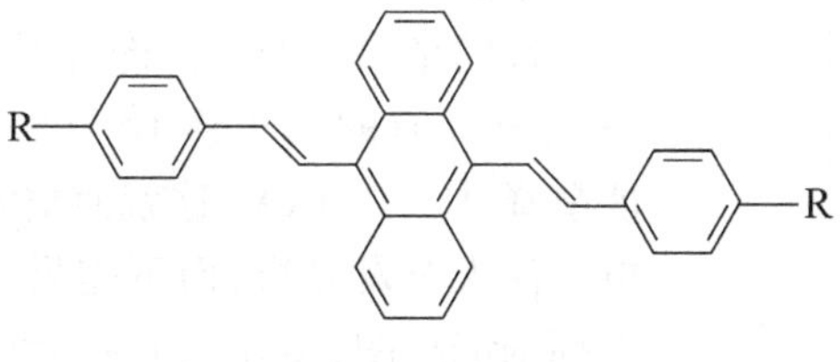

BSA-1:R = CN
BSA-2:R = NPh$_2$
BSA-3:R = NEt$_2$

结果表明,化合物 BSA-1 具有良好的电子传输功能,而其余两种则均具有两极性,即既有电子传输能力又具有空穴传输能力。

(5) 芳胺类的化合物。这类化合物在 OLED 中,一般并不用作为发光材料而主要是用作为空穴传输材料。它们的发光量子产率很低,且易于光分解。一些代表性的芳胺类化合物的吸收和发光行为,如无定型的 TPD 膜的吸收为 362 nm,而发光则为 448 nm。发光量子产率甚低仅 6%。

一种早期报告过的材料是,三苯胺的衍生物:(p-萘乙烯基)-双-(p-甲氧基)-三苯胺(NSD),是一种富电子的化合物,可发蓝光,当它和作为电子传输层的 PBD 相组合形成器件后,其发光亮度达到 1000 cd/m^2 以上。它的结构式如下:

NSD

1995年提出的一种新的蓝色发光材料是通过 Wittig-Horner 反应合成,具有下列结构的三苯胺类化合物[3]。它可作为空穴传输发光层材料。一个典型的例子是 DPAVBI。结构式如下:

DPAVBI

用 DPAVBI 结合其他材料构成的下列器件 ITO/DPAVBI/PBD/Mg:Ag,最高的发光可达 4000 cd/m²。该化合物可看作是在一双苯乙烯基联苯分子的两端苯环上引入二苯基氨基取代的结果。这一修饰可引起化合物的离子化电位 I_p 从原有的 5.9 eV 降至 5.5 eV,使空穴注入的能垒降低了 0.4 eV,这就使空穴可较容易地从 ITO 电极注入至发光层,而不需另一个空穴传输层。从下列的能级图(图 8-5)中还可看到,由于 I_p 值的降低,使电子传输层 PBD 与发光层(DPAVBI)间的能垒加大(约 0.8 eV),从而有效的起到了阻抑空穴的作用,使电子与空穴间的有效重合得以发生。

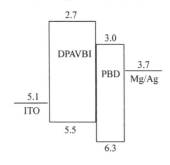

图 8-5 以 DPAVBI 等材料组成的多层 OLED 器件的能级图

2. 掺杂发光材料

多数有机荧光化合物在浓溶液中都存在着浓度猝灭现象,而在固态条件下这一现象格外突出,因此其光化学和光物理行为和在稀溶液中的有甚大的差别。在固态条件下,常会引起光谱发光带的加宽、并使发光峰值波长发生位移。通过在基体内掺杂的方法,主要是要达到使掺杂染料能很好的分散于基体之中,从而使浓度猝灭效应减至极小。并能实现有效的能量转移,导致掺杂染料发光。在这类体系中对掺杂物的性能要求有如下几点:

(1) 掺杂染料应有高的荧光量子产率；

(2) 基体发光物的发射波长范围应与掺杂物的吸收相重叠，以利于两者间的能量转移；

(3) 其发光峰值波长应处于具适当"色坐标"的红、绿、蓝处，以利于发光的实际应用，包括如全色显示和白光光源的组合等；

(4) 应具有很窄的波峰宽，以保证发光色调的纯净性。

良好的掺杂染料还希望能对仅有低荧光量子产率的基体所构成的 OLED 器件有提高效率的功能。下面对具有不同色调的染料掺杂剂作简要的介绍。

3. 绿色掺杂发光物

从上述已知 AlQ_3 是一种研究最多的绿色主体发光物，并具有传输电子的功能。因此它常和空穴传输层相结合，组成一双层的发光器件。激光染料香豆素-6 是一种掺杂染料，其发射波长为 500 nm，接近于蓝绿色，荧光量子产率甚高，几接近于 1。当它以 1% 的浓度掺入至 AlQ_3 主体内时，观察到的仅为香豆素的发光说明两者间存在着良好的能量传递。香豆素-6 的加入还提高了器件整体的发光效率，可达 2.5%，而未加掺杂剂的器件其效率仅为 1.3%，几乎提高了一倍左右。这一结果表明：香豆素的加入可以起到切断器件原有薄层中，主要为 AlQ_3 层，许多非辐射衰变通道的作用，是值得加以注意的。

喹吖酮(quinacridone)[58]化合物也是一类很好的绿色掺杂物，是 Pioneer Electronics 公司的专利。当掺杂到 AlQ_3 层并组成双层器件时，可发射 540 nm 的绿光。曾在电流密度为 1 A/cm^2 时测得的最大发光，可达 68 000 cd/m^2，形成的 OLED 器件效率较香豆素的高约 3.7%。其结构式如下：

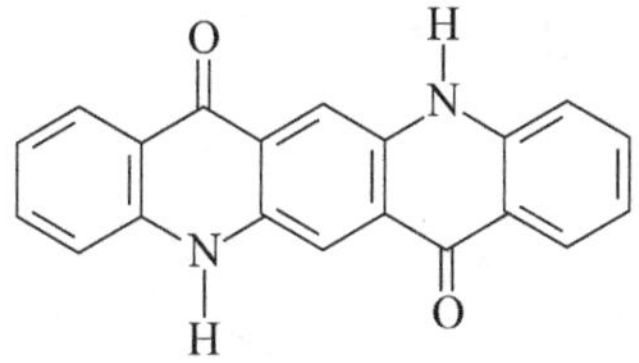

喹吖酮(quinacridone)

这类化合物的最大缺点是寿命较短，仅约 500 h。这可能是因该化合物分子中存在着 NH—及羰基基团，因此在放置一个时期后，分子间会因氢键生成而发生聚集，形成了如二聚体或多聚体，从而导致荧光强度的减弱。改进的方法是在其 NH—基处引入甲基，形成二甲基取代的喹吖酮化合物，这就可阻抑分子间氢键的生成，有力的改善 OLED 器件的稳定性。和喹吖酮化合物仅有 500 h 的寿命相比，二甲基喹吖酮的工作寿命可达 7000 h。另外的绿色发光物如三苯甲烷染料 NSD、噁二唑、二苯乙烯基吡嗪以及三(乙酰丙酮)铽 $Tb(acac)_3$ 等也常被用作为三层器件中电极与空穴层间的隔离层材料。

4. 黄光掺杂化合物

黄光掺杂化合物中最有名的是红荧烯(rubrene)[59],它的发光峰值波长为562 nm。作为一种发光掺杂物,它既可添加于电子传输的主体发光层如双(10-羟基苯并喹啉)铍($BeBQ_2$)内(发光峰值波长为515 nm),也可添加于空穴传输的TPD内(发光峰值波长为408 nm),两种OLED器件发光均超过10 000 cd/m^2,但它们的稳定性不够理想,当添加于$BeBQ_2$内时,寿命仅为110 h。但掺杂至TPD层内则寿命可增大34倍。

5. 蓝色的掺杂化合物

最早报道的是蒽。随后,稠环化合物苝(perylene)[60]也作为蓝色掺杂物加以研究,但因它们的易于结晶化,和能量上难于和AlQ_3相匹配,因此使用上有一定困难。下列两种激光染料OB-1及BBOT,均能发射很好的蓝光(450 nm)并有较高的荧光量子产率。但其不足处是易于和空穴传输材料如与TPD间生成激基复合物(exciplex),因而可引起峰值波长向长波移动,使蓝色变为绿色,且使发光效率降低。

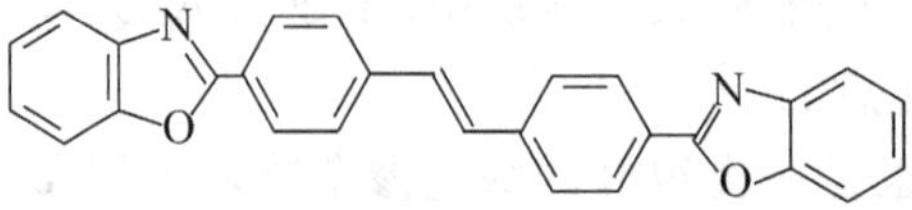

OB-1

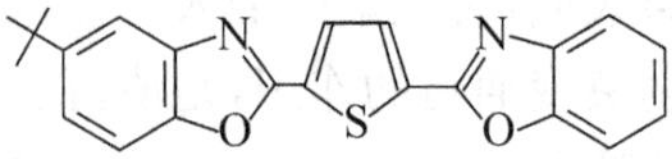

BBOT

另一种由己二胺和水杨醛缩合形成的席夫碱型配位体的锌络合物(AZM-Zn),结构如下:

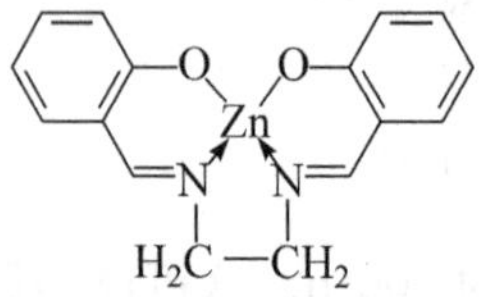

AZM-Zn

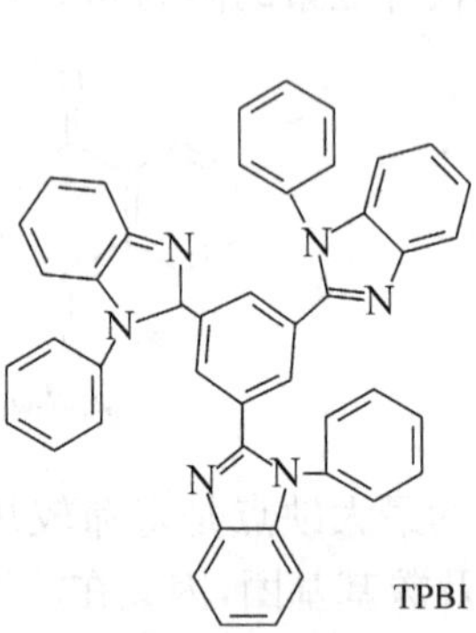

TPBI

它们也是蓝色发光的掺杂物,其最大发光可达1500 cd/m^2。但由于其稳定性较差,因此常作为分离发光层用以限制激子的生成。*N*-苯基苯并咪唑系列化合物包括其三聚体(TPBI)都可用作为蓝色发光材料,此外也可用作电子输运层。将TPBI组成多层的OLED能发出高效的蓝光,发光效率约1.0 lm/W。

6. 红色掺杂发光物

由于将掺杂物引入 OLED 器件时需通过真空沉积等工艺步骤，因此要求红色发光材料具有一定的蒸气压，同时还应在真空下有良好的热稳定性。这就给这类染料的选择带来一定困难。许多熟知的离子型激光染料，如若丹明(rhodamin)染料和噁嗪盐(oxazine)染料都不能适用。解决的办法是改变这类盐类化合物的反离子，如用 $GaCl_4^-$，$TaCl_4^-$ 等为阴离子，可得到较好的效果。它们可发出橙色的光。另一种熟知的激光染料 DCM[61] 具有如下结构：

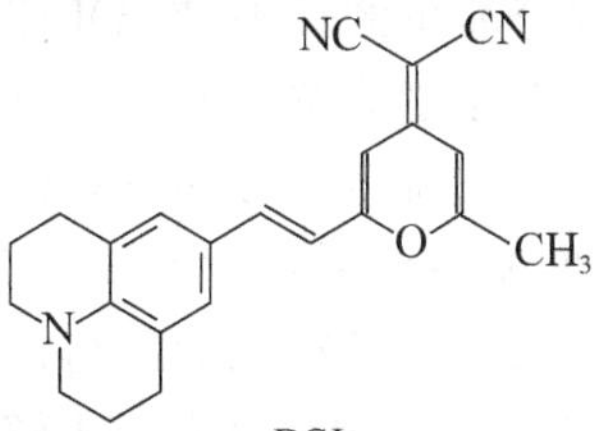

可以看出，这是一种具较大共轭特性的分子内电荷转移化合物。其分子两端分别连有较强的推-拉电子基团——二甲氨基及两个氰基，同时分子的中央部位有着两个相互共轭的双键，使分子的发射及吸收波长均移向长波。分子内还有一个将双键连入其中的六元环，以保证化合物的稳定性。DCM 在溶液中的荧光量子产率约为 0.78，可以作为掺杂物加入到 AlQ_3 主体发光物内。它的峰值波长约为 596 nm，半波峰宽约为 100 nm。其光致发光色调和量子产率两者均有浓度依赖性，最佳的掺杂浓度为 0.5%。经掺杂后的 OLED 器件效率达 2.3% 比未掺杂者高出两倍以上。但它在色调测定 CIE 坐标上为 $x=0.56$，$y=0.44$，因此色调偏橙。如将分子内的 N,N-二甲氨基通过桥键化的方法使与苯基固定于同一平面形成"久洛里定"(Julolidyl-)取代的化合物(称为 DCJ)，则其器件的发光峰值波长可移至 610～690nm 处。由于如上述，它们的发光特征依赖于掺杂物的浓度，因此提高浓度也可使发光波长有所红移。人们期望染料的红色发光范围在 CIE 坐标上应是 $x=0.64$，$y=0.36$，这是标准的红色。但用上述染料作掺杂剂时其浓度要高至 2%，此时必然会大大损失器件的发光效率，因为在这种情况下染料分子因浓度过大会发生聚集，并严重地导致效率降低。为了解决这种在高浓度下分子聚集的问题，可以从分子的结构上来加以调整，如引入一些基团造成立体的空间障碍，从而使分子聚集的趋向减弱。四甲基化的 DCJ 化合物，称之为 DCJT，其结构如下，它就能在高浓度下减少分子聚集的趋向，从而可抵消因浓度增大而带来的猝灭效应。

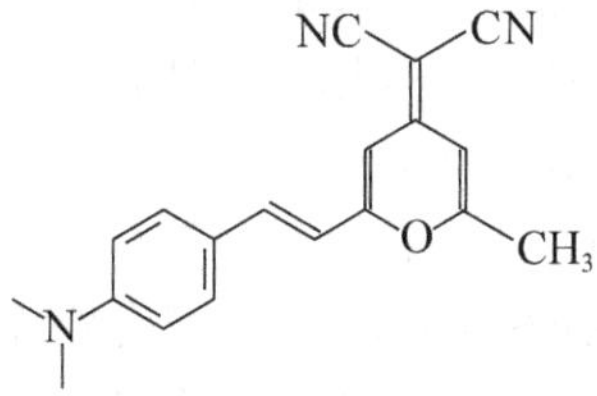

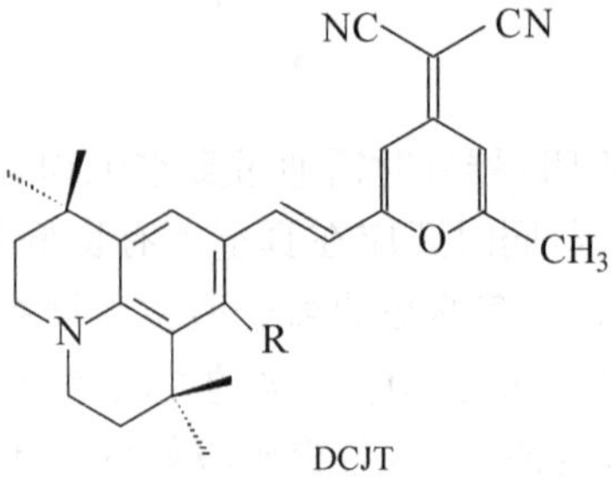

DCJT

在合成红色发光材料的分子设计时,另一个值得注意的问题是要避免发光波长范围进入近红外区(>700 nm),这将会导致部分能量的耗失,使 OLED 器件的发光效率降低。一种可以采用的方法是如何使化合物的发光波长变窄,使光谱的尾部不至于进入近红外区域。另外,将染料分子实现刚性化,以减小其 Stoke's 位移,可能也是一种方法。曾对酞菁镁(MgPc)及四苯基卟啉(TPP)等化合物作过一些工作。此外,用铕(III)(Eu)的配合物作为红色发光染料也应值得注意,因为它在 620 nm 处有着很窄的发光带。但遗憾的是这类化合物在蒸发时不够稳定,因此也难于用作为红色发光掺杂物。

8.4 高分子电致发光材料

高分子电致发光材料是于 1990 年由剑桥大学的科学家 Friend 等发现而提出的。第一种报道的共轭高分子化合物是聚(苯乙烯撑)(PPV),而由它组成的第一个器件是按简单三明治方式组合而成。器件的结构为 ITO/PPV/Al。器件在外加电压下,可发出黄绿色的光,但效率极低(<0.05%)。

PPV 高分子电致发光器件的研究发展甚快,从上面提到的仅有极低效率的原始器件,到具备一定的商业水平,仅经过约十余年的时间。从 PPV 的电致发光光谱可以看出,它和它光致发光光谱十分相似,这表明二者的发光有着相同的激发态,主要是单重激发态。这也表明由器件两极注入的正、负载流子在器件内某处相遇,所形成的激子是以单重激发态发出荧光。

从对 PPV 小分子齐聚物辐射衰变的研究,可对 PPV 在光致发光过程中激子衰变的效率加以估计。并进而对 PPV 的电致发光(EL)的效率提出了可达 6% 的看法。这一结果表明,PPV 作为具有商业应用前景的材料,前途是光明的,事实也证明如此。

在对 PPV 电致发光器件工作过程的认识和研究中,可从两个方面来进行讨论。一是激子的生成以及它的衰变。关于激子的形成,和小分子 EL 器件一样,即如何平衡两种载流子的注入和输运,应是使器件实现高效操作的前提。如果这一平衡未能实现,则电流虽仍流过,器件却不能发光。原因是两种载流子将会在聚合物和电极的界面处重合,导致强烈的发光猝灭。为保证载流子的平衡注入,必须使有机或高分子薄层与电极界面间的势垒有一合理的布置。这在前文中已作过说明,这里不再赘述。达到平衡的另一要求是两种载流子应有相同的流动度(mobility)。已知空穴的流动度远大于电子的,这可能是在许多有机材料中存在有很大捕获电子能力的氧所致。另一种不平衡可从 PPV 的 EL 与 PL 发射光谱中存在的差异中看出,在 EL 的发射光谱中,0-0 跃迁有较强的不对称性,表明在 EL 器件中存在着严重的自吸收现象,这是和 EL 器件的发光来自器件的深层,而 PL 发光则来自浅层的激发有关。为补偿载流子输运的不平衡性,可以在器件中引入另一薄层。如在沉积于 ITO 电极的 PPV(3500 Å)层上再沉积一层含有联苯-对叔丁基苯-1,3,4-噁二唑(PBD)的 PMMA 薄层(300 Å),然后再以金属钙为负极。这一沉积的 PBD/PMMA 薄层具有双重功能:一是传输电子;二则是阻抑空穴的流动,使两种载流子可在 PPV 与 PBD/PMMA 的界面处重合,从而达到提高器件效率的目的。有关激子生成的第三阶段,即相反电荷载流子在器件内某处重合,而形成激子的问题可讨论如下。对于共轭高分子体系,载流子可看作是一种类-极化子的自定域激发(self-localized excitation),对于未简并的基态 PPV,可期望存在两种不同的载流子类型,即单电荷的极化子(polaron)及双电荷的双极化子(bipolaron)。在高电流密度的条件下,更有利于后者的生成。这些载流子的能级均处于 π-π^* 跃迁的能隙之中,存在的问题是:当两个极化子或两个双极化子在形成激子时,何者在能量上更为有利? 在对重合过程自旋问题的研究中,人们曾用光学检测的磁共振实验方法,来检测因电荷注入产生不同激发 Zeeman 分裂能级间的微波诱导跃迁,进而直接观察重合过程中的自旋。结果表明大的电致发光,光致发光以及电导所呈现的磁共振信号不仅支持 PPV 器件两种电荷注入的工作机制,并且还支持:双极化子的出现,将不利于器件发光的看法。这是因为它会导致体系内电导或电致发光过程发生猝灭性共振。因此,通过场诱导来增强两个极化子转变为一个双极化子的过程,会导致使电致发光发生猝灭。同时,由于双极化子的流动能力较低,还可使体系的电导也大为降低。因此注意防止双极化子的生成,将对提高这类器件的工作效率是十分重要的。

聚(苯乙烯撑)是一种亮黄色的发光高分子化合物。发射光谱的主峰波长处于 520 nm,另一发射峰在 551 nm 处。在对 PPV 的合成上一般都通过用 Wessling 路线,得到水溶性或醇溶性的 PPV 予聚体,利用予聚体溶液的可加工性,进一步制备出为器件应用的薄膜。但用上述方法难于制得大面积的均质薄膜,因此就有 PPV 衍生物合成的研究和得到如 MEH-PPV[62]等具有良好溶解性能,并能经旋涂工艺而成膜的材料出现。几种常见的 PPV 衍生物的结构如下:

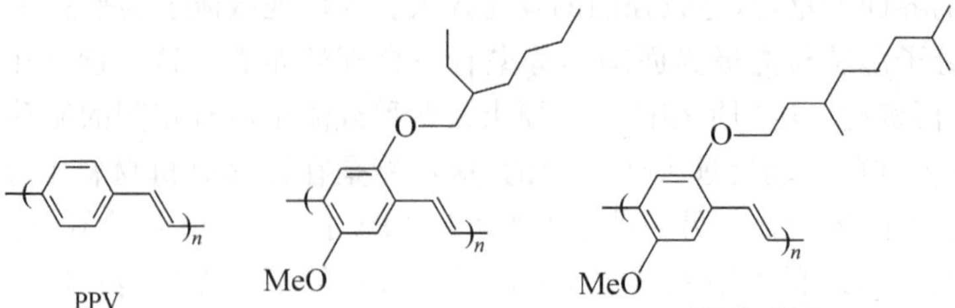

PPV   MEH-PPV OC_1C_{10}-PPV

在 PPV 环上引入取代基,不仅可提高产物的溶解度,同时会因高分子修饰而导致链的柔顺性变化,从而引起高分子链最可几的共轭构型和共轭程度的改变,而引起材料发光颜色的变化。这表明通过修饰不仅可改善材料的溶解度,而且可实现对材料发光颜色进行调控。MEH-PPV 是一种橙黄色的发光聚合物,可溶于一系列常用的溶剂,如氯仿、四氢呋喃、二甲苯等。用 1% 的 MEH-PPV 四氢呋喃溶液通过旋涂而制得的单层 PLED 器件结构为 ITO/PANi/MEH-PPV/Ca,其发光为橘红色,波长 591 nm,驱动电压 4 V,亮度达 4000 cd/m^2,最高亮度为 10 000 cd/cm^2,外量子效率为 2%~2.5%,相应的流明效率为 3~4.5 lm/W。在初始的亮度为 100~200 cd/m^2 时,工作寿命可超过 10 000 h。

上列的另一种经修饰的高分子发光材料 OC_1C_{10}-PPV[63] 是由 Philips 和 Hoechst 联合开发的。它的发光峰值波长比 MEH-PPV 略有红移,发射红光。其单层器件的开启电压为 2.8 V,外量子效率可达 2.1%,流明效率为 3 lm/W。

其他取代的 PPV 材料中值得指出的是,烷氧基苯基取代的 xyz-PPV[64] 化合物,这类体系可通过改变共聚物的 x,y,z 来调节发光颜色,而且具有很高的荧光量子产率。其基本结构如下:

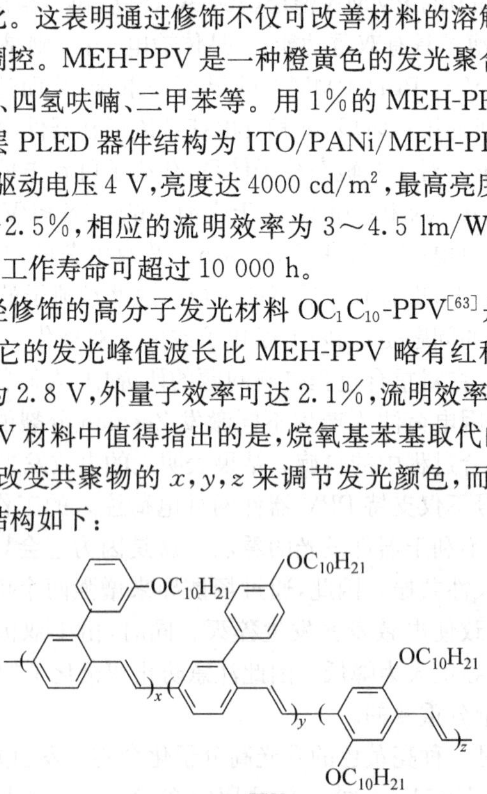

xyz-PPV

如当 $x=y=49\%$,而 $z=2\%$ 时,共聚物可发绿光,器件的流明效率可达 16 lm/W。

高分子电致发光材料除 PPV 外,还有聚噻吩[65](PTh)、聚对苯撑(PPP)和聚烷基芴[66](PAF)等,后两者可以形成梯状聚合物(如 L-PPP)。它们有如下的基本结构:

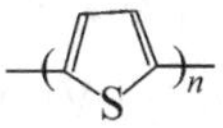

第8章 有机及高分子电致发光材料及器件(OLED及PLED)

PTh 　　PPP 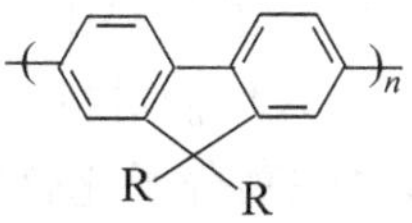　　PAF

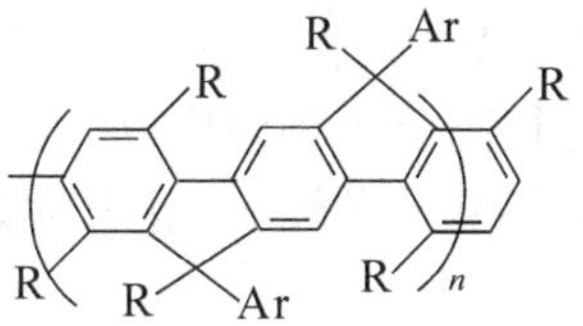

L-PPP

聚噻吩高分子发光材料的特点是发射红光,但缺点是发光量子产率较低。因此其综合性能较 PPV 为差。对于聚噻吩的研究,目前集中于对可进行溶液加工的聚(3-烷基噻吩)的研究。在对 3-位烷基长度与发光性能关系的研究中发现:随烷基链的增长,发光强度增大,但器件的发光亮度均较低。在噻吩环 3-位处或 3,4-位处引入其他基团[67]如环烷基,烷芳基等时也可达到调节化合物色调的目的,如下列聚噻吩高分子材料 PCHMT, PCHT, 以及 PORT 等可分别得到蓝色(440 nm)、绿色(520 nm)以及红色(660 nm)的发光。它们的结构如下:

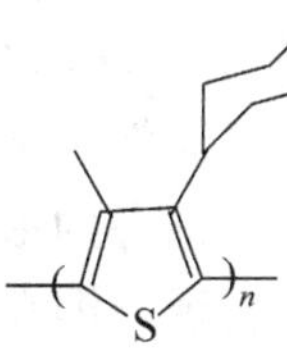

PCHMT 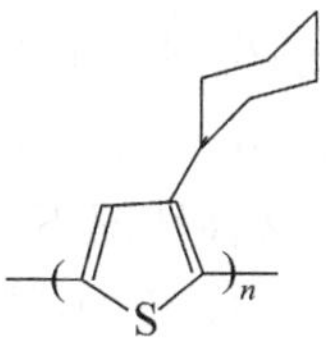　　PCHT 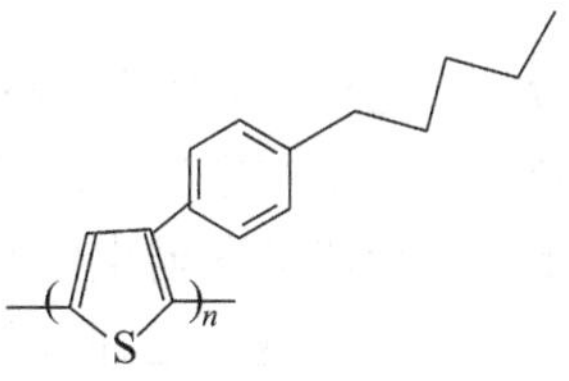　　POPT

值得提到的是一种聚噻吩衍生物(PEDOT)[68]通过掺杂磺化聚苯乙烯(PSS)可构有较高功函数的透明导电材料。它比 ITO 有更高的功函数,因此可用作十分优良的空穴传输材料,广泛的用于修饰导电玻璃。结构如下:

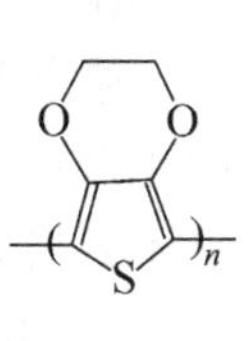

PEDOT 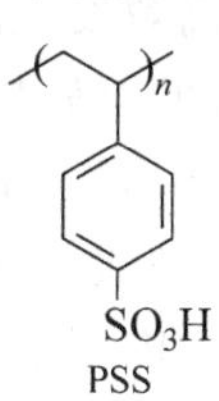　　PSS

第一个聚烷基芴是由日本的 Yoshino 小组报道的,发射蓝光(470 nm)。但由于产物的规整性差,未引起注意。以后美国的 Dow 公司对合成路线和方法予以改进,特别是在噻吩环上引入烷基链,可使其溶解和加工性能得到大幅度改善,并在色调上也实现了多样化,如出现了绿光和红光的发光体系,因此对于聚烷基芴发光高分子的研究越来越多的受到人们的关注。

用于高分子 PLED 的材料中还有高分子的空穴传输材料和高分子电子传输材料等。用作高分子空穴传输材料的化合物有：聚(乙烯咔唑)(PVK)和聚硅烷等。因 Si—Si 键构成的聚硅烷高分子化合物属于 σ-共轭体系，而 σ 键的离域可使电离能降低，导致空穴迁移率提高，因此可以用它作为空穴传输材料。高分子电子传输材料一般是将小分子电子传输材料进行高分子化而构成。如下列的 PPOPH、PPOOPH[68] 以及带有二噁唑的高分子传输材料[69]等高分子化合物就是按上述原则合成得到的。

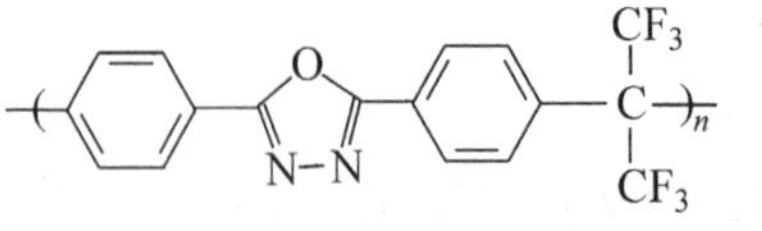

PPOPH

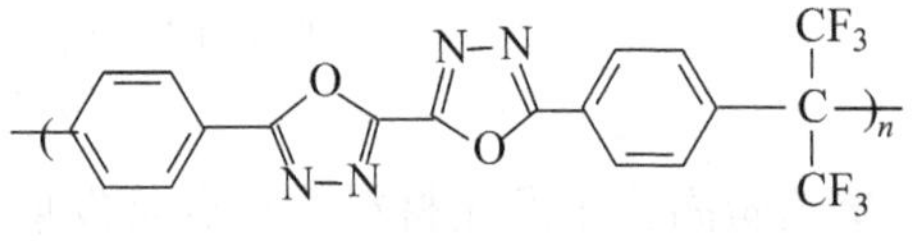

PPOOPH

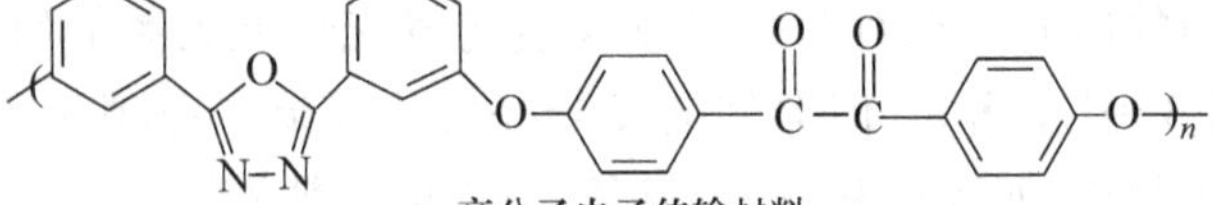

高分子电子传输材料

8.5 三重态发光问题

在电致发光器件中，激子(exciton)的生成和光致发光有所不同，它是通过在不同电极处注入电子与空穴，并分别经过电子和空穴传输层在器件内某一适当位置处发生重合而形成的非偕生的激子。这种情况下，体系内三重态的形成不只是通过单重态的系间窜越过程，而还能通过自旋的不同配置来实现。即在电致发光体系内激子的生成，既可是单重态的，又可是三重态的，二者的比例按统计原则应当是 1∶3[70]。因此对于常规的电致发光器件，由于其三重态发光无效，其电/光能量的转换效率不能超过 25%。为了进一步提高器件效率，人们开始设想和实施对 75%通常认为是无效激发的三重激发态的利用。显然，这一问题的解决将能更好的利用注入的电能，以达到高效发光的目的。利用磷光染料来代替荧光染料，以及限制三重态激子的生成是人们首先想到的方法。随之而来的问题则是如何提高三重激发态的磷光量子产率和限制三重态激子的生成的条件是什么。显然，要实现这一新的高效电致发光器件必须从理论上和实际工艺上解决一系列的问题。

在电致发光条件下，体系内三重态的形成可直接由体系内自旋的配置而得到。如前述，它在总的自旋配置中占有 75% 的份额。在这样的条件下要高效实现三重态的电致发光，应首先回答下列几个问题。

(1) 三重态磷光发光器件是否仍为原来的主-客体结构，即磷光染料仍作为客体掺杂物引入到主体层内，而构成器件。

(2) 在发光层的组成上占有优势(90%)的主体化合物是否仍为载流子复合形成激子的主要"落脚点"，即在主/客体层内首先被激发的仍应是主体化合物组分，然后再经能量转移使客体分子激发而发光。

（3）如上述（1）、（2）得以成立,则主/客体分子间的高效的能量转移就成为必须,以保证客体染料分子顺利激发,形成具发光能力的客体分子三重激发态。

（4）以及如何选择具高效磷光发射能力的染料客体掺杂物。

从上面讨论有关OLED或PLED器件存在一个理论的发光极限,即在这种非偕生的（non-geminate）电荷重合体系在形成激子时,可存在四种可能的组合两个载流子半整数自旋的方式——其中三种情况给出的自旋和为1,即为三重态,而仅一种情况的自旋和为0,即单重态。但因三重态向基态（单重态）的跃迁是禁阻的,不能发射荧光,于是就有电致发光器件的内量子效率存在25%的上限。因此提出,如何解决这一问题以提高器件发光量子产率。在上述发光极限的看法中还包括一个基本的假设是,单重态和三重态二者必须有相类似的生成截面[71]（cross section）,以保证自旋分布的统计平均。那么这样一个假设是否真实呢? 根据最近的实验表明,高分子半导体的发光体系,其单重态的生成截面要比三重态的截面大许多（约3~4倍）。并且已有报告[72]表明,电致发光的量子产率已可高达50%。因此,似乎在OLED中利用三重态的问题并非十分严峻。然而,提高器件的工作效率应是科学研究的永恒性课题,因此利用磷光染料使之同时捕获单重或三重激发态,促使OLED的量子产率进一步提高,就成为当前许多研究工作者奋斗的目标。

关于在OLED中三重态发光的利用,在几年前已被提出。如在器件中引入能发生强烈旋轨耦合的重金属原子以促进系间窜越,或使单重态和三重态得以混合。这样就使最低三重态实现有效的布居,从而实现磷光发射。可举出一些例子如:简井等[73]曾以[Ir(ppy)$_3$]为绿色的荧光添加物,得到外量子产率为13.7%,功率效率（power efficiency）在电流密度为0.215 mA/cm^2 时可达38.3 lm/W。另外Forrest[74]等也报告过以共蒸发铱配合物和4,4′-N,N′-二咔唑联苯（CBP）所构成的多层结构器件,外量子产率也高达12.3%。最近Heeger[75]等报道了一种黄绿色光的电致发光器件,发光的外量子效率也达到10%。所用的材料有如下的结构：

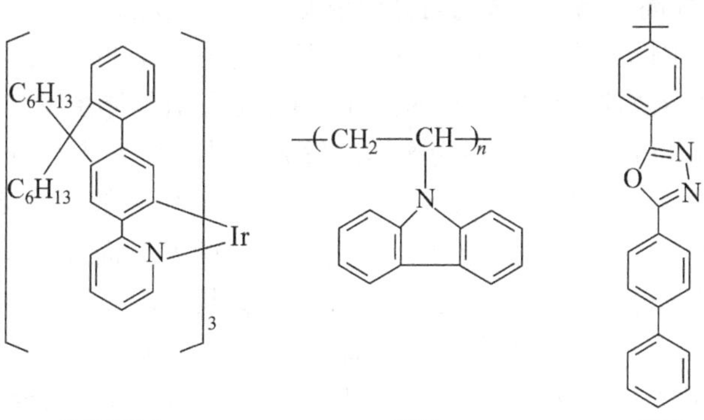

[Ir(DPF)$_3$]   PVK   PBD

在器件中,PVK用作为主体材料,并在其中加有电子传输材料PBD,一种带噁二唑的化合物,以改善传输电子的功能。Ir(DPF)$_3$是作为发光掺杂物加入的,通过调节加入的浓度就可获得具10%外量子产率的器件。器件的发光效率为36 cd/A,而工作电压则随Ir(DPF)$_3$用量的增加而增大。器件在75 mA/cm^2(55 V)时亮度可达到8000 cd/m^2。

上述结果充分说明采用重金属的方法来改善、提高器件的发光量子产率是一可行的方法。

1. 主/客体结构磷光电致发光器件行为的一般性讨论

在研究主客体结构的磷光电致发光器件时,摆在人们面前最基本的问题就是:应以何种化合物作为主体材料?这里要考虑的问题有,处于多层器件内的主体发光层和辅助薄层的氧化还原电位能否与电极间构成适宜的势垒梯度[76],从而允许不同载流子顺利通过;在主体层内复合形成激子;以及主/客体发光层内的激发的主体分子,能否顺利的将能量转移给客体分子,包括如:激发的主体分子是否有着较客体分子为高的激发能级,和适宜的激发态寿命等。此外,在主/客体化合物间还应有良好的相容性以保证主/客体分子间的密切接触以利于能量传递和防止发光层发生分层、离浆等现象,从而导致器件的损坏等。

器件内发光层的主体应是注入电子及空穴复合生成三重态激子自旋组(↑↑)的基本落脚处。所形成的三重态激子有自己的光谱和光物理行为,如能级的高度、光谱的波长范围以及三重态寿命的长短等一系列光物理特征。一般说来,对于主体三重态,为了能很好的实现以电子交换过程为机制的能量转移,需要有比能量受体为高的LUMO能级高度,以及适当长的激发态寿命。因此,主体三重态的寿命越长,能量转移的效率越高,器件发光效率也越大。如主体化合物4,4-N,N-二咔唑联苯(CBP)的磷光寿命为100 μs,它比另一种主体AlQ$_3$的寿命长两倍以上,当它们和两种具有相近能量转移效率的客体分子共同存在时,以CBP为主体的器件效率要比AlQ$_3$提高一倍[13],这就明显地说明了这一问题。

除了应注意主体三重态寿命外,还应注意客体三重态的寿命。客体分子三重态的寿命过长会导致体系内发光点的饱和,同样也会引起体系发光效率的降低,如以某种卟啉(porphyrin)类化合物为客体的发光器件研究发现,当以100 cd/m^{2}发光度为标准时,在低电流密度下的量子产率为5.6%,而在较高电流密度时其外量子产率仅为2.2%。这就清楚地看到,电流密度的增大反而导致磷光发光强度的降低。这应和发光分子的衰变时间过长,可能会引起长寿命激子的迁移和逸出,导致发光产率降低。为了防止长寿命三重态激子从器件的发光层部位逃逸,人们常在器件中加一阻挡层(blocking layer),如2,9-二甲基-4,7-二苯基-1-10-菲咯啉(BCP)[12]以减少能量损失。

在磷光器件发光层内主客体材料的选择中,还要注意主客体分子间应不易生成激基复合物(exciplex)。因为激基复合物的生成,往往会引起磷光的猝灭,也易于引起能量的回传(reverse energy transfer)。所有这些,都将造成体系能量的损耗和减弱器件的发光强度。此外,在对三重态体系的研究中尚须注意防止 T-T 湮没(T-T annihilation)过程的发生,如式(8-7):

$$^3T + {}^3T \longrightarrow {}^0S + {}^1S \longrightarrow 荧光(延迟) \qquad (8-7)$$

式中可以看出,当激发三重态有着较高的浓度时,就易于发生 T-T 湮没,进而引起磷光量子产率的降低。与此同时,还可观察到有延迟荧光的出现。显然,这种现象的发生将会使磷光器件的效率降低,必须加以防止。采用的方法是:降低掺杂物浓度,或降低器件的电流密度等。另一个值得注意的问题是环境中氧分子对于三重态的猝灭。这是因为基态氧分子是三重态的,因此它对激发三重态有着强烈的猝灭能力,不注意加以防护隔离,就会影响器件的发光效率。

已报道过的三重态主体材料有:聚(乙烯咔唑)(poly(vinyl carbazole))、三(8-羟基喹啉)铝[aluminum tris(8-Hydroxyquinoline)]、4,4-N,N-二咔唑联苯(dicarbazole-biphenyl)[77] 以及 Poly[4-(N-4-vinylbenzyl oxyethyl-N-methylamino)-N-(2,5-di-tert-butylphenyl naphthalimide)][78]等。

另外,在以聚(乙烯咔唑)为主体材料时往往在体系中加入电子传输化合物 PDB[2-(4-联苯基)-5-(4-叔丁基苯基)-1-3-4-噁二唑],以利于电子的注入和传输。

PBD

有关三重态的主体材料还可作进一步的讨论。作为主体材料最重要的性能是,它应有高的三重态能级高度,以保证它和客体分子间能量转移的顺利实现。同时还要求材料有较大的 HOMO 和 LUMO 间的能隙(energy gap),以利于除了 Forster 机制的能量转移和 Dexter 机制转移能顺利实现外,还允许将注入的电子和空穴同时并直接地被金属配合物分子所捕获,使之激发。在这一机制中[79],是将孤离的电子和空穴能有序的陷入到有机金属配合物分子内,使配合物掺杂分子得以直接激发。而使电子和空穴最有效的直接捕获条件是客体分子的 HOMO、LUMO 能级恰恰处于主体的上述能级之间。同时还要求主客体的分子轨道有所重叠,显然这是为了有利于三重态能量转移中的电子交换相关(虽然它并非典型的电子交换机制)。

关于如何选择用作磷光发光体(客体)的化合物问题,可简单的说明如下。在选择磷光发光化合物时,最主要的标准应是它能顺利的发射磷光,和具有较高的磷光量子产率。一般说来这类化合物应具备以下的性质:

(1) 化合物应有较大的分子截面,以利于较好的吸收激发光;
(2) 化合物应具有高的系间窜越能力;
(3) 化合物应具有高的磷光发射量子产率;
(4) 应在电子交换机制的能量转移中是一种良好的能量接受体(energy receptor);
(5) 应有适当的三重态寿命以防止发光点的饱和;
(6) 化合物应有良好的稳定性。

可以看出,这些对磷光发光体分子的性能要求,并非专对电致发光的器件而言。其中第一、二两项主要是对光致发光体系的。第三、四两项则既可用于电致发光,也可用于光致发光体系,如高的磷光量子产率,优良的能量转移特性等。而第五、六项似是专对电致发光体系的。为此,在对三重态的磷光发光器件中染料分子的选择,应仔细分析其中的(3)、(4)、(5)、(6)诸点。可以用下例来说明一个选择磷光发光体的实例:Baldo[80]等曾用 8-乙基卟啉铂(Ⅱ)(PtOEP)为发光染料,得到了很好的结果。一些卟啉的配合物由于有较长的三重态寿命,可以用于对氧气的检测,但不一定有强烈的发光。但是将金属铂引入卟啉后,由于增大了自旋和轨道的耦合,使磷光寿命减小,并使三重态获得某些附加的单重态特性,促使系间窜越的能力增大。从瞬态光谱研究得知,PtOEP 的单重态寿命仅约为 1 ps,同时其荧光发射的效率极低[81];相反,它在聚苯乙烯基体中,室温磷光效率可达到 0.5,寿命则增长至 91 μs[82],成为一种优良的磷光发光体。

2. 如何提高电致发光器件中磷光发射物的磷光量子产率

从光化学研究中知道,某些化合物,如酮类化合物,具有很高的系间窜越和形成三重态的量子产率 Φ_t 能力。但不论是光致发光或电致发光体系,即使它们有着较高的 Φ_t 还不等于它们就是好的磷光发光体。由于磷光的发生是由三重激发态向单重态基态间的跃迁,而这一跃迁原则上是禁阻的,因此必须设法将禁阻变为允许,才能实现磷光的发射。一个主要的途径就是提高分子的自旋和轨道耦合,使体系中原有的三重激发态增加其他的自旋组分,导致禁阻变为局部的允许,从而使磷光得以顺利发射。由于纯的有机化合物难以造成强烈的旋/轨耦合,因此只有在分子中引入重原子[83]才能有利于增强旋轨耦合,促进磷光的产生。表 8-2 和表 8-3 中列出了有关重原子效应的一些例证。

表 8-2　重原子对四苯基化合物在 77 K 时刚性玻璃体内磷光量子产率及磷光寿命的影响[84]

化合物	Φ_p/Φ_f	τ_p/s
CPh$_4$	≪0.1	0.9
SiPh$_4$	0.1	0.1
GePh$_4$	1.0	0.055
SnPh$_4$	10	0.033
PbPh$_4$	≫10	<0.001

表 8-3　重原子对卤代萘类化合物在 77 K 时刚性玻璃体内磷光量子产率及磷光寿命的影响[85]

化合物	Φ_p/Φ_f	τ_p/s
萘	0.091	2.3
1-氟代萘	0.067	0.5
1-氯代萘	5.2	0.29
1-溴代萘	169	0.018
1-碘代萘	>760	0.002

从两表中均可看到，随列出的系列化合物中重原子的逐步引入和原子量不断增大，使该类化合物磷光量子产率也随之增大，而磷光寿命则不断减小。说明重原子引入的效应是十分明显的[86,87]。

在发射磷光的电致发光器件中，已经被采用过的重金属原子有：Cu(I)[88,90]、Pt(II)[80]、Ir(III)[89]、Au(I)[88,90] 和 Eu 等。如上述的 8-乙基卟啉铂(II)(PtOEP) 外，如三(2-苯基吡啶)铱[Ir(PPy)$_3$]，不仅因重原子的引入而增强了旋轨耦合，并且有着较短的三重态寿命，从而可有效的提高其发光效率[12]。而挥发性的铕配合物 Eu(TTFA)$_3$(Phen) 则具有发射红光的能力。它们的基本结构如下：

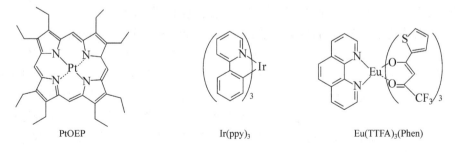

PtOEP　　　　　　　Ir(ppy)$_3$　　　　　　Eu(TTFA)$_3$(Phen)

值得注意的是另一类重金属原子，如：Ni、Co、Fe 等则不能应用，原因是这类过渡金属原子的 3d 轨道并未充满,易于发生氧化还原反应而导致磷光猝灭。

在设计合成这类含有重金属原子的磷光发光化合物时,除了金属原子外,作为配合物配体的选择也颇为重要。这类化合物除常见的卟啉,酞菁外文献中报道的还有双(二苯磷)甲烷[bis(diphenylphosphino)methane]、1,8,-双(二苯磷)3,6-二氧辛烷[1,8-bis(diphenylphosphino)-3,6-dioxaoctane]及 2-苯基吡啶[2-phenylpyridine]等。

3. 磷光电致发光器件中的能量转移问题

在磷光电致发光器件的发光层内,主/客体分子间的能量转移是磷光发光体分子被激发的主要途径。当注入的载流子在发光层内复合,形成激子时,由于主体分子在层中占有主要成分,因此激子的生成主要是以主体分子的激发为其特征。为此将激发主体的能量转移给客体分子使后者激发起来,就成为器件发光的一个十分重要的环节。可以设想:磷光发光器件有如下的电致发光工作过程,在发光层内被激发的主体化合物分子结构中,一般都含有芳香化合物的片段(如苯基,萘基及咔唑基等),因此可以设想被激发的主体分子和基态主体分子间会发生相同能级高度的能量迁移(energy migration)[91],使主体分子激子能在系统中随机的从一个位置跳跃(hopping)到另一个位置,并在到达一适当的,即有利于与能量受体(客体分子)进行电子交换能量转移的位置时,实现三重态的能量转移。应当指出,这种相同能级激发态间的能量迁移是一种常见的现象。由于激子运动的随机性,因此可将激子运动用无规行走问题(randon walk process)进行处理。大量激子离开其原有位置的随机运动可称为扩散。已经证明无轨行走的起点与终点距离 l,即扩散长度,有下列关系[92]:

$$l = (ZD\tau)^{1/2} \qquad (8-8)$$
$$l^2 = d^2 N \qquad (8-9)$$

式(8-8)中,D 为激子的扩散系数;τ 为激子寿命;Z 为由无轨行走的维数所决定的常数,在一维时 $Z=2$,二维时 $Z=4$,三维时 $Z=6$。在式(8-9)中,d 为每次跳跃位置间的距离(大约为 0.5nm);N 为从起点到终点的跳跃次数。

在以蒽的单重态为例时,其扩散长度 $l=50$ nm,τ 为 10^{-8} s,因此

$$D = l^2/Z\tau = (2.5\times 10^{-3})/Z(cm^2/s) \qquad (8-10)$$

这一数值要比 H^+ 在水中的扩散速度系数 10^{-4} cm^2/s 还要大,足见激子在基体中能量迁移的高效性。再以蒽的三重态为例:其 τ 值长达 25 ms,可以算出其实际的跳跃次数 N 约为 $10^9 \sim 10^{10}$,在这样高频率的跳跃中,找到一个合适的能量转移位点的机会是不难的。因此可以认为这是器件发光层基体中能顺利实现三重态能量转移的基本原因之一。有关三重态的能量转移与单重态能量转移存在着原则上的差异。众所周知,单重态能量转移服从 Forster[93]的偶极-偶极相互作用机理或称

共振转移机理,这是一种长程的能量转移。能实现这种转移的基本条件是能量给体的发射光谱应和能量接受体的吸收光谱间存在着一定的光谱重叠或跃迁耦合,在这种情况下当能量给体分子从其激发单重态跃迁至单重态基态的同时,可因共振或耦合而引起接受体分子由基态变为激发态,从而实现单重态的能量转移。这种相互作用所允许的传递过程是那些在能量转移前后,组分的自旋均不发生改变的过程。如:

$$^1D^* + {}^1A \longrightarrow {}^1D + {}^1A^* \tag{8-11}$$

$$^1D^* + {}^3A \longrightarrow {}^1D + {}^3A^* \tag{8-12}$$

但当组分的自旋因转移而发生改变时,如三重态与单重态间的能量转移,如式(8-13)

$$^3D^* + {}^1A \longrightarrow {}^1D + {}^1A^* \tag{8-13}$$

则过程将是完全禁阻的。

由于三重激发态的衰变情况和单重态的不同,是一个禁阻的过程,因此它有较长的寿命。正因如此,激发三重态作为能量给体,将能量传递给客体分子形成客体三重态,就有如下式的过程:

$$^3D^* + {}^1A \longrightarrow {}^1D + {}^3A^* \tag{8-14}$$

可以看出在这一过程中,不仅存在着由 ^3D 到 ^1D 的禁阻,而且还存在着由 ^1A 到 $^3A^*$ 间跃迁禁阻,因此在这种情况下,用 Forster 的偶极-偶极作用机理来解释三重态能量转移显然是不合适的。取而代之的则可用 Dexter[94] 的电子交换机理来解释三重态间的能量转移问题,其过程可简单的说明如下(图 8-6)。

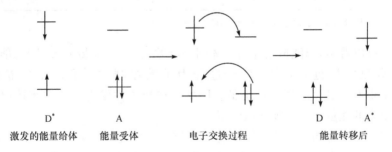

图 8-6 三重态间的能量转移

从图 8-6 中可以看到,左侧被激发的能量给体将一个电子从激发态能级转移到能量受体的激发态能级,而能量受体的基态能级则将一电子转移至给体的基态能级,实现了电子交换的能量转移。这种能量转移是一种短程的形式,由于过程包含有能量给体分子与受体分子间的电子交换,所以两组分的轨道应当重叠,且转移的速率正比于重叠的大小。其过程如式(8-15)所示:

$$D^* + A \longrightarrow (D \cdots\cdots A)^* \longrightarrow D + A^* \tag{8-15}$$

即在转移过程中可能生成接触配合物(contact complex)或碰撞配合物[95]也有可能生成激基复合物(exciplex)[96]等,或如前述的在一适当的距离处,发生 D^* 和 A 时间的电子交换能量转移。在电子交换能量转移过程中体系仍服从电子自旋守恒规则,因此下列的过程是允许的。

$$^3D^* + {}^1A \longrightarrow {}^1D + {}^3A^* \quad (8-16)$$

$$^1D^* + {}^1A \longrightarrow {}^1D + {}^1A^* \quad (8-17)$$

式(8-16)即为三重态间的能量转移。然而这在偶极-偶极相互作用的条件下,是完全不允许的。

在三重态与三重态间的能量转移过程中,能量给体与受体三重态的能级差是它们能否发生有效能量转移的关键所在。如表8-4所示。

表8-4 室温下不同三重态能级差体系的能量转移速度常数* K_q(己烷溶液中)[97]

能量给体(D)	能量受体(A)	$E_T(D)-E_T(A)/$ (kcal/mol)	$^3K_q^*/$ (l/mol s)
菲	碘	27.7	1.4×10^{10}
三苯基	萘	6.3	1.3×10^9
蒽	碘	5.4	2.4×10^9
菲	1-碘代萘	3.1	7.0×10^9
菲	1-碘代萘	2.6	1.5×10^8
菲	萘	0.9	2.9×10^6
萘	萘	-0.9	$\ll 2 \times 10^4$

*:表中以 K_q 代表能量转移速度常数 K_{ET},即 $K_q \sim K_{ET}$。

表中可以看出,当能量给体与受体间的能差大于 3~4 kcal/mol 时,能量转移的速度常数已接近扩散常数,即过程为扩散控制的过程。而当能差小于 3 kcal/mol 时,其速度常数迅速降低。因此在选择器件发光层的主客体材料时对二者三重态的能量大小必须加以注意。

由于接触配合物的生成可能是主客体分子间实现电子交换的重要环节,而前文中提到激基复合物的形成可能对发光不利,因它可能导致磷光猝灭,为此必须给予注意。在对激基复合物形成条件的讨论前,应先对发光层内可能发生的分子间相互作用作一简单的考察。上面提到,因发光层内主客体大多为芳香类化合物,因此易于实现激子的能量迁移过程。但这类化合物分子间,无论是相同分子或不同分子,都可能因发生相互作用而发生聚集或形成配合物,相同分子的聚集易于形成聚集体或激基缔合物(excimer)[97],它将可能成为激子的陷阱,而导致激子失活。如已知咔唑基就易于形成激基缔合物给光导带来不利,为防止具有光导能力聚乙烯咔唑体系中激基缔合物的形成,曾有人建议合成具有间同立构的聚乙烯咔唑,以避免这种不良结果。可见易于形成陷阱的体系,必须加以注意。另一种应注意的相互作用是主客体间的作用。主客体间无明显的相互作用将不利于它们间的能量转移,而过分强烈的相互作用则会引起磷光的猝灭。因此这种在基态条件下的主客体分子间适宜的相互作用能力的选定,是一项值得十分注意的问题。由于三重态的能量转移属于电子交换机制,因此作为能量给体的电子给出能力和作为能量受体的电子获得能力必须给以考虑。而这应和能量给体的氧化电位和能量受体的还原电位相联系[98]。如式(8-18)所示：

$$\Delta G = E_{Ox.} - E_{Red.} \qquad (8-18)$$

式中,ΔG 为过程的自由能变化;$E_{Ox.}$ 为能量给体的氧化电位(即离子化电位);$E_{Red.}$ 为能量受体的还原电位(电子亲和能)。当 ΔG 为负时,过程可自发进行。这里的问题是 ΔG 值的大小究应如何选定,即使之既有利于能量转移,又不致易于生成激基复合物导致磷光的猝灭,可见这一问题值得深入研究。

8.6 结　语

有机及高分子电致发光二极管(OLED, PLED)作为一类新型平面显示的发光材料和器件,在经过了一不长时间的研究和发展已取得了令人瞩目的成绩,在一定意义上可以说是一种奇迹。从上面简单的讨论中可知,OLED 的研究涉及一系列不同的学科领域,单从化学学科看,相关的就包括有有机合成化学、高分子化学与物理、光化学和光物理以及物理化学等,至于与物理科学与器件工艺学相关的方面则就更是不胜枚举。因此可以说 OLED(包括 PLED)的得以迅速发展,除了社会的需要和商业上的原因外,另一个重要的原因就是各门学科在经过了对其基础问题大量研究与认识的前提下,已为学科在实际应用中发挥作用创造了条件。对于一种有实际商业用途的器件或产品,它们往往需要合理运用多方面的知识方能完成,而 OLED 所以能在一个较短的时间内取得成就,十分显然是和它所处的时代有关。这就给当代的科学工作者提出了一个重要的启示,除了具备自己的专门知识外,适当掌握其他学科的知识是完全必要的。OLED 在 20 年的发展过程中已取得了很大的成绩。我们看到它的不断进步和新内容的不断出现(如三重态的发光问题、重金属离子配合物的应用、硅基电极的研究等等),同时也看到了它目前尚存在的问题(包括材料、工艺以及机理和理论上的等)。相信再经过一个阶段的努力,迅速发展着的 OLED 将会以崭新的面貌呈现在人们的面前。

参 考 文 献

[1]　Tang C W, Van Slyke S A. Appl. Phys. Lett. , 1987,51：913
[2]　Tang C W, Van Slyke S A, Chen C H. J. Appl. Phys. , 1989, 65：3610

[3] Chen C H, Shi J, Tang C W. Macromol. Symp. , 1997, 125: 1
[4] Adachi C, Tokito S, Tsutsui T, et al. Jpn. J. Appl. Phys. , 1988, 27: 269
[5] Adachi C, Tsutsui T, Saito S. Appl. Phys. Lett. , 1990, 56: 799
[6] Burroughes J H, Bradley D D C, Brown A R, et al. Nature, 347, 539: 1990
[7] Adachi C, Tsutsui T, Saito S. Appl. Phys. Lett. , 1989,55: 1489
[8] Hung L S, Tang C V, Mason M C. Appl. Phys. Lett. , 1997,71: 1762
[9] Brown T M, Friend R H, Millard I S, Lacey D J, Burroughes J H, Cacialli F. Appl. Phys. Lett. , 2000, 77: 3096
[10] Furukawa K, Terasaka Y, Ueda H, Matsumura M. , Synth. Met. , 1997, 91: 99
[11] Van Slyke S A, Chen C H, Tang C W. Appl. Phys. Lett. , 1996,69: 2160
[12] Carter S A, Angelopoulos M. Appl. Phys. Lett. , 1997,70: 2067
[13] Aminaka E, Tsutsui T, Saito S. Appl. Phys. Lett. , 1996, 69: 8808
[14] Heinze J. Angew. Chem. 1984, 96: 823
[15] Pommerehne J, Westweber H, Guss W, Mahrt R F, et al. Adv. Mater. , 1995, 7: 551
[16] Fujikawa H, Tokito S, Taga Y. Synth. Met. , 1997, 91: 161
[17] Salbeck J, Weissortel F, Bauer J. Macromol. Symp. , 1997, 125: 121
[18] Shirota Y. , J. Mater. Chem. , 2000, 10, 1
[19] Ishii H, Imai T, Morikawa E, Ito E, Hasegawa S, Okudaira K, Oeno N, Shirota Y, Seki K. Proc. SPIE 1999, 3797: 375
[20] Higuchi A, Shirota Y. Mol. Cryst. Liq. Crys. Sect. A, 1994, 242: 127
[21] Anderson J D, McDonald E M, Lee P A, Anderson M L, et al. J. Am. Chem. Soc. , 1998, 120: 9646
[22] Aziz H, Popovic Z D, N X, Hor A M, Xu G. Science, 1999, 283: 1900
[23] Bassler H. Phys. Stat. Sol. B, 1993, 175: 15
[24] Facci J S, Stolka M. Philos. Mag. B. ,1986, 54: 1
[25] Stephan J, Schrader S, Brehmer L. Synth. Met. , 2000, 111: 353
[26] Brown A R, Jarrett C P, de Leeuw D M, Matters M. Synth. Met. , 1997, 88: 37
[27] Borsenberger P M, Weiss D S. Oganic Photoreceptors for Imaging Systems. New York: Marcel Dekker, 1993
[28] Heun S, Boresenberger P M. Chem. Phys. , 1995, 200: 245
[29] Boresenberger P M, Grunbaun W T, Magin E H. Physica B. , 1996, 226
[30] Kepler R G, Beeson P M, Jacobs S J, et al. Appl. Phys. Lett. , 1995, 66: 3618
[31] Tokuhisa H, Era M, Tsutsui T, Saito S. Appl. Phys. Lett. , 1995, 66: 3433
[32] Bettenhausen J, Strohriegl P, Bruetting W, Tokuhisa H, Tsutsui T. J. Appl. Phys. , 1997, 82: 4957
[33] Choong V, Shi S, Curless J, et al. Appl. Phys. Lett. , 1999, 75: 172
[34] Zhou X, Blochwitz J, Pfeiffer M, et al. Appl. Phys. Lett. , 1999, 75: 172
[35] Cohen M T, Turnbull D. J. Chem. Phys. , 1959, 31: 1164

[36] Gibbs J W, DiMazio E A. J. Chem. Phys. , 1958, 28: 373
[37] Leutheusser E. Phys, Rev. A, 1984, 29: 2765
[38] Johari G P, Goldstein M. J. Chem. Phys. , 1971,55: 4245
[39] Plazek D J, Macgill J H. J. Chem. Phys. , 1968,45: 3038
[40] Stolka M, Yanus J F, Pai D M. J. Phys. Chem. , 1984,88: 4707
[41] Noda T, Imae I, Noma N, Shirota Y. Adv. Mater. , 1997, 9: 239
[42] Noda T, Ogawa H, Noma N, Shirota Y. Adv. Mater. , 1997, 9: 720
[43] Shirota Y, Kobata T, Noma N. Chem. Lett. , 1989, 1145
[44] Kuwabara Y, Ogawa H, Inada H, Noma N, Shirota Y. Adv. Mater. , 1994, 6: 677
[45] Higuchi A, Inada H, Kobata T, Shirota Y. Adv. Mater. , 1991, 3: 549
[46] Hamada Y, Kanno H, Sano T, et al. Chem. Lett. , 1993, 905
[47] Adachi C, Tokito S, Tsutsui T, et al. Jpn. J. Appl. Phys. , 1988, 27: L269
[48] Adachi C, Tsutsui T, Saito S. Appl. Phys. Lett. , 1990, 56: 799
[49] Li X C, Yong T M, Gruner J, et al. Mat. Res. Soc. Symp. Proc. , 1996, 413: 13
[50] Yang Y, Pei Q. J. Appl. Phys. , 1995, 77: 4807
[51] Aminaka E, Tsutsui T, Saito S. Jpn. J. Appl. Phys. , 1994, 33: 1061
[52] Chen C H, Shi J M. Chem. Rev. , 1998, 171: 161
[53] Jing W X, Kraft A, Moratti S C, et al. Synth Met. , 1994, 67: 161
[54] Yang Y, Pei Q, Heeger A J. J. Appl. Phys. , 1996, 79: 934
[55] Salbeck J, Yu N, Bauer J, Weissortel F, Bestgen H. Synth Met. , 1997, 91: 209
[56] Spreitzer H, Schenk H, Salbeck J, Weissortel F, Riel H, Riess W. Proc. SPIE 1999, 3797: 316
[57] Li Zemin, Wu Shikang. J. Fluores. , 1997, 7: 237
[58] Wakimoto T, Yonemoto Y, Funaki J, Tsuchida M, et al. Synth. Met. , 1997, 91: 49
[59] Fujii H, Sano T, Nishio Y, Hamada Y, Shibata K. Macromol. Symp. , 1997, 125: 77
[60] VanSlyke S A. USP, 1992, 151: 629
[61] Chen C H, Tang C W, Shi J, Klubek K P. Thin Solid Films, 2000, 363: 327
[62] Braun D, Heeger A J. Appl. Phys. Lett. , 1991, 58: 1982
[63] Salbeck J, Ber. Bunsenges. Phys. Chem. , 1996, 100: 1667
[64] Spreitzer H, et al. Adv. Mater. , 1998, 10: 1340
[65] Ohmori Y, Uchida M, Muro K, et al. Jpn. J. Appl. Phys. , 1991, 30: 1398
[66] Ohmori Y, Uchida M, Muro K, et al. Jpn. J. Appl. Phys. , 1991, 30: 1941
[67] Ohmori Y, Uchida M, Muro K, et al. Solid State Commu. , 1991, 80: 605
[68] Pei Q, Yang Y. Chem. Mater. , 1995, 7: 1568
[69] Strukelj, Papadimitrakopoulos F, et al. Science, 1995, 267: 1969
[70] Brown A R, Pichler K, Greenham N C, Bradley D D C, Friend R H, Holmes A B. Chem. Phys. Lett. 1993, 210: 61
[71] Shuai Z, Beljonne D, Silbey R J, Bredas J L, Phys. Rev. Lett. , 2000, 84: 131

[72] Cao Y, Parker I D, Yu G, Zhang C, Heeger A J. Nature, 1999, 397: 414

[73] Tsutsui T, Yang M J, et al. Jpn. J. Appl. Phys., 1999, 38: 1502

[74] Lamansky S, et al. J. Am. Chem. Soc., 2001, 123: 4304

[75] Xiong G, Matthew R, Robinson R, et al. Adv. Mater., 2002, 14: 581

[76] Baldo M A, Lamansky S, Burrows P E, Thompson M E, Forrest S R. Appl. Phys. Lett., 1999, 75: 4

[77] O'Brien D F, Baldo M A, Thompson M E, Forrest S R. Appl. Phys. Lett., 1999, 74: 442

[78] Cleave Vicki, Yahioglu Goghan, Le Barry Pierre, Friend R H, Tessler Nir. Adv. Mater., 1998, 11: 285

[79] Suzuki H, Hoshino A, J. Appl. Phys., 1996, 79: 8816

[80] Baldo, M. A.; O'Brien, D. F.; You, Y.; Shoustikov, A.; Sibley, S.; Thompson, M. E.; Forrest, S. R. Nature, 1998, 395: 151

[81] Ponterini G, Serpone N, Bergkamp M A, Netzel T L. J. Am. Chem. Soc., 1983, 105: 4639

[82] Papkovski D B. Sens. Actuators, 1995, 29: 213

[83] Medinger T, Wilkinwson F. Trans Faraday Soc., 1965, 61: 620

[84] La Paglia S R. J. Mol. Spectr., 1961, 7: 427

[85] Becker R S. Theory and Interpretation of Fluorescence and Phosphorescence. London: Wiley, 1969, 139

[86] Balasubramanian K. J. Phys. Chem., 1989, 93: 6585

[87] Walch, S. P.; Bauschicher Jr, C. W.; Langhoff, S. R.; J. Chem. Phys., 1986, 85: 5900

[88] Che C M, Kwong H Y, Poom C K, Yam V W W. J. Chem. Soc. Dalton Trans., 1990, 3215

[89] Baldo M A, Lamansky S, Burrows P E, Thompson M E, Forrest S R. Appl. Phys. Lett., 1999, 75

[90] Irwin M J, Vittal J J, Puddephatt R J. Organometallics, 1997, 16: 3541

[91] Burkhart R D, Aviles R G. Macromolecules, 1979, 12: 1073

[92] Pope M, Swenberg C E. Electronic Process in Organic Crystals. Oxford, N Y, 1982

[93] Forster T. Z. Electrochem., 1960, 64: 157

[94] Dexter D L. J. Chem. Phys., 1953, 21: 836

[95] Rehm D, Weller A. Ber. Bursenges., 1969, 73: 834

[96] Weller A. Pure Appl. Chem., 1968, 16: 115

[97] Porter G, Wilkinson F. Proc. Roy. Soc., 1961, 264: 1

[98] Forster T, Kasper K. Z. Electrochem., 1955, 59: 976